"十二五"国家重点图书

微机电系统(MEMS)工艺基础与应用

MEMS TECHNOLOGY FOUNDATION AND APPLICATION

邱成军 曹姗姗 卜丹 编著

U0223750

哈尔滨工业大学出版社
HARBIN INSTITUTE OF TECHNOLOGY PRESS

内 容 提 要

本书着重从基本理论和具体应用方面阐述 MEMS 工艺。主要介绍 MEMS 的概念、发展现状与趋势及力学相关知识;重点阐述 MEMS 实现工艺,主要有刻蚀(包括各向同性和各向异性刻蚀的原理、实现的方法、以及刻蚀自停止技术和干法刻蚀),表面微加工工艺的基本原理及其常用材料,硅片键合技术的各种方法、工艺过程及其各自的影响因素,LIGA 技术的基本工艺流程和各部分工艺的实现方法;在工艺基础上介绍传感器和执行器的基本原理、应用范围及其工艺流程;最后就 MEMS 在军事、医疗、汽车方面的应用及对 MEMS 器件实现检测的方法加以介绍。全书共分为 10 章,主要内容有:MEMS 系统简介,MEMS 相关力学基础,体硅加工工艺,表面微加工工艺,硅片键合工艺,LIGA 技术,MEMS 传感器,MES 执行器,MEMS 的封装,MEMS 的应用及检测技术。

本书适合高等学校微电子专业本科生和研究生学习 MEMS 工艺时使用,也可供相关工程技术人员参考。

图书在版编目(CIP)数据

微机电系统(MEMS)工艺基础与应用/邱成军,
曹姗姗,卜丹编著.—哈尔滨:哈尔滨工业大学
出版社,2016.2
ISBN 978-7-5603-5109-4

Ⅰ.①微⋯　Ⅱ.①邱⋯　②曹⋯　③卜⋯
Ⅲ.①微电机-高等学校-教材　Ⅳ.①TM38

中国版本图书馆 CIP 数据核字(2014)第 303450 号

材料科学与工程
图书工作室

责任编辑	范业婷
封面设计	卞秉利
出版发行	哈尔滨工业大学出版社
社　　址	哈尔滨市南岗区复华四道街 10 号　邮编 150006
传　　真	0451-86414749
网　　址	http://hitpress.hit.edu.cn
印　　刷	哈尔滨市石桥印务有限公司
开　　本	660mm×980mm　1/16　印张 19.25　字数 344 千字
版　　次	2016 年 2 月第 1 版　2016 年 2 月第 1 次印刷
书　　号	ISBN 978-7-5603-5109-4
定　　价	48.00 元

序 言

微机电系统(Micro Electro-Mechanical System MEMS)技术是一门多学科交叉的学科,涉及物理、化学、力学、电子学、光学、材料科学、生物医学和控制工程等多个技术学科。与宏观系统相比,MEMS系统能够大批生产,成本低,性能高,甚至能够实现宏观所无法实现的功能,因此已经广泛应用于仪器测量、无线和光通信、能源环境、军事国防、航空航天、生物医学、汽车电子以及消费电子等多个领域。已经并会继续对人类的科学技术和工业生产产生深远的影响。

本书着重从基本理论和具体应用方面介绍 MEMS 工艺,适合于微电子专业本科生和研究生学习 MEMS 工艺时使用。

本书共分为10章,主要内容有:第1章 MEMS 系统简介。介绍了 MEMS 的概念、特点、研究领域、发展现状及其未来的发展趋势。第2章 MEMS 相关力学基础。主要介绍了应力和应变、简单负载下梁的弯曲、扭转变形以及动态系统谐振特点等一系列的力学相关知识。第3章体硅加工工艺。重点介绍各向同性和各向异性刻蚀的原理、实现的方法,还包括刻蚀自停止技术和干法刻蚀。第4章表面微加工工艺。介绍了表面微加工工艺的基本原理、用于表面微加工技术的常用材料,并比较了体硅加工工艺和表面微加工工艺。第5章硅片键合工艺。主要介绍了硅片键合技术的各种方法、工艺过程及其各自的影响因素。第6章 LIGA 技术。介绍了 LIGA 技术的基本工艺流程和各部分工艺的实现方法,并介绍了 LIGA 技术的扩展,另外还简单介绍了一些其他的微细加工技术。第7章 MEMS 传感器。主要介绍了物理、化学和生物传感器的基本原理、应用范围和一些工艺流程。第8章 MEMS 执行器。重点介绍了制作 MEMS执行器的材料,MEMS 电动机、微阀、微泵等一些执行器的基本原理和各自特点。第9章 MEMS 的封装。介绍了键合方法、实现过程和

1

各自的影响因素。第 10 章 MEMS 的应用及检测技术。主要介绍了 MEMS 在军事、医疗、汽车方面的应用,及对 MEMS 器件实现检测的各种方法。

本书的第 1、2、3 章由黑龙江大学邱成军编写,第 4、5、7、8 章由黑龙江工程学院曹姗姗编写,第 6、9、10 章由黑龙江大学卜丹编写。

本书在编写过程中,参考并引用了一批国内外相关图书和文献的内容,并得到了哈尔滨工业大学、黑龙江大学、黑龙江工程学院等院校的大力支持与协助,谨此一并致谢。

限于作者水平,不足与不妥之处在所难免,恳请读者批评指正。

编者
2015 年 4 月

2

目　录

第 1 章　MEMS 系统简介

随着微电子技术的迅速发展,其集成度越来越高,加工尺寸越来越小,已开始进入亚微米时代。微电子技术的发展促进了 MEMS 技术的兴起和发展。20 世纪 50 年代硅和砷化镓等半导体压阻特性的发现促进了硅传感器和换能器的发展,1971 年 Case Westem Reserve 大学研制出集成微压力传感器,1977 年 Stanford 大学研制出电容式硅压力微电机。1987 年美国利用集成电路制造工艺首次制造出了直径为 100 μm 的硅静电微电机,转子的直径仅为 60 μm。这一突破性技术成就开创了采用微电子技术制造微机械的崭新领域。随后,微膜、微梁、微齿轮、微弹簧、微锥体、微轴承等微机械构件相继被研制出来。微机械技术与微电子技术相结合,形成了一个新兴的技术领域 —— 微机电系统(MEMS)。

1.1　MEMS 的基本概念及特点

1.1.1　基本概念

微机电系统(MEMS)是指微机械加工技术制作的包括微机械传感器、微机械执行器等微机械基本部分以及微能源和由集成电路加工技术制作的高性能电子集成线路组成的微机电器件、装置或系统。其关键尺寸在亚微米至亚毫米范围内。MEMS 涉及多个学科,包括微机械学、微电子学、自动控制、物理、化学、生物以及材料科学等多门学科,是近些年发展起来的一门新兴的、高新技术的交叉学科。

简单讲,MEMS 是一种集成微电子电路、微机械传感器和微机械执行器的微小器件(或系统)。它既可以根据电路信息的指令控制执行器实现机械操作;也可以利用传感器探测或接受外部信息,传感器转换出来的信号经电路处理后,再由执行器变为机械操作,去执行信息命令。可以说,MEMS 是一种获取、处理信息和执行机械操作的集成器件。

完整的 MEMS 系统是由微传感器、微执行器、信号处理和控制电路、通信接口及电源组成的一体化的微型器件系统,完成传统大尺寸机电系统所不能完成的任务,也可以由独立的微器件,如微传感器,嵌入到大尺寸系统中来使用,从而大幅度地提高系统的自动化、智能化和可靠性水平。

1.1.2　MEMS 的典型特点

1.结构尺寸微小

MEMS 的尺寸一般在微米乃至纳米量级,例如 ADXL202 加速度传感器和微电机的结构尺寸在一百至几百微米,而单分子操作器件的局部尺寸仅在微米甚至纳米水平。尽管 MEMS 器件的绝对尺寸很小,但是一般来说其相对尺寸误差和间隙却比较大,例如传统宏观机械的相对精度高达 1：200 000,而MEMS 的相对精度一般只有 1：100 左右。

2.多能量域系统

能量与信息的交换和控制是 MEMS 的主要功能。由于集成了传感器、微结构、微执行器和信息处理电路,MEMS 具有感知和控制外部世界的能力,能够实现微观尺度下电、热、机械、磁、光、生化等领域的测量和控制。例如加速度传感器将机械能转换为电信号,打印机喷头将电能转换为机械能,生化传感器将化学和生物反应能转换为电能或机械能。

3.基于微加工技术制造

MEMS 起源于 IC 制造技术,大量地利用了 IC 制造方法,力求与 IC 制造技术兼容。但是,由于 MEMS 的多样性,其制造过程引入了多种新方法。这些方法的不断引入,使得 MEMS 制造与 IC 制造的差别越来越大。

4.MEMS 不完全是宏观对象的等比例缩小

尽管许多不同领域的微型化都可以发展和应用自己的微系统,但是MEMS 不是宏观系统的简单缩小,而是包含着新原理和新功能,这是由比例效应决定的。例如微电机不仅结构与宏观电机不同,其利用静电驱动的工作原理也与传统宏观电机的磁力驱动明显不同。

5.MEMS 范畴内,经典物理学规律仍然有效,但其影响因素更加复杂和多样

物理化学场互相耦合、器件的表面积和体积比急剧增大,使宏观状态下忽略的与表面积和距离有关的因素,例如表面张力和静电力,成为 MEMS 范畴的主要影响因素。进入纳米尺度后,器件将产生量子效应、界面效应和纳米尺度效应等新效应。目前还没有掌握微尺度下的规律。

1.2　MEMS 的研究领域

MEMS 具有体积小、重量轻、能耗低、集成度和智能化程度高等一系列优点,MEMS 的研究不仅与微电子学密切相关,还涉及现代光学、气动力学、流体力学、热学、声学、磁学、自动控制、仿真学、材料科学以及表面物理与化学等领域,所以 MEMS 技术是一门多学科的综合技术。MEMS 的研究包括:理论基础、技术基础和应用与开发研究。

1.2.1　理论基础

MEMS 理论基础研究包括由于结构尺寸的微型化、机构材料以及加工方法的不同带来的一些新的理论问题。

结构尺寸效应和微小型化理论,如:力的尺寸效应、微结构表面效应、微观摩擦机理、热传导、误差效应和微构件材料性能等。尺寸减小到一定程度,有些宏观物理量需要重新定义,随着尺寸减小,需要进一步研究微结构学、微动力学、微流体力学、微摩擦学、微电子学、微光学和微生物学等。

MEMS 中起主导作用的力是表面力(静电力、黏性力、范德华力等),主要负载是摩擦力,摩擦副表面的物理化学性能代替机械性能成为影响摩擦的主要因素,微摩擦学是在分子尺度范围内,研究摩擦界面上的行为与损伤及其对策,包括微/纳米膜润滑和微摩擦磨损机理以及表面和界面的分子(原子)工程研究,即通过材料表面改性或建立超薄膜润滑状态,达到减摩耐磨的目的。

微结构材料由于用气相、液相或固相法等特殊制造方法而具有与宏观加工成形的整体材料不同的物性,随着构件微小化,微型构件的力学性能出现很大变化。另外,在 MEMS 中大量地用到了各种薄膜材料,薄膜的厚度一般在几十纳米到几十微米。这些薄膜材料的机械、物理特性与宏观尺寸相同材料的特性有很大的差别。传统的关于材料研究的各种理论和方法,已无法完全适应微材料特性的研究,因此必须从微机械应用角度重新认识、发展和完善传统的材料科学。

1.2.2　技术基础

技术基础包括 MEMS 设计技术、复杂可动结构微细加工、微机械材料、微装配和封装、微系统检测、微能源、微系统的集成与控制、微宏接口等技术。微传感器、微执行器和微控制器是 MEMS 的基础单元。

1. MEMS 设计技术

MEMS 设计技术主要是设计方法的研究,其中计算机辅助设计(CAD)是 MEMS 设计的有力工具。CAD 设计工具应包括:器件模拟、系统校验、优化、掩膜版设计、过程规划等,还应建立混合的机械、热和电气模型,进一步还应考虑对所涉及的物理、化学效应进行更加综合的描述和分析。与宏观系统的 CAD 设计工具相比,目前为 MEMS 开发的 CAD 工具还不能很好地满足上述要求。

2.微细加工

微细加工技术是 MEMS 技术的核心技术,也是 MEMS 技术研究中最活跃的领域。

3.微机械材料

微机械材料包括用于敏感元件和致动元件的功能材料、结构材料,具有良好的电气、机械性能,是适应微细加工要求的新材料。材料技术与加工技术是密不可分的。

4. MEMS 检测技术

MEMS 检测技术涉及材料的缺陷,电气机械性能,微结构、微系统参数和性能测试。需要在测量的基础上,建立微结构材料的数据库和系统的数学、力学模型。

5. MEMS 的集成

MEMS 集成技术也被称为二次集成技术,系统集成是 MEMS 发展的必然趋势,它包括系统设计、微传感器和微执行器与控制、通信电路以及微能源的集成等。MEMS 是将零部件、单元和连接件等通过搬运、融合、固化、胶合、密封等工艺组合成的复杂技术。常用的搬运方法有两种:其一是利用玻璃针尖以真空吸附和吹气的方式进行组装;其二是利用微夹持和安放的形式进行组装。封装中需用的融合、固化、胶合、密封等技术都是微电子封装技术在 MEMS 领域的拓展。目前 MEMS 组装技术的研究在 MEMS 技术中处于相对落后的状态,它始终是 MEMS 制作过程中的瓶颈。然而,无论 MEMS 集成制造技术多么先进,MEMS 组装技术始终是 MEMS 技术的必要补充,是完成更复杂的 MEMS 系统的必需途径。

1.2.3　应用与开发研究

研究 MEMS 技术的最终目的是为了应用,目前已经应用和可以预见的应用领域包括汽车、航空航天、信息通信、生物化学、医疗、自动控制、消费品及国防等。可以说,MEMS 技术几乎可以应用于所有的行业领域,而它与不同的技术结合,往往会产生新型的 MEMS 器件。

微传感器、微执行器是构成 MEMS 的基础。而微传感器无疑是 MEMS 研究中最具活力与现实意义的领域,多种微传感器已经商品化。

MEMS 的另一重要基础是微执行器。有关微执行器的研究成果很多,如微电机、微陀螺、微泵等。但是能够像喷墨打印机用的高分辨率喷墨头那样,成功地转化为商品的并不多。主要是因为微执行器需要直接作用于现实的物质世界并与之进行能量交换,而微执行器本身的微小在某种程度上决定了它的脆弱性,因而限制了它的作用方式、作用范围和作用能力。所以,不论是对微执行器的设计还是对它的应用方式都需要做进一步的探讨和研究。

MEMS 是传感器和执行器的有机组合,它是微机械技术研究的最高层次。1987 年美国德州仪器公司发明的数字微镜器件是典型的 MEMS 器件,另一个成功的 MEMS 实例是德国因兹技术研究所使用两个采用 LIGA 技术制作的 5 mm 大小的微电机"使世界上最小的直升机腾空而起"。各种微型机器人更是 MEMS 研究的一个重要目标。

如何在各领域更有效地应用 MEMS 技术和开发更多满足应用要求的 MEMS 器件和系统将是今后重要的研究方向。

1.3 MEMS 的发展现状与发展趋势

1.3.1 MEMS 的发展现状

MEMS 系统在工业、信息通信、国防、航空航天、航海、医疗、生物工程、农业、环境和家庭服务等领域有着潜在的巨大应用前景,它将成为 21 世纪最重要的科技领域和主要的支柱技术之一。

目前对 MEMS 的需求产业主要来自于汽车工业、通信网络信息业、军事装备应用、生物医学工程;而按专业 MEMS 分四大类:生物 MEMS 技术、光学MEMS 技术、射频 MEMS 技术和传感 MEMS 技术。

1. 生物 MEMS 技术

生物 MEMS 具有微型化、集成化、成本低的特点。功能上有获取信息量大、分析效率高、系统与外部连接少,实时通信、连续检测的特点。国际上生物MEMS 的研究已成为热点,不久将为生物分析、化学分析系统带来一场重大的革新。

CardioMEMS 公司采用 MEMS 技术制成心血管微传感器测量动脉的压力,该传感器就像汽车里的 EZPass 设备(一种在高速公路入口无需停车即可完成付费的自动感应装置)一样工作,本身不带电源,读取信息时在外面用一个感应棒启动传感器即可得到此人动脉的所有相关数据。利用MEMS还能制作出智能型外科器械,减少手术风险和时间,缩短病人康复时间,降低治疗的费用。Verimetra 公司正在利用 MEMS 技术把现有手术器械转变成智能型手术器械,可用于多种场合,包括小手术、肿瘤、神经、牙科和胎儿心脏手术等。

药物注入是生物医学 MEMS 另一个可能有巨大增长潜力的领域,MicroChipd 公司正在开发的一种药物注入系统则利用了硅片或聚合物微芯片,其上带有成千上万个微型贮液囊,里面充满药物、试剂及其他药品。这些微芯片能够向人体注入药物,使止痛剂、荷尔蒙以及类固醇之类的注入方式发生革命性的变化。类似这样的生物医学新进展还将催生出新型器械,如便携式掌上型透析机等。

2. 光学 MEMS 技术

随着信息技术、光信息技术的迅猛发展,MEMS 发展的又一领域是与光学结合,即综合微电子、微机械、光电子技术等基础技术,开发新型光器件,称为微光机电系统(MOEMS),它能把各种 MEMS 机构件与微光学器件、光波导器件、半导体激光器、光电检测器件等完整地集成在一起,形成一种全新的功能系统。目前较成功的应用研究主要集中在两方面:一是基于 MOEMS 的新型显示、投影设备,主要研究如何通过反射面的物理运动进行光的空间调制,典型代表为新型投影仪、数字微镜阵列芯片和光栅光阀;二是通信系统,主要研究通过微镜的物理运动来控制光路发生预期的改变,较成功的有光开关、光调制器、光滤波器及复用器等光通信器件。

3. 射频 MEMS 技术

目前最熟悉的应用就是无线通信领域,诸如手机、无线接入、全球定位系统和蓝牙技术。其中最成熟的 MEMS 器件当属开关。

在日本,欧姆龙公司首先开发上市 MEMS 开关产品,随后日本村田制作所、松下网络开发本部及日本三菱电机公司都相继开发了高频 REMEMS 的开关。中国在 MEMS 方面也进行了大量的工作,对悬臂式 REMEMS 开关进行了设计和研制。对 REMEMS 开关驱动电压进行了分析和研究。

MEMS 开关制造商 TeraVicta Technologies 公司将推出号称世界上最快的 MEMS 开关。这种单极双掷开关适用于数字电视、卫星通信和定向雷达等领域。在此之前,该公司已经推出了 7GHz 的 MEMS 开关,用于自动测试设备(ATE)和 RF 无线领域。

4. 传感 MEMS 技术

传感 MEMS 技术是指用微电子微机械加工出来的,用敏感元件如电容、压电、压阻、热电偶、谐振、隧道电流等来感受转换电信号的器件和系统,包括速度、压力、湿度、加速度、气体、磁、光、声、生物、化学等各种传感器。现阶段各类 MEMS 传感器技术已经大量应用于各个领域。

苹果公司颇有想象力地使用 MEMS 加速计来支持 iPhone 显示器横向与纵向画面的自动切换,取得了巨大的成功,从而刺激了智能手机用于探测运动的 MEMS 应用的激增。如 ADI 公司生产的 ADXL203 双轴硅微加速计。此外还有应用于导航和制导领域如小型无人机的导航控制、短程战术武器制导的高精度微加速度计。Litton SiAC 硅加速度计为其典型的代表,已广泛应用于 LN - 200、LN - 200S、LN - 300 等惯性测量组合上,以及 LTN - 101E、LISA - 200 两种民用和军用飞机惯性导航系统上。

1.3.2 未来发展趋势

在未来十年里,MEMS 的研究领域有望继续突飞猛进。极有可能取得巨大进展的几个方向如下。

1. 应用更为广泛

为了满足各种应用的需要,MEMS 器件的功能将更具多样性,其中包括低产量工业应用以及高产量消费应用。传感器应用技术将继续发展,这类产品有机器人、医疗设备、虚拟现实系统、执行器以及显示器,这些将成为新兴产业中的竞争者。

2. 快速而复杂的系统设计将成为现实

MEMS 设计方法和关键技术逐渐成熟,而设计的复杂度将继续增加。现代设计和仿真工具可以在一定时间内完成复杂的设计,而且具有较高精度,而 MEMS 设计能力将会减慢其上市时间。

3. 电子功能集成继续发展

MEMS 器件将从电路集成中受益,即把电子、逻辑、计算和决策功能等与机械器件集成在一起。

4. 制造和生产 MEMS 产品的能力继续增加

MEMS 加工的方法和设备更加成熟,代加工能力稳步前进,真正的无生产线 MEMS 发展模式将成为可能。封装技术将决定 MEMS 设计方案。

5. MEMS 生产将转到更大的圆片

6. 竞争更加激烈

由于 MEMS 产品将逐步实现更多的功能,小型化及低成本,对现有产品挑战或产生新的应用,因此竞争将更加激烈,并会刺激创新。

第2章　MEMS 相关力学基础

2.1　应力与应变

应力表示单位面积上的作用力,是反映物体一点处受力程度的力学量。应变是由应力引起的变形。机械应力分为两种:正应力和切应力。对应的应变也分为正应变和切应变。

2.1.1　正应力和正应变

对于任意选择的横剖面,在剖面的整个面上都有连续的分布力作用。这个力的密度就称为应力,如果应力以垂直于横剖面的方向作用,就称为正应力,见表2.1[1]。正应力通常用 σ 表示,其定义式为

$$\sigma = \frac{F}{A} \tag{2.1}$$

单位为 N/m^2 或者 Pa。

表 2.1　正应力和切应力

	正应力/应变	剪切应力/应变
无负载	A　无外力作用下的支杆　L	A
有负载	F ← ⟷ → F　$L+\Delta L$	F　dx　l　F

正应力可以是张应力(沿着支杆方向拉伸的情况)或者压应力(沿着支杆方向推压的情况)。正应力的极性可以通过在支杆内部隔离出无限小的单元

来确定。如果这一单元在某一特殊的方向被拉伸,这个应力就是张应力;如果这一单元被推压,这个应力就是压应力。

支杆的单位伸长量表示应变。如果应变的方向垂直于梁的横截面,此种应变称为正应变。假设杆本来长度为 L_0,在给定正应力作用下,杆伸长到 L,则杆的应变定义为

$$\varepsilon = \frac{L - L_0}{L_0} = \frac{\Delta L}{L_0} \tag{2.2}$$

实际上,沿长度 x 轴上的外加应力不仅会在应力方向上产生拉伸作用,而且会使横截面的面积变小,如图 2.1 所示。这一现象可以解释为:材料要保证原子间距和体积不变。y 和 z 方向上尺寸的相对变化可以表示成 ε_y 和 ε_z。材料的这种特性可以用泊松比 ν 来表示。泊松比的定义为横向和纵向伸长量之比

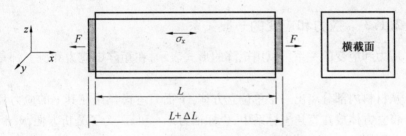

图 2.1　外加正应力棒的纵向拉伸

$$\nu = \left| \frac{\varepsilon_y}{\varepsilon_x} \right| = \left| \frac{\varepsilon_z}{\varepsilon_x} \right| \tag{2.3}$$

应力和应变密切相关。在小形变情况下,根据胡克定律,应力和应变成比例

$$\sigma = E\varepsilon \tag{2.4}$$

比例常数 E 称为弹性模量,它是材料的固有性质。对于给定的材料,无论其形状和尺寸怎样,弹性模量都是常数。

2.1.2　切应力和切应变

切应力可以在不同的作用力负载条件下产生。产生纯剪切负载的最简单方法就是表 2.1 中的情况,即一对作用力作用在立方体两个相对的面上。这种情况下,切应力大小为

$$\tau = \frac{F}{A} \tag{2.5}$$

τ 的单位是 N/m^2。切应力在 x,y 和 z 方向上都没有拉长或缩短单元的趋势,切

应力会使单元的形状产生变形。切应变定义为转动角位移的大小

$$\gamma = \frac{\Delta X}{L} \tag{2.6}$$

切应变是没有单位的,实际上,它表示单位为弧度的角位移。切应力和切应变也通过一个比例系数相互关联,称作弹性剪切模量 G。G 的表达式为

$$G = \frac{\tau}{\gamma} \tag{2.7}$$

G 的单位是 N/m^2。G 的值只与材料有关,与物体的形状和尺寸无关。

对于给定的材料,E,G 和泊松比 ν 通过

$$G = \frac{E}{2(1 + \nu)} \tag{2.8}$$

建立联系。

2.1.3　应力和应变的一般关系

应力和应变的关系可以用矩阵的形式表示,在矩阵中应力和应变都是矢量。

从材料内部分离出一个单位立方体,下面只考虑作用在其上的应力和应变。将立方体放在直角坐标系中,坐标轴为 x,y 和 z。为了分析方便,x,y 和 z 轴也分别用 1,2 和 3 轴表示。

立方体有 6 个面。所以,就有 12 个可能的剪切分量。它们并不是互不相关的。例如,每一对作用于平行面并沿着同一轴的剪切应力分量大小相等、方向相反已达到力的平衡,这就将独立剪切应力的数目降到了 6 个。这 6 个剪切应力分量的图解如图 2.2 所示。每个分量都用两个下标字母标注。第一个下标字母表示应力作用面的垂直方向,而第二个字母表示应力分量的方向。

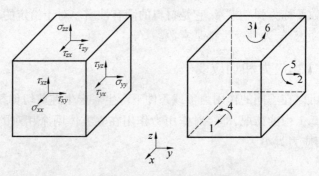

图 2.2　基本应力分量

基于力矩平衡,作用于两个面并指向同一边的两个剪切应力分量应该大

小相等。明确地说,就是 $\tau_{xy} = \tau_{yx}, \tau_{xz} = \tau_{zx}, \tau_{zy} = \tau_{yz}$。换句话说,相等的剪切应力总是存在于互相垂直的面上。这样独立的剪切应力数目降到了 3 个。

有 6 个可能的正应力分量 —— 每个立方体的面有一个。在平衡条件下,作用于相对面的两个正应力分量一定是大小相等并指向相反的方向。因此,只有 3 个独立的正应力分量(图 2.2)。正应力分量用 σ 带两个下标字母表示。

再将 6 个独立分量的标注进一步简化:正应力分量 $\sigma_{xx}, \sigma_{yy}, \sigma_{zz}$ 可以简单记为 T_1, T_2, T_3;切应力分量 $\tau_{yz}, \tau_{xz}, \tau_{xy}$ 可以简单记为 T_4, T_5, T_6。相应的,有 3 个独立的正应变(s_1, s_2, s_3)和 3 个独立的切应变(s_4, s_5, s_6),则应力和应变之间的一般矩阵方程为

$$
\begin{bmatrix} T_1 \\ T_2 \\ T_3 \\ T_4 \\ T_5 \\ T_6 \end{bmatrix} = \begin{bmatrix} C_{11} & C_{12} & C_{13} & C_{14} & C_{15} & C_{16} \\ C_{21} & C_{22} & C_{23} & C_{24} & C_{25} & C_{26} \\ C_{31} & C_{32} & C_{33} & C_{34} & C_{35} & C_{36} \\ C_{41} & C_{42} & C_{43} & C_{44} & C_{45} & C_{46} \\ C_{51} & C_{52} & C_{53} & C_{54} & C_{55} & C_{56} \\ C_{61} & C_{62} & C_{63} & C_{64} & C_{65} & C_{66} \end{bmatrix} \begin{bmatrix} s_1 \\ s_2 \\ s_3 \\ s_4 \\ s_5 \\ s_6 \end{bmatrix}
\tag{2.9}
$$

记为

$$
T = Cs \tag{2.10}
$$

系数矩阵 C 称为刚度矩阵。

应变矩阵是柔度矩阵 S 和应力张量的乘积

$$
\begin{bmatrix} s_1 \\ s_2 \\ s_3 \\ s_4 \\ s_5 \\ s_6 \end{bmatrix} = \begin{bmatrix} S_{11} & S_{12} & S_{13} & S_{14} & S_{15} & S_{16} \\ S_{21} & S_{22} & S_{23} & S_{24} & S_{25} & S_{26} \\ S_{31} & S_{32} & S_{33} & S_{34} & S_{35} & S_{36} \\ S_{41} & S_{42} & S_{43} & S_{44} & S_{45} & S_{46} \\ S_{51} & S_{52} & S_{53} & S_{54} & S_{55} & S_{56} \\ S_{61} & S_{62} & S_{63} & S_{64} & S_{65} & S_{66} \end{bmatrix} \begin{bmatrix} T_1 \\ T_2 \\ T_3 \\ T_4 \\ T_5 \\ T_6 \end{bmatrix}
\tag{2.11}
$$

记为

$$
s = ST \tag{2.12}
$$

柔度矩阵 S 是刚度矩阵 C 的逆阵,记为

$$
S = C^{-1} \tag{2.13}
$$

2.2　简单负载条件下挠性梁的弯曲

　　MEMS 中经常遇到作为弹性支撑元件的挠性梁,需要计算简单负载条件下梁的弯曲,分析引入的内应力及确定单元的谐振频率。

　　挠性梁可以根据它的力学边界条件进行分类,在 MEMS 研究中,最常遇到的梁的类型是单端固支梁(悬臂梁)、双端固支梁(桥)和一端固支另一端简支梁。

2.2.1　纯弯曲下的纵向应变

　　作用于梁上的负载(集中式或分散式)引起梁的弯曲(或伸缩),使其轴发生形变。梁的纵向应变可以通过分析梁的曲率半径和相应的形变得到。考虑纯弯曲的一段梁$(A - B)$(即整个梁的力矩为常数的情况),如图 2.3 所示[1],假定梁最初具有直的纵向轴(图中为 x 轴),梁的横截面关于 y 轴对称。

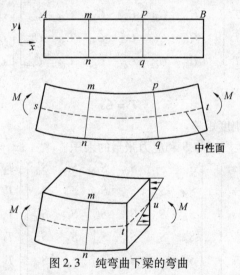

图 2.3　纯弯曲下梁的弯曲

　　假定梁的横截面,如 mn 和 pq 部分,仍然保持平面并垂直于纵向轴,由于弯曲形变,横截面 mn 和 pq 绕着垂直于面的轴各自旋转。梁凸出(下面)部分的纵向线被拉长,而凹入(上面)部分的纵向线被缩短。因此,梁的下面部分伸张而上面部分收缩。梁顶部和底部的中间某处是纵向线长度不变的平面。这一平面用虚线 st 标注,称作梁的中性面。中性面和任意横截面的交线,例如线 tu,称为横截面的中性轴。如果悬臂梁是由匀质材料组成,并且有均匀、对称的横截面,中性面将位于悬臂梁的中部。

对于对称和匀质材料的悬臂梁,应力和应变的分布遵循以下几条原则:内部任何一点应力和应变的大小都与这一点到中性轴的距离成线性比例;在给定的横截面上,张应力和压应力的最大值发生在梁的顶面和底面;张应力和压应力的最大值大小相等;纯弯曲下,最大应力的大小在整个梁长上是恒定的。

纯弯曲模式下梁任何位置上的应力大小可以根据下面的步骤进行计算。对于任何剖面,分布应力导致分布力,分布力将会引起反力矩(相对于中性轴)。到中性面距离为 h 的正应力大小记为 $\sigma(h)$。作用于任意给定面 dA 的正应力记为 $dF(h)$。这个力会产生相对于中性轴的力矩。力矩等于力 $dF(h)$ 乘以力和中性面之间的力臂。力矩的面积分等于外加的弯矩,即

$$M = \iint_A dF(h) h = \iint_w \int_{h=-\frac{t}{2}}^{\frac{t}{2}} (\sigma(h) dA) h \tag{2.14}$$

假定应力的大小和 h 呈线性关系,并且在表面达到最大值(记为 σ_{max})。在这样的假设下,可以改写上面的方程,得到

$$M = \iint_w \int_{h=-\frac{t}{2}}^{\frac{t}{2}} \left(\sigma_{max} \frac{h}{\frac{t}{2}} dA \right) h = \frac{\sigma_{max}}{\frac{t}{2}} \iint_w \int_{h=-\frac{t}{2}}^{\frac{t}{2}} h^2 dA = \frac{\sigma_{max}}{\frac{t}{2}} I \tag{2.15}$$

式中,I 为特定横截面的惯性矩。

纵向应变的最大值表示为总扭矩 M 的函数,即

$$\varepsilon_{max} = \frac{Mt}{2EI} \tag{2.16}$$

实际情况通常要复杂得多。对于图 2.4 所描述的简单应力条件,沿着梁的扭矩不是常数。也存在剪切应力分量。这种情况下,式(2.16)可以用到任意横截面。

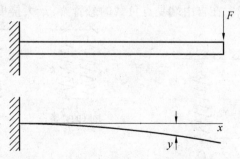

图 2.4　描述悬臂梁弯曲的坐标系

2.2.2　梁的挠度

计算小位移时梁曲率的一般方法是求解梁的二次微分方程:

$$M(x) = EI\frac{\mathrm{d}^2 y}{\mathrm{d}x^2} \tag{2.17}$$

式中，$M(x)$ 表示位于 x 的横截面的弯矩；y 表示 x 处的位移。x 轴沿着悬臂梁的纵向方向(图 2.4)。

y 和 x 之间的关系可以通过求解二次微分方程得到，解这一方程需要以下 3 步：求相对于中性轴的惯性矩；沿着梁长度方向求力和力矩的状态；确定边界条件。

最常遇到的悬臂梁横截面是矩形的。假定矩形的宽度和厚度分别记为 w 和 t，相对于中性轴的惯性矩为 $I = \dfrac{wt^3}{12}$(假设悬臂梁在厚度方向上弯曲)。如果梁的横截面是半径为 R 的圆，则惯性矩为 $I = \dfrac{\pi R^4}{4}$。

2.2.3　求解弹簧常数

在 MEMS 中，梁是最常遇到的弹性单元。这些微梁作为传感和执行的力学弹簧。梁的刚度是设计中经常考虑的问题，刚度用弹簧常数(或者力常数)表示。

下面采用盘簧(螺旋弹簧)定义一下弹簧常数。如图 2.5 所示，在点负载力 F 作用下弹簧伸长 x。位移和外加力的关系遵循胡克定律体现出的线性关系。力学弹簧常数是外加力和它引起的位移的比值：

$$k = \frac{F}{x} \tag{2.18}$$

对于悬臂梁弹簧，力常数的一般表达式是用力除以计算点的位移，通常这一点指的是受力点。在自由端受点负载的悬臂梁，最大挠度发生在自由端。

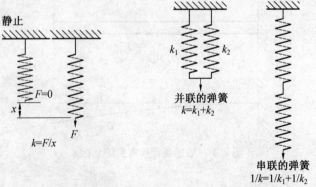

图 2.5　点负载力作用下盘簧的力学形变

对于中心加负载力的双端固支桥,中心处挠度最大。

　　分析具有矩形横截面的单端固支梁的力常数,这是在 MEMS 中最常遇到的情况。悬臂梁如图 2.6 所示,其长、宽、厚分别记为 l, w 和 t。梁材料沿纵向的弹性模量为 E。

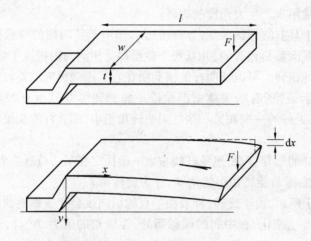

图 2.6　　固定端 – 自由端悬臂梁简图

　　在图 2.6 所示的情况下,力加在板面上。梁的自由端达到某一弯曲角度 θ,θ 和 F 之间的关系为

$$\theta = \frac{Fl^2}{2EI} \qquad (2.19)$$

产生的垂直位移为

$$x = \frac{Fl^3}{3EI} \qquad (2.20)$$

因此,悬臂梁的弹簧常数为

$$k = \frac{F}{x} = \frac{3EI}{l^3} = \frac{Ewt^3}{4l^3} \qquad (2.21)$$

　　很明显,弹簧常数随着长度的增加而下降。它与宽度成正比,由于 t^3 项的原因,因此受厚度的影响很大。

　　悬臂梁的刚度依赖于弯曲的方向。如果加的力是纵向的,弹簧常数将会有很大的不同。梁在一个方向上柔顺,在另一个方向上却是反抗的。

　　在很多应用中,可能将两个或更多的弹簧连在一起组成弹簧系统。它们可以有两种连接方式:并联或串联。如图 2.5 所示,如果多个弹簧并联,总的弹簧常数就等于系统中所有弹簧的弹簧常数之和;如果多个弹簧串联,总的弹簧常数的倒数等于每个弹簧的弹簧常数的倒数之和。

2.3　扭转变形

MEMS 领域中,梁尤其是悬臂梁经常用来产生线性位移和小角度旋转,而扭转梁却经常用来产生大角度的旋转。

考虑一个具有圆形横截面,且有扭矩 T 作用于其两端的等截面杆。因为杆的所有横截面都是相等的,并且每个截面都受相同的内扭矩 T 的作用,所以可以说杆是纯扭转。可以证明杆的横截面在它们围绕纵向轴旋转的时候并不变形。换句话说,所有的横截面都保持平面和圆形并且所有的半径都是直的。另外,如果杆的一端和另一端之间的转角很小,那么杆的长度和半径都不会改变。

为了使杆的形变直观,想象杆的左边一端固定在某一位置。然后,在扭矩 T 的作用下,右端将旋转很小的角 Φ,称为旋转角。

如图 2.7 所示,由于旋转,杆表面笔直的纵向线会变成螺旋曲线。旋转角沿着杆的轴发生变化,在中间的横截面处,旋转角的值为 $\Phi(x)$,它介于左端的 θ 和右端的 Φ 之间。$\Phi(x)$ 在两端之间呈线性变化。右端面上的点 a 移动了距离 d,到达新的位置 a'。

扭转会在整个杆中产生剪切应力。剪切应力具有径向对称性。剪切应力在横截面的中心处为零,在杆的最外表面处达到最大。杆的最大应力记为 $\tau_{\max}$。最大剪切应变的表达式为

$$\gamma_{\max} = \frac{d}{L} \tag{2.22}$$

另外,应力的大小与到中心的径向距离成正比。沿着径向的剪切应力分布是叠加在杆的横截面上的,如图 2.7 所示。

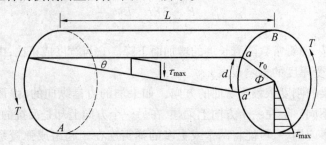

图 2.7　圆形横截面圆柱的扭转弯曲

扭矩和剪切应力最大值之间的关系可以通过任意给定部分的扭矩平衡得到,即

$$T = \int \left(\frac{r}{r_0} \tau_{max} \right) dA \cdot r = \frac{\tau_{max}}{r_0} \int r^2 dA \quad (2.23)$$

面积分 $\int r^2 dA$ 称作惯性扭矩,用 J 表示。对于圆形梁 $dA = 2\pi r dr$,因此

$$T = \frac{\tau_{max}}{r_0} \int 2\pi r^3 dr = \frac{\pi r_0^4}{2} \frac{\tau_{max}}{r_0} \quad (2.24)$$

最大剪切应力为

$$\tau_{max} = \frac{T r_0}{J} \quad (2.25)$$

半径为 r_0 的圆的惯性扭矩为

$$J = \frac{\pi r_0^4}{2} \quad (2.26)$$

根据下式计算扭转杆部分 AB 的总角位移为

$$\Phi = \frac{d}{r_0} = \frac{L\theta}{r_0} = \frac{L}{r_0} \frac{\tau_{max}}{G} = \frac{L T r_0}{r_0 G J} = \frac{TL}{JG} \quad (2.27)$$

在微机械器件中,经常遇到具有矩形横截面的扭转杆。这样的扭转杆(宽和厚分别为 $2w$ 和 $2t$)的惯性矩为

$$J = wt^3 \left[\frac{16}{3} - 3.36 \frac{t}{w} \left(1 - \frac{t^4}{12w^4} \right) \right] \quad (w \geqslant t) \quad (2.28)$$

边长为 $2a$ 的正方形截面梁的惯性矩为

$$J = 2.25 a^4 \quad (2.29)$$

2.4 本征应力

在室温和另外加负载的情况下,很多薄膜材料都存在内部应力的情况,这一现象称为本征应力。MEMS 薄膜材料(多晶硅、氮化硅和很多金属薄膜)都表现出本征应力。本征应力大小在薄膜的厚度上可能是恒等的也可能不均匀。如果引起分布不均匀,就会出现应力梯度。

本征应力对 MEMS 器件很重要,因为它可能会引起形变 —— 很多情况下这种形变会影响表面平整性或者改变力学单元的刚度。例如,在微光学应用中,要求很平的镜面以达到要求的光学性能,本征应力可能会扭曲光学镜面并改变光学特性。

本征应力也会影响薄膜的力学性能。如图 2.8 所示[1] 的薄膜,当薄膜材料受到张应力的时候其平整性就能保证。压应力会使薄膜发生翘曲。

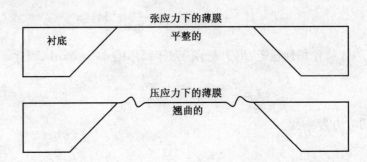

图 2.8　张应力下拉紧的薄膜和压应力下翘曲的薄膜横截面

与 MEMS 结构相关的很多情况中,在沉积和使用过程中会由于温度差而产生本征应力。薄膜材料通常需要在较高的温度下沉积在衬底上。在沉积过程中,分子以一定的平衡间距结合到薄膜中。但是,当 MEMS 器件从沉积室中移出后,温度变化使得材料以大于或小于衬底的速率收缩。根据经验,当薄膜有变得比衬底小的趋势时,其中的本征应力为张力;当薄膜有变得比衬底大的趋势时,其中的本征应力为压应力。

本征应力也可能产生于沉积薄膜的微结构。例如,在热氧化工艺中氧原子结合到硅晶格中会在氧化膜中产生本征压应力。其他机制也可能产生本征应力,包括材料的相变和杂质原子的引入。

有时人为引入本征应力来实现弯曲,从而实现独特的器件结构。本征应力引入的梁弯曲的例子涉及由两层或更多层结构组成的微结构,如图 2.9 所

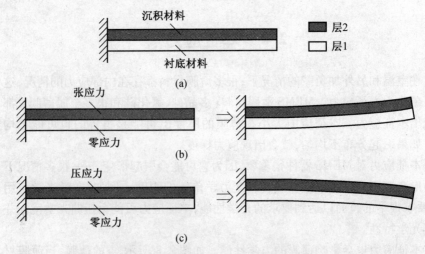

图 2.9　本征应力引起的梁弯曲

示。考虑由两层组成的悬臂梁,层中的本征应力为零,如果层 2 受到本征张应力的作用,梁会朝着层 2 的方向弯曲;如果层 2 受到本征压应力的作用,梁将朝着层 1 的方向弯曲。

讨论在本征应力差作用下双层悬臂梁弯曲的计算公式。简单起见,假定两层结构具有相同的长度(l)和宽度(w)。每一层的厚度、本征静应力和弹性模量分别记为 t_i,σ_i 和 E_i($i = 1$ 或 2),下标字母对应于 1 层或 2 层,1 层在底部。

首先,中性轴的位置由下式得到

$$\bar{y} = \frac{\frac{1}{2}(E_1 t_1^2 + E_2 t_2^2) + E_2 t_1 t_2}{E_1 t_1 + E_2 t_2} \tag{2.30}$$

这一距离是从底层的底部开始测量的。有效弯曲刚度通过下式计算得

$$I_{\text{eff}} E_0 = w\left\{ E_1 t_1 \left[\frac{t_1^2}{12} + \left(\frac{t_1}{2} - \bar{y} \right)^2 \right) + E_2 t_2 \left(\frac{t_2^2}{12} + \left(\frac{t_2}{2} + t_1 - \bar{y} \right)^2 \right] \right\} \tag{2.31}$$

作用于悬臂梁上的弯曲力矩为

$$M = w\left\{ \frac{t_1^2}{2} \left[\sigma_1(1 - v_1) - E_1 \frac{t_1\sigma_1(1 - v_1) + t_2\sigma_2(1 - v_2)}{E_1 t_1 + E_2 t_2} \right] \right\} +$$
$$w\left\{ \left(\frac{t_2^2 + t_1 t_2}{2} \right) \left[\sigma_2(1 - v_2) - E_2 \frac{t_1\sigma_1(1 - v_1) + t_2\sigma_2(1 - v_2)}{E_1 t_1 + E_2 t_2} \right] \right\} \tag{2.32}$$

梁弯曲的曲率半径 R 由下式给出

$$R = \frac{I_{\text{eff}} E_0}{M} \tag{2.33}$$

如果单端固支悬臂梁由单一匀质材料制成,那么就不会有本征应力或者本征应力引起的弯曲,本征应力的梯度可能引起单一材料组成的悬臂梁发生弯曲,这就好像悬臂梁是由很多薄层叠在一起。

3 种方法可以减少不必要的本征弯曲:使用本身没有本征应力或本征应力很小的材料;对于本征应力与材料工艺参数相关的材料,通过校准和控制沉积条件可以很好地调节应力;使用多层结构补偿引入的弯曲。

2.5　动态系统、谐振频率和品质因数

一个包含传感器和执行器的 MEMS 系统总是由质量块及支撑结构组成。

这些支撑的机械单元(如薄膜、梁或悬臂梁)提供了弹性恢复的弹簧常数。质量块的运动由于与周围空气分子的碰撞而受阻,这就形成了阻尼,即一种与速度相关的阻力。

MEMS 系统常常可以简化为经典的弹簧－质量块－阻尼系统。在时变的输入、动态输入(脉冲或冲击)以及正弦(谐振)输入信号作用下,该系统都会有改变。理解 MEMS 动态系统对于预测传感器和执行器的性能特性非常重要。这里只讨论动态系统行为最基本的知识。

2.5.1　动态系统和控制方程

图 2.10 中弹簧－质量块－阻尼系统的控制方程为

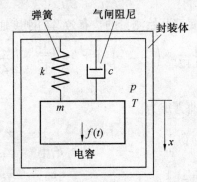

图 2.10　弹簧－质量块－阻尼系统

$$f(t) = m\ddot{x} + c\dot{x} + kx \tag{2.34}$$

式中,c 为阻尼系数;k 为弹簧常数;$f(t)$ 为力函数。两边同时除以质量 m,得到经典表达式为

$$a(t) = \ddot{x} + 2\xi\omega_n\dot{x} + \omega_n^2 \tag{2.35}$$

其中,自然谐振频率为

$$\omega_n = \sqrt{\frac{k}{m}} \tag{2.36}$$

阻尼率为

$$\xi = \frac{c}{2\sqrt{km}} = \frac{c}{c_r} \tag{2.37}$$

系数

$$c_r = 2\sqrt{k} \tag{2.38}$$

称为临界阻尼系数。

对于不同的输入,控制方程的解并不相同:若 $f(t) = 0$,则称解为自由系统

解;若 $f(t)$ 为任意力函数,则解可能包括瞬态和稳态项;若 $f(t) = A\sin \omega t$,则认为系统是正弦受迫或谐振受迫作用。

这里只讨论系统在正弦激励下的响应情况。

2.5.2　正弦谐振下的响应

对于正弦力,系统将按照受迫频率振荡。对于稳态解,在正弦激励下

$$f(t) = F\sin \omega t = ma\sin \omega t \tag{2.39}$$

稳态系统输出是一个与驱动同频率的正弦信号

$$x = A\sin (\omega t + \varphi) \tag{2.40}$$

因此,瞬态响应以及任意的初始条件都不会有影响。可以用转移函数来分析输出,此时,x 与 f 间的转移函数为

$$T = \frac{x}{F} = \frac{1}{ms^2 + Cs + k} \tag{2.41}$$

分子分母同时除以 m,可得

$$T = \frac{x}{F} = \frac{\dfrac{1}{m}}{s^2 + \dfrac{cs}{m} + \dfrac{k}{m}} = \frac{\dfrac{1}{m}}{s^2 + 2\xi\omega_n s + \omega_n^2} \tag{2.42}$$

用 $j\omega$ 替换 s,那么 T 频谱响应为

$$|T(\omega)| = \left| \frac{\dfrac{1}{m}}{\omega_n^2 - \omega^2 + 2j\xi\omega\omega_n} \right| = \frac{\dfrac{1}{m}}{\sqrt{(\omega_n^2 - \omega^2)^2 + 4\xi^2\omega^2\omega_n^2}} \tag{2.43}$$

因此 A 的幅值为

$$A = |T|F = \frac{\dfrac{F}{m}}{\sqrt{(\omega_n^2 - \omega^2)^2 + 4\xi^2\omega^2\omega_n^2}} \tag{2.44}$$

其中,$\dfrac{F}{m}$ 是直流受迫条件下的准振幅,而 A 的幅值既是频率 ω 的函数,也是阻尼系数 ξ 的函数。

二阶系统对激励的响应情况随系统阻尼大小而不同:对于较大的阻尼 c,称为系统过阻尼;若 $c = 2\sqrt{km}$ 或 $\xi = 1$,称为系统临界阻尼;若阻尼处于 0 与临界阻尼之间,称为系统欠阻尼。

若固定 ξ 而改变 ω,则可作出典型的响应频谱图。周期负载条件下欠阻尼机械系统的位移的典型频谱如图 2.11 所示。低频时位移保持常数。这表

示适用于稳态负载情况的低频特性。在谐振频率点(f_r,且$f_r = \dfrac{\omega_n}{2\pi}$)及其附近，机械振动幅度急剧增加。谐振峰的尖锐程度用品质因数Q表征。谐振峰越尖锐，品质因数越高。

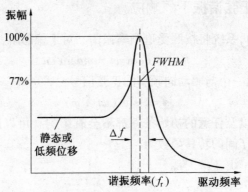

图2.11   振动幅度与输入频率关系的典型响应频谱

谐振频率处的幅度放大很有用，通过使微传感器和微执行器位于谐振频率处可以增加灵敏度和执行的范围。但是，谐振也可能导致机械器件的自损坏。

2.5.3   阻尼和品质因数

MEMS中，质量块的位移总会面临阻尼。阻尼可能来自黏性流体相互作用，例如压膜阻尼、气体分子碰撞和结构阻尼等。阻尼因子会受到温度、压力、气体分子类型以及环境因素的影响。

品质因数代表谐振峰的尖锐程度，可以有多种定义方法。数学上，品质因数与最大值一半处的宽度($FWHM$)有关，即一半功率点(或者是77%幅度处)两频率间的距离(Δf)。谐振频率和Δf之间的比值给出了品质因数

$$Q = \frac{f_r}{\Delta f} \tag{2.45}$$

品质因数和阻尼因子有关，即

$$Q = \frac{1}{2\xi} \tag{2.46}$$

从能量角度看，品质因数是系统中存储的总能量和每一个振荡周期总损失能量的比值。每一循环总损失的能量越低，品质因数就越高。品质因数与阻尼成反比。小的阻尼系数c将会引起低能损耗，且阻尼率越小，Q值越大。

MEMS器件的品质因数可以通过降低工作压力、改变工作温度、改进表面

粗糙度、热退火或者改善边界条件来提高。

2.5.4 谐振频率和带宽

谐振频率决定了一个器件最终可获得的带宽。因此,很多器件都希望获得更大的谐振频率。在尺寸缩小时,机械单元的谐振频率通常会由于 m 值的急剧减少而增加。通过缩小谐振器件的尺寸,已经成功地证明谐振频率的范围可以从几 MHz 到数十 MHz,甚至可以达到 GHz。

谐振频率是器件尺寸的函数,很容易随温度变化。温度稳定对于要求稳定频率的谐振器件是很关键的,而温度稳定可以通过温度补偿来实现。另外,微谐振器的谐振频率可以通过微调材料(使用激光或聚焦离子束)或局部沉积材料来准确地调节。

2.6 弹簧常数和谐振频率的调节

梁和薄膜的机械特性,如弹簧常数和谐振频率,可以通过引入应变而改变。

对于悬臂梁,纵向应变可以通过轴向或横向负载引入。轴向张力可以改变弹簧常数和谐振频率;纵向调节力可以通过改变横向静电力或热膨胀引入;而谐振频率的改变可以用来表征双端固支梁的本征应力。在纵向应变 ε_s 作用下悬臂梁的谐振频率为

$$\omega = \omega_0 \sqrt{1 + \frac{2L^2}{7h^2}\varepsilon_s} \qquad (2.47)$$

式中,ω_0,h 和 L 分别表示梁的初始谐振频率、厚度和长度。

悬臂梁的弹簧常数和谐振频率可以通过横向力调节。只要偏置力指向悬臂梁恢复力相反的方向,梁就会变得柔软。横向负载力可以通过静电力、热力和磁力施加。

第 3 章　　体硅加工工艺

体硅微制造广泛应用在 MEMS 器件的制造上。MEMS 制造技术通常要求在硅圆片上进行有一定深度的三维刻蚀加工,才能满足微机械可动构件所需的条件,因此形成了体硅加工技术。体硅微制造或微加工通过基底材料的去除(通常是硅晶片)来形成所需的三维立体微结构。对于硅材料,采用物理或是化学刻蚀技术,即干法刻蚀或是湿法刻蚀,来实现立体结构的加工。刻蚀加工,不管是依赖于晶向的各向同性刻蚀,还是依赖于晶向的各向异性刻蚀都是应用于体硅微制造的关键技术。

3.1　　湿法刻蚀

最早的刻蚀技术 —— 湿法刻蚀是将被刻蚀材料先氧化,然后由化学反应使其生成一种或多种氧化物再溶解,这就是电化学刻蚀过程。电化学刻蚀指金属或是半导体材料在电解质水溶液中所受的刻蚀过程。在同一刻蚀液中,因为混有各种试剂,所以上述两个过程是同时进行的。

3.1.1　　刻蚀条件与刻蚀过程

形成电化学刻蚀需要具备 3 个条件:

(1)被刻蚀的材料各个部分或区域之间存在电位差,即构成阳极和阴极。阳极被刻蚀。

(2)不同电极电位的材料要互相接触或在电化学上相连接。

(3)材料中电极电位的不同部分要处于相通的电解质溶液中,以构成微电池。

这种氧化物化学反应要求有阳极和阴极,而在刻蚀过程中没有外接电压,所以硅表面的点便作为随机分布的局部区域的阳极和阴极。由于这些局部区域化电解电池的作用,硅表面发生了氧化反应并引起相当大的刻蚀电流,一般超过 100 A/cm^2。每个局部区域在一段时间内既起到阳极作用又起到阴极作用。如果起阴、阳两极作用的时间大致相等,就会形成均匀刻蚀。反之,若两者的时间相差很大,则会出现有选择性的刻蚀。

刻蚀过程分为 3 步:

第一步,反应物迁移至反应表面;第二步,表面反应;第三步,反应产物从反应表面去除。

如果刻蚀速率取决于第二步,属于界面反应限制型;如果刻蚀速率取决于第一步或是第三步,那么刻蚀主要受分子扩散速率的影响,称为扩散限制型。与界面反应限制过程相比,扩散限制过程活化能较低,所以它对温度变化较为敏感。另外,刻蚀液的扰动对刻蚀速率影响也较大,这是因为扰动使新鲜的刻蚀液同硅表面的接触机会增加,所以刻蚀速率也增加。如果在刻蚀过程中刻蚀条件发生变化,例如温度和刻蚀液的化学成分发生变化,将会改变速率限制过程。决定单晶硅刻蚀的其他因素包括:晶体取向、导电类型、掺杂原子浓度、晶格损伤以及表面结构。

如果在单晶硅各个晶向上的刻蚀速率是均匀的,则称为各向同性刻蚀;而刻蚀速率取决于晶体取向的,则称为各向异性刻蚀。在一定的条件下刻蚀具有一定的方向跃居第一的状况,是硅单晶刻蚀过程中的重要特征之一。刻蚀图形边缘的形状如图3.1中(a)、(b)所示。图3.1(a)所示在刻蚀过程中伴有较弱的扰动,而图3.1(b)所示则较强。单晶硅、多晶硅和无定形硅在NHA(HF – HNO$_3$ 和 CH$_3$COOH)刻蚀系统中都表现出图3.1(a),3.1(b)中的轮廓。图3.1(c)为硅的各向异性刻蚀,在纵向上的刻蚀速率大于横向上的刻蚀速率。较为典型的可以用KOH/水或是EDP/水刻蚀液刻蚀(100)面单晶硅。各向异性刻蚀的极端情况是横向刻蚀为零,如图3.1(d)所示。采用(110)面单晶硅,刻蚀液用KOH/水或者各种干法刻蚀(如反应离子刻蚀、电感耦合等离子刻蚀、离子铣刻蚀等)均能达到如图3.1(d)所示的效果。

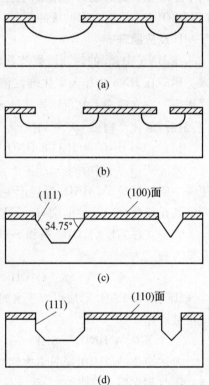

图3.1　常用湿法刻蚀的硅孔图形

3.1.2　各向同性刻蚀

各向同性刻蚀是刻蚀时在各个方向上的刻蚀速率相同。选用强酸刻蚀剂会得到圆形各向同性的刻蚀外观,被广泛用于:去除工作受损面;为各向异性刻蚀图形倒圆角(防止应力集中);干法或各向异性刻蚀后的表面抛光;在单晶硅上生成结构和平坦表面;图形化单晶硅、多晶硅、无定形硅;形成电连接和晶体缺陷评估。

最常见的硅各向同性刻蚀剂是 $HF-HNO_3$ 和水(缓冲剂)的混合液,这种刻蚀剂被称为 HNA,其中,硝酸的氧化作用是由未分解的硝酸分子实现的。由于醋酸能够更好地抑制硝酸的分解,从而保持硝酸的氧化作用,因此,醋酸(CH_3COOH)是优于水的缓冲剂。

1. 反应原理

在 HNA 中,Si 的刻蚀过程涉及氧化剂、电场、光量子对 Si 价带的空穴注入。硝酸在 HNA 中作为氧化剂,当然其他氧化剂,如 H_2O_2 和 Br_2 也能起到同样作用。空穴造成了共价键连接的 Si 被侵蚀与氧化,氧化后的 Si 和 OH^- 反应,最后,氧化产物被 HF 酸刻蚀掉。该反应的化学方程式为

$$HNO_3 + H_2O + HNO_2 \longrightarrow 2HNO_2 + 2OH^- + H^+ \qquad (3.1)$$

反应式(3.1)中的空穴产生于自催化过程;反应产生的 HNO_2 重新进入更深一层的反应,与 HNO_3 反应产生更多的空穴。在 HNO_3 浓度降低时,可以观察到在氧化反应开始前会有一段感应期,直到浓度稳定时才停止。

在空穴注入以后,OH^- 基和 Si 核结合形成 SiO_2,同时释放氢气,该反应的化学方程式为

$$Si^{4+} + 4OH^- \longrightarrow SiO_2 + H_2 \uparrow \qquad (3.2)$$

HF 通过和 SiO_2 形成可溶于水的 H_2SiF_6 来溶解 SiO_2,HNA 和 Si 的整体反应可被看作

$$SiO_2 + HNO_3 + 6HF \longrightarrow H_2SiF_6 + HNO_2 + H_2O + H_2 \uparrow \qquad (3.3)$$

上述简化的反应机制只考虑到空穴的作用,而实际的刻蚀过程是电子和空穴同时起作用。其中,空穴注入价带决定着酸性溶液对硅刻蚀速率;同时,电子通过表面态进入导带也会决定碱性溶液对硅各向异性刻蚀速率;而空穴进入价带相对于电子进入导带要容易得多。酸性刻蚀液的各向同性刻蚀和碱性溶液的各向异性刻蚀,其根本原因就在于反应机理上的差别。

2. 影响刻蚀速率的各种因素

根据硅单晶的电化学刻蚀机理就可以进一步讨论影响刻蚀速率的各种因

素。

(1) 刻蚀液成分。

刻蚀液的成分对刻蚀速率影响最大。硅单晶在 HNO_3 + HF 溶液中的刻蚀速率大,而在纯 HNO_3 或纯 HF 溶液中的刻蚀速率却很小。从电化学角度看,其原因是在后两种情况下电极反应无法充分顺利进行。但是,若在纯 HNO_3 溶液中加入一滴 HF 就可以明显地增加刻蚀速率,这是因为 SiO_2 与 HF 形成六氟硅酸络合物,使阳极反应得以顺利进行。在纯 HF 中加入一滴 HNO_3 也可以大大提高刻蚀速率,因为加入的 HNO_3 可作为一种在阴极易被还原的材料,使电极反应顺利进行。由此看来,缺少两个电极反应中的任意一个,电化学刻蚀都不能顺利进行,刻蚀速率必定是缓慢的。

硅在 HNO_3 + HF 溶液中的刻蚀速率与成分的关系如图3.2所示[3]。由图3.2可以看出刻蚀液成分相当于电化学反应的当量摩尔比时,刻蚀速率最快;在相当于含68%(质量分数)HF 时曲线出现极大值。这就证明半导体材料在电解质溶液中的刻蚀是一种电化学刻蚀。但应注意,其反应是放热反应,在缺陷密度高时,反应速率亦加快,稀硝酸与浓硝酸反应产物不同。

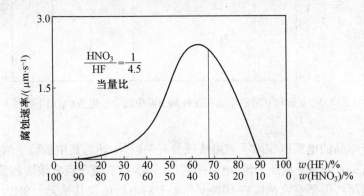

图3.2 硅在70%(质量分数)HNO_3 + 49%(质量分数)HF 混合液中的
刻蚀速率与成分的关系

(2) 电极电位。

图3.3表示[3]出 p 型和 n 型硅单晶在不同刻蚀液中的电极电位。由图3.3可以看出如下几点:p 型硅的电极电位比 n 型硅的高;硅在酸性溶液中的电极电位比在碱性溶液中的高;电极电位高的容易形成阴极,不受刻蚀,因此同一块单晶中若存在 p 区和 n 区,则 n 区优先受到刻蚀。由图3.3还可看出,在 p 型和 n 型硅电极电位相差比较大的刻蚀液中,由于某种原因(如不同导电型号的区域,电阻率不均匀)构成阴阳极时,两个电极的电位差大,微电池的电动势

大,则电流大,刻蚀也随之加快。

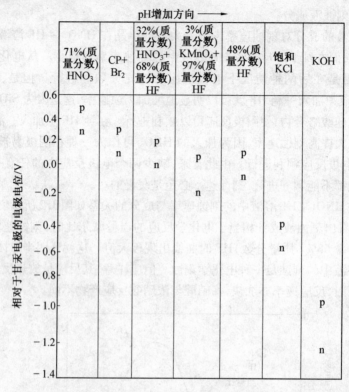

图 3.3　n 型和 p 型硅单晶在各种刻蚀液中的电极电位(室温下搅拌)

硅单晶的电极电位除了与溶液成分有关以外,还与其中载流子浓度、导电型号有关。对于 n 型硅来说,电阻率越低(即少数载流子空穴浓度越低),电极电位越高。但是空穴浓度在 10^{16} cm^{-3} 以上时电极电位几乎无大变化。所以 p 型重掺杂单晶断面上电极电位随电阻率变化的起伏小。

(3) 温度。

1961 年 Schwartz 和 Robbins 对 HNA 的温度对反应速率的影响进行了详细的研究,图 3.4 是硅刻蚀的 Arrhenius 图[4],刻蚀液的配比是 45%(质量分数)HNO_3,20%(质量分数)HF 和 35%(质量分数)CH_3COOH。刻蚀速率随着温度的升高而增加,图中两条相交直线表明,在 30 ℃ 或低于 30 ℃ 的情况下反应需要较高的激活能,而高于 30 ℃ 时,所需激活能较少。在较低的温度下,刻蚀作用占优势,而氧化作用则受激活能的影响。在较高温度下,刻蚀结果表面光滑,反应激活能较低,并且伴随着氧化层的有限扩散溶解。

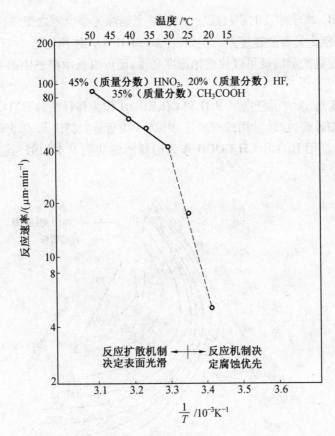

图 3.4 硅各向同性刻蚀的 Arrhenius 刻蚀曲线

（4）缓冲剂。

缓冲剂一般是弱酸或弱碱，如 NH_4OH 等。在强酸或强碱溶液中加入一定的缓冲剂就能起到调节酸度（H^+ 浓度）和碱度（OH^- 浓度）的作用。在 HNO_3 溶液中 H^+ 浓度较高，因为 HNO_3 几乎全部电离。但醋酸是弱酸，电离度较小。它的电离反应为

$$CH_3COOH \Longleftrightarrow CHCOO_3 + H^+ \tag{3.4}$$

在 $HNO_3 + CH_3COOH$ 溶液中，虽因有 HNO_3 使 H^+ 离子浓度较高，但是加入 CH_3COOH 后，H^+ 与 CH_3COO^- 离子作用生成 CH_3COOH 分子。因为 CH_3COOH 电离度小，所以在 HNO_3 和 CH_3COOH 混合酸中的 H^+ 离子浓度较低，这是受到缓冲剂调节的结果。

硅单晶在酸性溶液中受电化学刻蚀时的阴极反应为

$$HNO_3 + 3H^+ \longrightarrow NO + 2H_2O + 3p \tag{3.5}$$

　　减少 H⁺ 离子浓度时阴极反应变慢，整个刻蚀速率也随之变慢，有利于组织显示，呈现出显著的速度差。例如，在 HF + HNO₃(体积比为 1：3) 抛光液中加入一定量的醋酸就可以使抛光速度变慢，还可以显示单晶中的双晶及 pn 结。

　　图 3.5 给出[2] 了分别用 H₂O 和 CH₃COOH 作为稀释剂的 HNO₃ + HF 系统刻蚀硅的等刻蚀线[常用的浓酸是 49.2%(质量分数)HF 和 69.5%(质量分数)HNO₃]。用 H₂O 和 CH₃COOH 作为稀释剂的功能基本相似，其共同特点是：

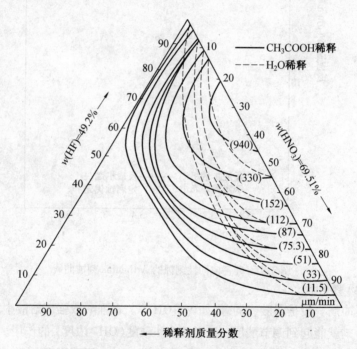

图 3.5　硅的等刻蚀线(HF、HNO₃、稀释剂)

　　① 在高质量分数 HF 和低质量分数 HNO₃ 混合情况时，曲线描述了恒定 HNO₃ 质量分数的刻蚀，此时 HNO₃ 的质量分数决定了刻蚀速率。这种质量分数控制下的刻蚀很难开始，并且显示出不确定的感应过程。此外，此过程还会导致不稳定的表面反应，使得 Si 表面生长一层 SiO₂，刻蚀速率被氧化过程限制，并且受掺杂浓度、缺陷、催化剂(常用硝酸钠)的影响。在这种情况下，温度的影响更为显著，在试验中测得的刻蚀激活能范围是 10 ~ 20 kcal/mol。

　　② 在高质量分数 HNO₃ 和低质量分数 HF 混合情况下，当 HF 质量分数恒定时，刻蚀曲线平行于 HNO₃ 稀释的轴向，此时，HNA 刻蚀的速率决定于 HF 刻

蚀 SiO_2 的速度。在此配比下,刻蚀是各向同性的,并且可以得到相当光滑的刻蚀表面,使用〈100〉硅片时,各向异性的比率小于等于1%(〈110〉晶向会稍快)。反应的激活能是 4 kcal/mol,这反映了扩散受限反应的特点,温度变化的影响降低。

③ 在刻蚀最快的区域,两种反应物都起到重要作用。与加入水做缓冲剂相反,加入醋酸不会削弱硝酸的氧化作用,除非加入的醋酸量很大以至于稀释了硝酸。因此,刻蚀速率轮廓线在稀释剂轴向很大范围内和硝酸的浓度曲线平行。

④ 图 3.5 中 HF 质量分数曲线最高点的附近,表面反应速率受控,刻蚀导致硅的表面粗糙化,出现了凹坑、尖锐的角和边。曲线向 HNO_3 顶点延伸,扩散控制反应导致了圆角和圆边的产生,(111) 和 (110) 镜面的刻蚀速率变得与抛光刻蚀机制相同(各向异性率小于1%)。

图 3.6 总结[4] 了硅表面刻蚀的拓扑图形是如何强烈依赖于刻蚀液成分的。在刻蚀速率最大点附近,刻蚀表面平整且边缘圆滑,硅刻蚀速率很慢的刻蚀剂会造成硅表面的粗糙化。

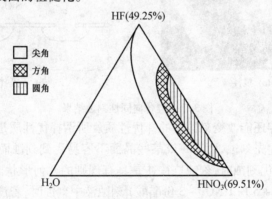

图 3.6　硅表面刻蚀的拓扑图形

（5）掺杂。

各向同性刻蚀过程本质上是基于电荷转移机制,因此刻蚀速率与掺杂类型及掺杂浓度有关。典型的 HNA 刻蚀液对于掺杂浓度在 10^{18} cm^{-3} 以上的 n 型或 p 型硅片的刻蚀速率为 1 ~ 3 μm/min,当掺杂浓度小于 10^{17} cm^{-3} 时,刻蚀速率下降至近 1/150。这可能是由于自由电荷载体浓度的降低导致的电荷迁移机制的减弱。在任何情况下,高掺杂材料的刻蚀速率都要优于低掺杂材料。由掺杂决定的各向同性刻蚀也可以应用在电化学刻蚀中。

（6）超声或搅拌。

超声可以加快物质的传递速度,使反应物及时输运到固体表面及反应产物及时离开,有利于反应的进行。在刻蚀过程中往往有刻蚀面析出气体,而妨碍反应的进行,并使局部过热。为此,可以采用超声处理,加快气体析出,以改善刻蚀表面质量。

在各向同性刻蚀情况下,刻蚀液对掩膜图形下衬底进行钻蚀,在向深处刻蚀的同时扩大刻蚀坑(图3.7[4])。如果在刻蚀的同时加以搅拌,得到的各向同性刻蚀结果的剖面对称而且圆滑(扩散过程),如图3.7(a)所示,刻蚀坑的截面图近似于理想的圆杯形,由于圆盒的底面是通过搅拌形成的,因此平整度较差。如果不搅拌,刻蚀结果类似圆盒形,如图3.7(b)所示。

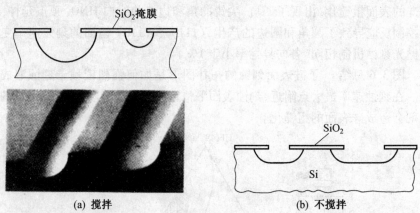

(a) 搅拌　　　　　　　　　　　　(b) 不搅拌

图3.7　硅各向同性刻蚀结果

超声或搅拌还能改变刻蚀液的择优性质。所谓择优性质是指刻蚀液对晶体的某些晶面优先刻蚀,而某一或某些晶面不容易受到刻蚀而成为裸露面。因此,当出现择优刻蚀时,刻蚀坑往往是具有规则的几何形状。例如,硅单晶在CP_4(3份HF + 5份HNO_3 + 3份醋酸)刻蚀液中刻蚀时,若没有搅拌就会显示择优性,而在强烈搅拌时则不显示择优性。

(7) 光照。

在刻蚀处理时若加一白炽灯,半导体就在光照下激发出电子和空穴对,而使载流子浓度增加。这些电子和空穴正是电极反应所需要的。经光照以后,加强了电极反应,有利于微电池刻蚀。快速刻蚀时(如化学抛光)一般不受光照的影响。而慢速刻蚀时受光照的影响就比较大。慢速刻蚀用在缺陷显示上,此时加光照效果会更好一些。

激光诱导刻蚀就是一个很好的例子。激光诱导刻蚀是利用激光在单色性、方向性、高亮度上的独特优势,以激光对材料的光子效应和热效应为基础,辅助材料的刻蚀进程,从而满足材料的刻蚀需要。激光诱导刻蚀可以制作出更加多样化的刻蚀图形,其工艺条件更加容易实现,操作更加简单,对基片无离子损伤,过度刻蚀容易控制,成本低。

3. 各向同性刻蚀的掩膜

酸性刻蚀剂对硅的刻蚀速率很快,如硅在配比为 66%(质量分数)HNO_3 和 34%(质量分数)HF 的刻蚀剂中可达到 50 $\mu m/min$ 的刻蚀速率。各向同性刻蚀的反应十分强烈,以至于各晶面的反应激活能的差异都很难体现,各晶向以相同的速率刻蚀,从而很难制备合适的掩膜。

尽管 SiO_2 在 HF,HNO_3 系统中的刻蚀速率为 30 ~ 80 nm/min,但又由于 SiO_2 易于生成,且容易图形化,所以厚 SiO_2 通常被用作各向同性刻蚀掩膜,特别是在刻蚀浅槽的情况下。抗刻蚀的 Au 或者 Si_3N_4 是常用的深刻蚀掩膜,光刻胶和 Al 则很难抵抗强氧化性刻蚀液的刻蚀。表 3.1 总结[4] 了在酸性刻蚀液中可做掩膜的材料。

表 3.1   在酸性刻蚀液中可做掩膜的材料

掩膜	过氧硫酸 $[w(H_2O_2):$ $w(H_2SO_4) = 4:1]$	BHF $[w(NH_4F):$ $w(浓\ HF) = 5:1]$	HNA
热生长 SiO_2		0.1 $\mu m \cdot min^{-1}$	30 ~ 80 nm $\cdot$ min^{-1} 控制反应时间,由于较易图形化,常用厚层 SiO_2
CVD(450 ℃) SiO_2 Corning7740 玻璃		0.48 $\mu m \cdot min^{-1}$ 0.063 $\mu m \cdot min^{-1}$	0.44 $\mu m \cdot min^{-1}$ 1.9 $\mu m \cdot min^{-1}$
光刻胶	刻蚀多数有机物薄膜	可以短时间耐受	难以抵抗强氧化剂,如 HNO_3,不被采用
非掺杂多晶硅	形成 3 nm 的 SiO_2	0.023 ~ 0.045 nm/min	室温下 0.7 ~ 40 $\mu m \cdot min^{-1}$(掺杂浓度低于 $10^{17} cm^{-3}$[n 或 p])
黑蜡			室温下可用
Au/Cr	可用	可用	可用
LPCVD Si_3N_4		0.1 mn $\cdot$ min^{-1}	1 ~ 10 nm $\cdot$ min^{-1},良好的掩膜材料

注:表中涉及数据做了必要的平均

4. 各向同性刻蚀中存在的难题

硅的各向同性刻蚀存在几个难题:第一,很难用如 SiO_2 等材料做精确的掩膜;第二,刻蚀速率受温度和搅拌的影响较大,这造成了刻蚀的横向控制和纵向控制不容易实现。

3.1.2　各向异性刻蚀

硅体的各向异性刻蚀在 MEMS 制造中起着极其重要的作用,硅体的各向异性刻蚀机理为:在有些溶液中单晶硅的刻蚀速率取决于晶体取向,即在某种晶体取向上硅的刻蚀速率非常快,而在其他方向上刻蚀速率又非常慢。基于硅的这种刻蚀特性,可在硅基片上加工出各种各样的微结构。

1. 刻蚀过程

各向异性刻蚀通常用来对 $300 \sim 500\ \mu m$ 厚的硅片做有选择性的减薄,从而形成厚度为 $10 \sim 20\ \mu m$、精度控制在 $1\ \mu m$ 以内的硅膜。工艺步骤见表 3.2[4]。图 3.8 给出了硅单晶片各向异性刻蚀示意图[2]。从图中可以看到,(100)面硅单晶片的刻蚀是沿着(100)面进行,而终止沿着(111)面。这是因为,(100)和(111)面之间有一个 54.7° 的夹角,其倾斜面如图 3.1(c)和图 3.1(d)所示。由于(100)面和(111)面之间存在一个夹角,因此最后的刻蚀结果由刻蚀掩膜的窗口尺寸而定,如果刻蚀掩膜窗口的边缘同(110)方向对准,就不会发生刻蚀过头即钻蚀现象。

表 3.2　刻蚀工艺步骤

工艺步骤	持续时间	工艺温度
氧化	不定	$900 \sim 1\ 200\ ℃$
甩胶(5 000 r/min)	$20 \sim 30\ s$	室温
前烘	10 min	90 ℃
曝光	20 s	室温
显影	1 min	室温
后烘	20 min	120 ℃
去除 SiO_2(BHF 刻蚀液中 HF 与 NH_4F 的体积分数比为 1:7)	± 10 min	室温
去胶(丙酮)	$10 \sim 30\ s$	室温
RCA1 [$NH_3(25\%)$,H_2O,H_2O_2 的体积分数比为 1:5:1]	10 min	煮沸
RCA2(HCl,H_2O,H_2O_2 的体积分数比为 1:6:1)	10 min	煮沸
HF 浸泡[2%(质量分数)HF]	10 s	室温
各向异性刻蚀	从几分钟至一天	$70 \sim 100\ ℃$

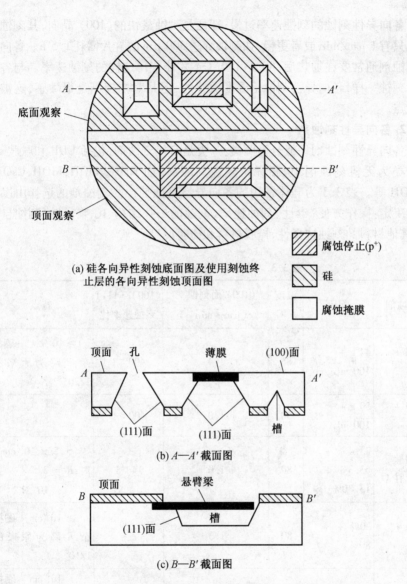

(a) 硅各向异性刻蚀底面图及使用刻蚀终
止层的各向异性刻蚀顶面图

腐蚀停止(p⁺)

硅

腐蚀掩膜

(b) A—A′ 截面图

(c) B—B′ 截面图

图3.8 硅单晶片各向异性刻蚀示意图

值得注意的是,在刻蚀掩膜窗口的弯曲边缘处的刻蚀槽的角上,由于偏离
了(110)方向,会发生钻蚀现象,这种现象直到(111)面为止。在各向异性刻
蚀中,掩膜与硅晶体取向的对准十分重要,因为对准偏差将大大影响刻蚀速
率。如果对准偏离(111)面1°,会使接近(111)面的硅的刻蚀速率增加

300%。

各向异性刻蚀的刻蚀速率过慢,即便是刻蚀最快的⟨100⟩晶向,其刻蚀速率也只有 1 μm/min 或者更慢,如刻蚀穿透 300 μm 的硅片需耗时 5 h。各向异性刻蚀剂通常要在加热后(80 ~ 150 ℃)才能获得这样的刻蚀速率。与各向同性刻蚀一样,各向异性刻蚀是湿度敏感的,但是对搅拌不是很敏感,这被视为优点。

2. 各向异性刻蚀剂

各向异性刻蚀剂一般分为两类:一类是有机刻蚀剂,包括 EDP 和联胺等;另一类为无机刻蚀剂,包括无机碱性刻蚀剂,如 KOH,NaOH,LiOH,CsOH,NH_4OH 等。表 3.3 为硅体常用的各向异性刻蚀剂[2]。刻蚀剂的选择由以下因素决定:操作方便、毒性、刻蚀速率、刻蚀的拓扑结构、IC 兼容性、刻蚀自停止、其他材料的刻蚀选择性、掩膜材料和掩膜厚度。

表 3.3　硅体常用的各向异性刻蚀剂

刻蚀剂	配比	温度/℃	(100) 面刻蚀率/($\mu m \cdot min^{-1}$)	(100)/(111)刻蚀速率比	特点
KOH + 水	44 g + 100 mL	85	1.4	400:1	$\geq 10^{20} cm^{-3}$,硼掺杂,R 降为原来的 1/20
KOH + 水	50 g + 100 mL	50	1.0	400:1	
KOH + 水 + IPA	23.4% + 63.3% + 13.30%	80	1.0	14:1	$> 5 \times 10^{18} cm^{-3}$ 时,$R = 2.5 \times 10^{24} N^{-1.3}$
KOH + 水	20% + 80%	80	1.3		$\geq 10^{20} cm^{-3}$ 硼掺杂,R 降为原来的 1/10
KOH + 水 + IPA	20% + 80% + 饱和	80	1.1		$> 10^{20} cm^{-3}$ 硼掺杂,R 降为原来的 $\frac{1}{30}$,刻蚀深度超过 100 μm 表面有残杂物

续表 3.3

刻蚀剂	配比	温度 /℃	(100) 面刻蚀率 /(μm·min^{-1})	(100)/(111) 刻蚀速率比	特点
EDP	17 mL + 3 g + 8 mL	110	0.83	50:3	"T" 刻蚀剂
EDP	7.5 mL + 1.2 g + 2.4 mL	118	0.83	50:1	"B" 刻蚀剂,刻蚀表面平整、光滑
NH$_4$OH + 水	3.70% 96.3%	75	0.4	25:1	在较高温度下 NH$_4$OH 易分解,加少许 H$_2$O$_2$ 可提高刻蚀速率
NaOH + 水	10 g 100 mL	65	0.25 ~ 1		硼的掺杂浓度大于 3×10^{19} cm^{-3},R 降为原来的 $\frac{1}{30}$
NH$_4$NH$_2$ + 水	100 mL 100 mL	100	2.0		与掺杂浓度无关
LiOH + 水	10% 90%	69	0.7		硼的掺杂深度大于 1×10^{20} cm^{-3},R 降为原来的 $\frac{1}{100}$
CaOH + 水	60% 40%	50			(100)/(111) 刻蚀速率之比为 200:1

注:配比中 % 为质量分数;EDP 为乙二胺、邻苯二酚和水

(1) 氢氧化钾(KOH)。

KOH 水溶液是最常见的各向异性刻蚀剂。使用 KOH 近饱和的水溶液(质量比为 1:1) 在 80 ℃ 的情况下可以得到平整光滑的 Si 刻蚀表面,(100) 晶面的刻蚀速率可以达到 1.4 μm/min。温度高于 80 ℃ 时,刻蚀速率的不一致性变得显著。KOH 刻蚀 Si 时,在 Si 表面会产生大量的气泡,推荐使用通风橱。Si 和 SiO$_2$ 的选择比不是很好,KOH 和 IC 工艺不兼容(比如,在 KOH 中 Al 的引脚会被迅速刻蚀),而且,KOH 溅入眼睛会致盲。

图 3.9 所示为硅片〈100〉和〈110〉晶向上的横向刻蚀速率[5]。注意在

〈111〉晶面有最小量。远离〈111〉晶面的典型刻蚀速率是 1 mm/min,这意味着要把硅片刻蚀穿透,需要花费很多时间。

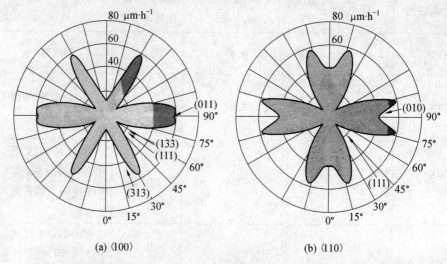

(a) 〈100〉　　　　　　　　　(b) 〈110〉

图3.9　硅片〈100〉和〈110〉晶向上的横向刻蚀速率(78 ℃ 下 50%(质量分数)KOH)

图3.10给出了KOH刻蚀剂中晶向的刻蚀速率Arrhenius图线[5]。刻蚀速率强烈依赖于温度,与晶向依赖关系不太明显。其中,也加入了异丙醇刻蚀液,激活能没有明显的改变。

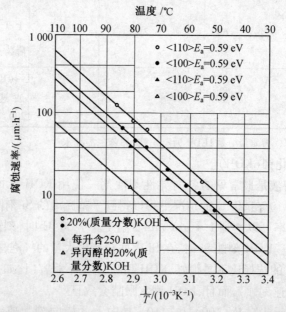

图3.10　质量分数为20% 的 KOH 刻蚀剂中〈100〉和〈110〉晶向的刻蚀速率,与异丙醇做添加剂对刻蚀的影响做对比

　　垂直的(100)面只有KOH可以实现(不能选用EDP或TMAH),并且要在高选择比的反应条件下进行[低温、低(质量分数为25%)的KOH,60 ℃)。高浓度的KOH(质量分数为45%)在高温(80 ℃)条件下得到光滑的、可控的、可重复的80°侧壁表面,EDP刻蚀生成45°的侧壁,TMAH生成30°的侧壁。

　　除了KOH以外,其他氢氧化物也被用作刻蚀剂,包括NaOH,CsOH,NH$_4$OH等。KOH的最大缺点就是碱性离子的影响,碱性离子对敏感的电子元器件的制造有致命的影响。

　　(2) 乙二胺邻苯二酚(EDP)。

　　如果采用EDP(有时指EPW)作为刻蚀剂,可以选择多种掩膜材料(SiO$_2$,Si$_3$N$_4$,Au,Cr,Cu,Ag,Ta),虽然EDP有毒,但是毒性小于联胺,它没有钾离子或者钠离子的污染,对SiO$_2$的刻蚀速率远远小于KOH,对Si和SiO$_2$的刻蚀选择比可达5 000:1,远大于在KOH中的最大刻蚀速率比400:1,对SiO$_2$的刻蚀速率为0.2 nm/min,而对Si的刻蚀速率为1 μm/min。研究者使用750 mL的乙二胺和120 g邻苯二酚,100 mL水,在115 ℃下对硅的刻蚀速率为0.75 μm/min,(100)与(111)刻蚀速率的比值速率为35:1。

　　图3.11给出EDP横向刻蚀速率与晶向的关系[5]。通常,在EDP刻蚀剂里{100}和{110}晶面的刻蚀速率比在KOH中慢。更大的不同是,EDP刻蚀液对应的{111}晶面上的最小刻蚀速率比KOH中要大。根据这个特性,在实际应用中应注意的是,当在EDP中刻蚀时晶向的对准要更加精确。

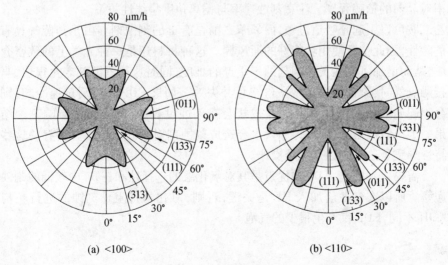

图3.11　EDP横向刻蚀速率与晶向的关系(95 ℃下T型EDP)

图 3.12 给出 S(慢速刻蚀)型 EDP 刻蚀剂在〈100〉,〈110〉和〈111〉晶向上刻蚀速率与温度的关系[5],一般来说,EDP 的激活能比 KOH 的小。

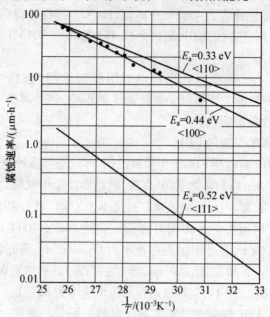

图 3.12　SEDP 刻蚀剂在〈100〉,〈110〉和〈111〉晶向上刻蚀速率与温度的关系

图 3.13 为〈111〉附近的晶向上 EDP 和 KOH 的刻蚀速率[5],给出刻蚀速率对晶向的依赖程度。注意刻蚀速率与偏离角度呈线性关系。

乙二胺可以引起呼吸道过敏,而邻苯二酚是有毒的刻蚀剂。由于其蒸气具有危险性,因此推荐使用功能好的通风橱。这种材料还是一种光学上的致密介质,从而增加了实验员控制刻蚀停止点的难度,同时这种刻蚀剂老化很快,当接触氧气时,刻蚀液迅速变成红褐色并失效。如果 EDP 反应后迅速冷却,则会引起硅酸盐的沉淀。有时硅酸盐会在刻蚀过程中沉淀,从而影响刻蚀结果。水应该最后加入,因为加入水会造成刻蚀剂对氧的敏感度。所有的这些特性导致了这种刻蚀剂很难操作。

需要提到的是,EDP 的优点是其对氧化层的选择性和在 B+ 中较低的刻蚀速率。所以在刻蚀前加入 HF 是关键,否则,氧化物将阻止刻蚀的进行。与 KOH 不同,EDP 仅产生很少的气泡。

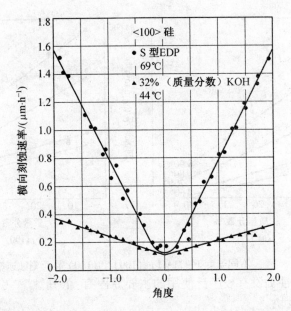

图 3.13 〈111〉附近的晶向上 EDP 和 KOH 的刻蚀速率

在刻蚀和研磨方面,没食子酸胺和 EDP 相似但是更安全。没食子酸胺现在使用得还很少,但是前景很好。没食子酸胺由乙醇胺、没食子酸、水、吡嗪、过氧化氢和表面活化剂组成,在 Si(100) 晶面的刻蚀速率达到2.3 μm/min 时,可以使刻蚀停止的硼掺杂浓度($> 3 \times 10^{19}$/cm³) 低于EDP,加入吡嗪和过氧化氢可以增大刻蚀速率,但是对表面粗糙度有负面影响。

(3) 氢氧化铵 – 水(AHW)和四甲基氢氧化铵 – 水(TMAH)。

人们一直在努力寻找一种和 CMOS 兼容、非碱的、无毒无害的各向异性刻蚀剂,AHW混合液和TMAH混合液是选择之一。研究人员使用AHW(质量分数为9.7%) 在85 ～ 92 ℃ 条件下硅(100) 晶面得到0.11 μm/min 的刻蚀速率。在质量分数为 3.7% ,75 ℃ 温度条件下,利用搅拌得到最好的刻蚀结果。同样的刻蚀条件下,得到了选择比为1：8 000 的浓硼扩散自停止刻蚀结果(掺杂浓度为1.3×10^{20} cm⁻³)。

TMAH 刻蚀液溶于水,pH 值大于 12,需要小心保护眼睛,无毒(类似于EDP),易燃(类似于联胺),方便使用。TMAH 刻蚀剂最大的优点是它是有机材料,所以不包含任何金属离子,使得 TMAH 与 IC 工艺兼容。

研究者对 TMAH 刻蚀剂的刻蚀速率与温度和浓度的关系进行了研究,可以证实不同温度下的(100) 和(110) 晶面刻蚀速率如图 3.14(a) 和(b) 所示[5]。可以看出,对于这两个晶向,质量分数的增加会导致刻蚀速率下降。

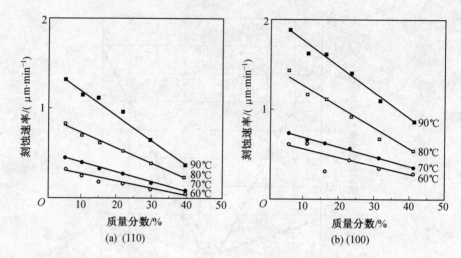

图 3.14   不同温度下 TMAH 的(100)和(110)晶面刻蚀速率

铵化的刻蚀剂没有被广泛使用的主要原因有:低刻蚀率、引起表面粗糙(小丘)及蒸发快。

TMAH 在 130 ℃ 以下不分解,对于生产来说,这是相当重要的特性。TMAH 溶液对 SiO_2 和 Si_3N_4 掩膜表现出较好的选择性,因此在刻蚀前应用 HF 除去自然氧化层。这种溶液在超净间常被用来作为正胶的显影剂。

(4)联胺。

联胺的水溶液对硅的刻蚀速率为 2 μm/min,使用的掩膜和 EDP 相同。(100)和(111)刻蚀速率要低于 KOH 和 EDP。联胺的水溶液中联胺(火箭燃料)的质量分数过高会有爆炸的危险,并且联胺还有致癌的可能,因此使用联胺时,要考虑其安全性。据研究,50% 配比的联胺溶液是稳定的,刻蚀 Si 得到的表面光滑,定义的边角清晰。联胺对 SiO_2 的刻蚀很弱,对 Al,Cu,Zn 之外的金属都没有刻蚀作用。联胺其实不刻蚀 Al,但是会导致其表面粗糙。

表 3.4 为 4 种不同的各向异性刻蚀剂的特性[4]。

3. 刻蚀机理

分别以 KOH 和 EDP 为例介绍一下各向异性刻蚀的机理。

(1)KOH 的刻蚀机理。

硅晶体的各向异性刻蚀的刻蚀剂基本都是碱性溶液,而 KOH 溶液占一半以上,因此 KOH 是硅体的各向异性刻蚀重要的和常用的刻蚀剂。刻蚀设备的示意图如图 3.15 所示[5]。

表 3.4 4 种不同的各向异性刻蚀剂的特性

刻蚀剂／缓冲剂／温度	停止刻蚀	刻蚀率 (100)／ ($\mu m \cdot min^{-1}$)	刻蚀速率比	批注	掩膜 (刻蚀速率)
KOH(水) 85 ℃ 44 g/100 mL	B 的掺杂浓度大于 10^{20} cm^{-3},刻蚀速率降低 20 倍	1.4	(100)/ (111) 为 400 (110)/ (111) 为 600	IC 兼容,避免入眼,刻蚀氧化层较快,产生大量 H_2 气泡	光刻胶(室温下浅刻蚀);Si$_3$N$_4$ (1 nm·min^{-1}) SiO$_2$ (2.8 nm·min^{-1})
乙二胺邻苯二酚(水) 115 ℃ 750 mL 120 g/240 mL	B 的掺杂浓度大于等于 7 × 10^{19} cm^{-3},刻蚀速率降低 50 倍	1.25	(100)/ (111) 为 35	有毒,衰减快,必须排除 O_2 的影响,H_2 少,有硅酸盐沉淀	SiO$_2$(1 nm·min^{-1}) Si$_3$N$_4$(0.1 nm·min^{-1}) Ta,Au,Cr, Ag,Cu 不刻蚀,Al 刻蚀速率为 0.33 $\mu m \cdot min^{-1}$
四甲基氢氧化铵(TMAH) (水)90 ℃	B 的掺杂浓度大于 4 × 10^{20} cm^{-3}	1	(100)/ (111) 在 12.5 ~ 50 之间	IC 兼容,易操作,平整的刻蚀结果表面,研究得较少	SiO$_2$ 刻蚀速率比 LPCVD(100)Si$_3$N$_4$ 刻蚀速率低 4 个数量级
N$_2$H$_4$(水,异丙酮)100 ℃ 100 mL/ 100 mL	B 的掺杂浓度大于 1.5 × 10^{20} cm^{-3},刻蚀停止	2.0	(100)/ (111) 为 10	有毒,易爆 质量分数为 50% 适合	SiO$_2$(< 0.2 nm·min^{-1}) 多数金属膜适合,不刻蚀 Al

注:表中所列的只是典型的例子

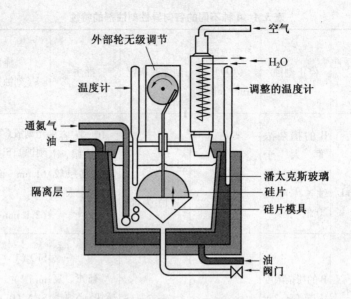

空气

H_2O

外部轮无级调节

温度计

调整的温度计

通氮气

油

潘太克斯玻璃

硅片

隔离层

硅片模具

油

阀门

图 3.15　KOH 刻蚀设备示意图

除 KOH 外,类似的刻蚀剂还有 NaOH,LiOH,CsOH 和 NH_4OH 刻蚀剂。

硅晶体在碱性刻蚀液中溶解的核心物质是氢氧根离子,在单晶体和氢氧化钾刻蚀系统中,硅晶表面与刻蚀界面上的氢氧根离子发生化学反应

$$Si + 2OH^- \Longrightarrow Si(OH)_2^{++} + 4e^- \tag{3.6}$$

4 个电子移入硅晶体并停留在硅晶体的导带中,由于低掺杂的硅是半导体,仅由少数空穴来提供电子的复合,因此复合的电子将留在硅晶体的导带中。接着电子离开硅晶体表面并与刻蚀液中的水分子发生反应,这种分解反应将产生新的氢氧根离子和氢气分子(氢气分子以气泡形式离开晶体表面),其过程为

$$4H_2O + 4e^- \Longrightarrow 4H_2O^- \tag{3.7}$$

$$4H_2O^- \Longrightarrow 4OH^- + 2H_2 \uparrow \tag{3.8}$$

通过以上几步反应,硅晶体最后保持电中性,新生成的氢氧根离子又可以继续以上反应过程的第一步,并维持刻蚀过程继续进行。观察以上反应过程式,可以发现硅晶体的溶解尽管没有净电流,但仍然是一个电化学反应的过程。如果在硅晶体表面加上电荷,那么刻蚀现象将受到极大的影响,这一现象可用于刻蚀终止技术中。

经过反应方程式(3.6)后,实际上硅原子不再与晶体结合在一起,

$Si(OH)_2^{++}$ 离子由于其本身带正电荷,与积累在硅晶体中的负电荷相吸引,因而吸附在硅晶体与刻蚀剂的界面上,并继续与氢氧根离子发生进一步的反应,其过程为

$$Si(OH)_2^{++} + 4OH^- \Longrightarrow SiO_2(OH)_2^{--} + 2H_2O \tag{3.9}$$

反应生成 $SiO_2(OH)_2^{--}$ 带有负电荷被界面所排斥,它可以溶解于刻蚀剂中,总的化学反应式为

$$Si + 2OH^- + 2H_2O \Longrightarrow SiO_2(OH)_2^{--} + 2H_2 \uparrow \tag{3.10}$$

(2)EDP 的刻蚀机理。

EDP 由乙二胺[$NH_2(CH_2)_2NH_2$]、邻苯二酚($C_6H_4(OH)_2$)和水(H_2O)组成,有时简称 EPW(是乙二胺、邻苯二酚和水的英文单词的缩写)。在硅刻蚀中反应方程式为

$$NH_2(CH_2)_2NH_2 + 2H_2O \longrightarrow {}^+NH_3(CH_2)_2NH_3^+ + 2(OH)^- \tag{3.11}$$

氧化 – 还原过程为

$$Si + 2(OH)^- + 4H_2O \longrightarrow Si(OH)_6^{2-} + 2H_2 \uparrow \tag{3.12}$$

可以合成写为

$$NH_2(CH_2)_2NH_2 + 6H_2O + Si \Longrightarrow Si(OH)_6^{2-} + {}^+NH_3(CH_2)_2NH_3^+ + 2H_2 \uparrow \tag{3.13}$$

络合过程为

$$Si(OH)_6^{2-} + 3C_6H_4(OH)_2 \longrightarrow Si(C_6H_4O_2)_3^{2-} + 6H_2O \tag{3.14}$$

整个反应方程可表示为

$$NH_2(CH_2)_2NH_2 + Si + 3C_6H_4(OH)_2 \longrightarrow$$
$${}^+NH_3(CH_2)_2NH_3^+ + Si(C_6H_4O_2)_3^{2-} + 2H_2 \uparrow \tag{3.15}$$

从上述化学反应方程可知,在 EDP 对硅的刻蚀过程中,乙二胺和水使硅氧化成 $Si(OH)_6^{2-}$ 离子,而邻苯二酚起着络合剂作用。比较式(3.13)和式(3.14),可以看出水参加了反应,但反应前后的总量不变。反应生成物 $Si(C_6H_4O_2)_3^{2-}$ 和 $^+NH_3(CH_2)_2NH_3^+$ 可溶于乙二胺刻蚀液中,但其溶解度是有限的,且是温度的函数。因此,用常规刻蚀液刻蚀硅一般是在 EDP 的沸点(115 ℃)下进行的。若温度降低,会在硅表面产生一些不可溶解的残留物。残留物一旦出现就难以清除掉,使被刻蚀的硅表面平坦度及光滑度受到影响。为了防止在 EDP 沸点下因为蒸发而导致刻蚀液的成分改变,刻蚀系统一般用致冷回流装置。两种常用的刻蚀系统装置示意图[3] 如图 3.16(a),(b)

所示。刻蚀系统可用磁搅拌方法来控制刻蚀均匀性。由于蒸发后被凝固的液体直接回到容器会使刻蚀液温度改变,所以在凝固液体流入容器前应利用蒸发体进行预加热。

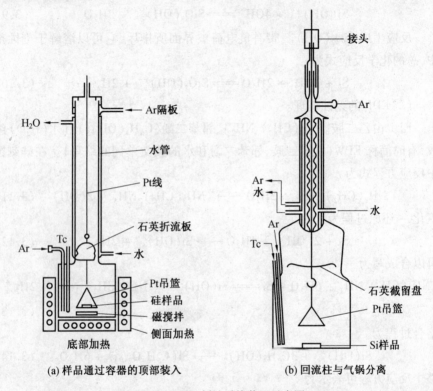

(a) 样品通过容器的顶部装入　　　　(b) 回流柱与气锅分离

图 3.16　EDP 刻蚀系统装置示意图

(3) 各向异性刻蚀的物理机理。

在某些刻蚀剂中,单晶硅的各个晶向上,其刻蚀速率差异很大。硅原子外层有 4 个价电子,因为它们互相排斥,形成了如图 3.17 所示的双面立方晶格结构[2],这种情况类似于金刚石结构。

若考虑(100)晶面的刻蚀,刻蚀方向如图 3.17(c)所示。立方体的表面已经去除,黑色的原子被暴露于刻蚀剂中,这些原子与剩余的晶体有两个化学键,而另外两个原来与它相连的原子已经被去除,这样要去除这个原子,刻蚀剂必须要断裂两个化学键。单个原子的情形如图 3.17(d)所示。

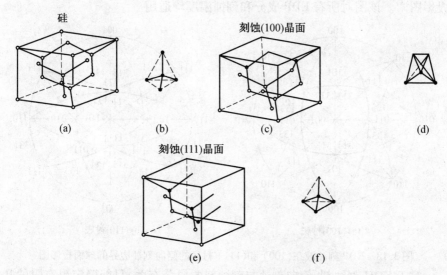

图 3.17　各向异性刻蚀的物理机理

　　刻蚀(111)晶面时情况就大不一样,黑色原子表示其正在被刻蚀,对这些原子来说,仅有一个化学键被去除,另外3个化学键仍然与硅晶体相连。这样在(111)晶面上的原子与在(100)晶面上的原子相比与晶体结合得更好,单原子的情形如图3.17(f)所示。前面所述的化学反应过程可以同时断裂两个化学键,但是不能同时断裂3个化学键。当一个化学基团吸附在一个暴露的化学键上时,晶体边缘原子的原子键会发生变化。两个与在(110)晶面上的硅原子的开键相连的氢氧根离子会改变硅原子的轨函数形状,这样它们会使剩余的两个键能变弱,从而使它很容易断裂,而氢氧根离子对在(111)晶面上的硅原子所剩余的3个键的影响就相应较小,它并不能使其减弱,因此刻蚀就较慢。

4. 与刻蚀速率相关的各因素

　　(1) 晶体取向。

　　刻蚀液对晶体的不同晶向的刻蚀速率是不一样的,因此才可以应用刻蚀液对硅材料进行加工,使其成形为各种各样的零件。

　　① 限制刻蚀的晶面。

　　一般来说,{111}晶面的刻蚀速率比{100}面的慢得多,故{111}成为限制刻蚀的晶面,实际上,还有许多晶面的刻蚀速率也可能较慢,使最后刻蚀出的结构具有确定的形状。

　　图3.18所示为EDP刻蚀液在(100)和(111)衬底的侧向刻蚀边界的球面

投影图[3]。该图对所有 EDP 成分和刻蚀温度均适用。

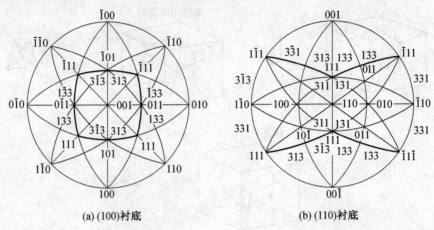

(a) (100)衬底   (b) (110)衬底

图 3.18 EDP 刻蚀液在(100)和(111)衬底的侧向刻蚀边界的球面投影图

对于 KOH 刻蚀剂,侧向刻蚀与刻蚀剂的成分有关,只能确定出有限的几个晶面。图 3.19 给出了较高质量分数 KOH(超过 35%)的刻蚀硅的侧向刻蚀边界的球面投影图[3]。

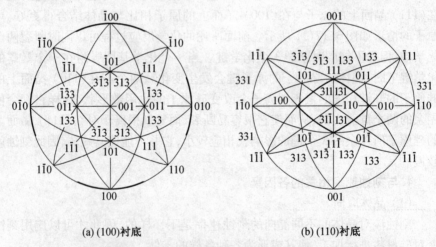

(a) (100)衬底   (b) (110)衬底

图 3.19 高质量分数 KOH(超过 35%)刻蚀硅的侧向刻蚀边界的球面投影图

在 KOH 刻蚀剂中,对(100)衬底,当掩膜图形与对准面成 45°时,会出现垂直的{100}面侧壁;对(110)衬底,会在倾斜的{311}面出现{100}面侧壁。这些情况对于 EDP 是不会发生的。

②侧向刻蚀速率与晶向的关系。

由图 3.11 看出相同的侧面刻蚀速率会相差几倍,这是因为这些晶面具有不同的倾斜角。真正的刻蚀速率应该由图 3.11 所示的刻蚀速率乘以该晶面倾斜角的正弦 $\sin\theta$，它可用对准角 ϕ 来表示。对于 (100) 衬底，若取 $\langle 100 \rangle$ 方向作为 $\phi = 0°$，这时 $\langle 110 \rangle$ 方向就是晶面 $\{100\}$ 的交线，刻蚀的边界是 $\{111\}$ 面，则有

$$\sin\theta = \sqrt{1 - \frac{1}{\tan^2(45° - \phi) + 2}} \qquad 0° \leqslant \phi \leqslant 45° \qquad (3.16)$$

对 (110) 样品，若仍取 $\langle 110 \rangle$ 方向作为 $\phi = 0°$ 的参考，这时 $\langle 110 \rangle$ 方向对应于 $\{110\}$ 面的交线，$\{111\}$ 面有 35.3° 的倾斜角，修正因子由下式给出：

$$\sin\theta = \sqrt{\frac{\tan^2\phi}{2\tan^2\phi - 2\sqrt{\tan\phi + 3}}} \qquad 0° \leqslant \phi \leqslant 54.7° \qquad (3.17)$$

用上述方程进行修正，可使不同倾斜角晶面的刻蚀速率取得一致。

对于 KOH 刻蚀剂，类似的侧向刻蚀速率表示在图 3.9 中。与 EDP 相比，KOH 刻蚀剂的增值刻蚀速率更为明显。

由于 EDP 和 KOH 刻蚀剂对 $\{111\}$ 面刻蚀速率很低，所以，若晶面偏离 $\{111\}$ 面一微小角度，其刻蚀速率会和 $\{111\}$ 面存在很大差别。因此，在需要刻蚀速率比较大的场合，精确对准是很关键的。

（2）温度。

图 3.20 所示是一组 $\langle 111 \rangle$，$\langle 100 \rangle$，$\langle 110 \rangle$ 硅片的各向异性刻蚀速率和温度的关系（刻蚀液为 EDP）[4]，很明显，随着温度的升高，刻蚀速率也明显地上升。刻蚀速率对温度的依赖性很大，图中不同斜率的直线分别代表 $\langle 111 \rangle$，$\langle 100 \rangle$，$\langle 110 \rangle$ 晶面。在图 3.20 中，较低的激活能对应较高的刻蚀速率。由图推导出的各向异性率 (AR) 为

$$AR = \frac{(hkl)_1 \text{刻蚀率}}{(hkl)_2 \text{刻蚀率}} \qquad (3.18)$$

各向异性刻蚀剂的 AR 近似为 1，但是在 85 ℃ 的质量分数为 50% 的 KOH/H_2O 溶液中 (110)/(100)/(111) 的刻蚀率可高到 400/200/1，EDP 的刻蚀激活能要低于 KOH，研究者发现 (111) 晶面是刻蚀速率最低的面，在加入异丙醇 (IPA) 这种分子极性更小的缓冲剂后，(111) 晶面相对于 (100) 晶面的选择比更会显著增大。

（3）刻蚀液成分。

①KOH 刻蚀液成分对刻蚀特性的影响。

在 80 ℃ 时，KOH 在 H_2O 中的溶解度为 67%（质量分数），而 IPA 在 KOH 溶液中的溶解度也是有限的。图 3.21 所示为 80 ℃ 时 IPA 在 KOH 溶液中的溶解度[3]。

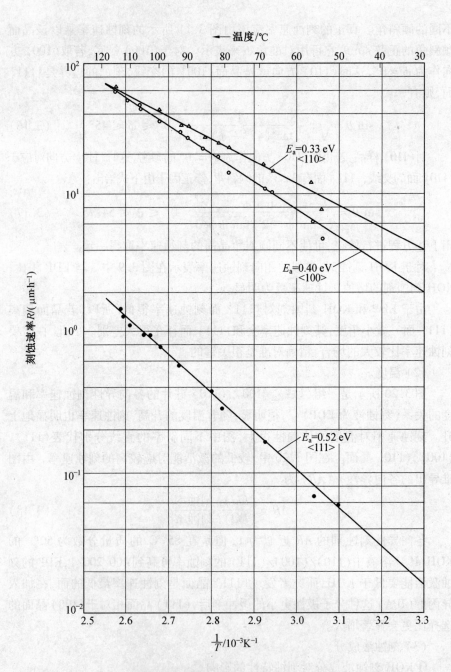

图 3.20　各晶向垂直刻蚀速率和温度的关系(刻蚀液为 EDP)

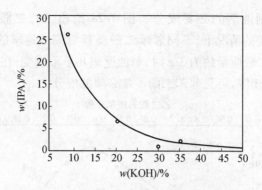

图 3.21 IPA 在 KOH 溶液中的溶解度(80 ℃)

在 KOH – SiO$_2$ 系统中加入 IPA 后,KOH 刻蚀剂对硅的刻蚀特性将发生明显的变化。图 3.22 所示为 KOH 溶液中加入 IPA 及未加入 IPA 的硅的 3 种晶向⟨100⟩,⟨110⟩,⟨111⟩的刻蚀速率与 KOH 的质量分数的关系[3]。从图中可以看出,加入 IPA 后,刻蚀速率减小,但是各晶面刻蚀速率之间的比值发生了很大的变化。

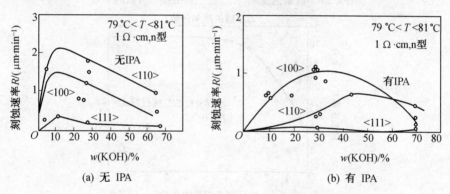

(a) 无 IPA   (b) 有 IPA

图 3.22 3 种晶向的刻蚀速率与 KOH 浓度的关系

由于加入了 IPA,(100)/(111) 明显增大,在大约含 40%(质量分数)KOH 的溶液中,(100)/(111) 的比值约为 35∶1;在含有 34%(质量分数)KOH 的溶液中,加入 IPA 也使(100)/(111) 较之无 IPA 时增大。由此可知,KOH 溶液加入 IPA 后使各向异性的刻蚀特性增强。

②EDP 成分对刻蚀特性的影响。

不同的 EDP 成分配比导致硅的刻蚀速率不一样。图 3.23 给出了邻苯二酚为常数(3 g) 时,硅刻蚀速率与水、乙二胺的摩尔分数的关系[3]。从图中看出,在水与乙二胺的摩尔分数比值近似为 2 时,刻蚀速率达到最大值;在水的摩尔分数为零或是乙二胺的摩尔分数为零时,刻蚀剂对硅均不刻蚀,可见水和乙二胺是 EDP 刻蚀剂的必要成分。图 3.24 给出了乙二胺(17 mL)和水 (8 mL)维持不变的情况下,不同邻苯二酚质量对刻蚀速率的影响[3]。从图 中可知,在邻苯二酚质量约为 3 g 时,刻蚀速率几乎不改变;在无邻苯二酚时, 刻蚀速率并不等于零,可见邻苯二酚不是必须的成分。

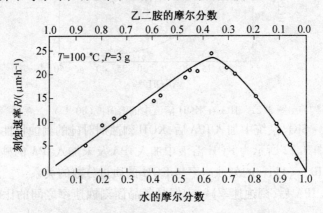

图 3.23　硅刻蚀速率与水、乙二胺的摩尔分数的关系

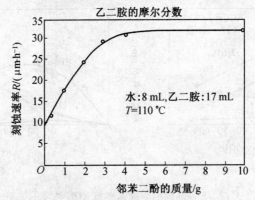

图 3.24　刻蚀速率与邻苯二酚质量的关系

③ 微量成分对刻蚀特性的影响。

EDP 暴露在空气中时,易被氧化,因此,EDP 常保存在氮气氛围中。

当 EDP 中加入微量吡嗪(二氮杂苯)时,刻蚀速率发生改变。对于 B 试剂 (E,P,W 的摩尔比为 43.8% : 4.2% : 52%),在 115 ℃ 下加入不同剂量的吡 嗪时测得的(100)硅刻蚀速率变化[3]如图 3.25 所示。可见在吡嗪剂量小于 2 g/L 时,刻蚀速率是不可控的;而在大于 4 g/L 时,硅表面易形成不溶于乙二 胺或 HF 的氢化 SiO_2 残留物;当吡嗪剂量在二者之间时,它对刻蚀速率的影响 不灵敏,刻蚀速率具有较好的重复性,且硅表面的刻蚀平坦度也得到改善。试验中还发现 B 刻蚀剂对(111)硅的刻蚀速率在吡嗪浓度增大时变化不大；而对(100)刻蚀速率则增大，即刻蚀的各向异性能力增强。

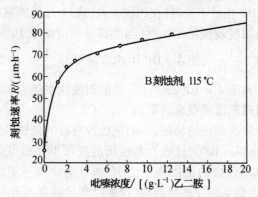

图 3.25　吡嗪浓度对刻蚀速率的影响

（4）硅掺杂浓度。

如图 3.26 所示为 EDP 和 KOH 中硅(100)晶面的刻蚀速率和硼、磷、锗的掺杂浓度的关系[4]。重掺杂硼使得硅刻蚀系统刻蚀速率明显变低，其他杂质

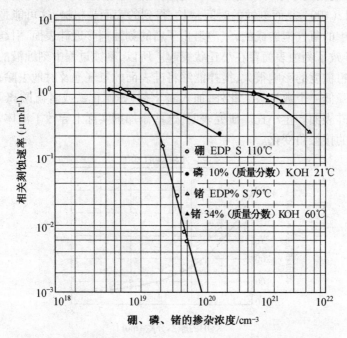

图 3.26　EDP 和 KOH 中硅(100)晶面的刻蚀速率和硼、磷、锗的掺
　　　　杂浓度的关系

(磷、锗)也会降低硅的刻蚀速率,但是相应的掺杂浓度要高很多。硼掺杂一般使用离子注入或者液相/固相源淀积,这些掺杂层被用来作为刻蚀停止层。联氨或者 EDP 相对于 KOH 在(100)和(111)晶面的刻蚀速率较小,但也显示出对硼掺杂浓度较强的依赖性,当硼掺杂浓度高于 10^{20} cm^{-3} 时,KOH 的刻蚀速率降低至 $\frac{1}{5\sim100}$,而在 EDP 中速度降低至 $\frac{1}{250}$。在 TMAH 溶液中,当硅的硼掺杂浓度高于 4×10^{20} cm^{-3} 时,硅的刻蚀速率降为 0.01 μm·min^{-1}。

5. 刻蚀剂对硅表面粗糙度的影响

由于硅各向异性刻蚀的特征,不同刻蚀剂对硅的刻蚀形貌是不同的。

对 EDP 刻蚀剂,(100)衬底上刻蚀出的底部平面相当光滑,侧壁也较光滑。但在刻蚀速率较快的刻蚀剂配比中,侧壁会出现一定波纹;对(110)衬底,刻蚀的底部表面呈现纹理状结构,这些纹理状的表面由一些微小倾斜的晶面构成。

对于 KOH 刻蚀剂,浓度对粗糙度影响较大。图 3.27 给出了 KOH 摩尔分数与硅表面粗糙度的关系[4],随着 KOH 摩尔分数的增加硅表面粗糙度降低,因此,通常使用高摩尔分数的 KOH 以获得光滑的刻蚀表面。但是如采用特别浓的 KOH,(100)晶面刻蚀的时间越长,得到的表面越粗糙,这可能是由刻蚀过程中产生的氢气泡造成的,气泡阻止了新的刻蚀剂接近硅表面,引起掩膜效应,从而导致了刻蚀表面存在小丘状突起。所以,刻蚀过程中刻蚀液的搅拌对均匀表面粗糙度的影响很大,搅拌能够将硅表面的氢气泡及时地去除,使得表面粗糙度降低一个数量级。此外,加入氧化剂,如氰化铁或者硫酸离子,同样可以抑制硅表面产生小丘。研究表明,这些添加剂实际上导致了液体/气体/刻蚀表面的接触角变化。

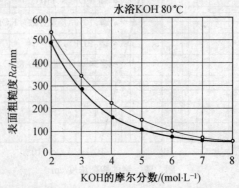

图 3.27　硅(100)晶面的 KOH 刻蚀(80 ℃)的表面粗糙度和 KOH 摩尔分数的关系(细线)以及和刻蚀深度的关系(粗线)

与 KOH 刻蚀结果类似,在 TMAH 中,Si⟨110⟩ 晶向上的刻蚀粗糙度随着 KOH 的质量分数的降低(pH 值降低)而升高。另外,被刻蚀后的 ⟨001⟩ 晶面,其粗糙特性主要决定于那些与 ⟨111⟩ 对准的晶面上的金字塔状突起。可以证明 KOH 的质量分数的变化会导致被刻蚀 ⟨001⟩ 晶面形貌的变化。KOH 的质量分数大于 22% 时开始出现平坦图形,并且,粗糙度不依赖于温度。

就目前的研究来看,底部平面刻蚀效果最好的是 NH₄OH,其次是 EDP,然后是 KOH 刻蚀液。

6. 掩膜

刻蚀穿透硅片是一种很慢的工艺,通常需要几个小时,这对刻蚀掩膜提出了很高的要求。原则上,所有相对刻蚀液刻蚀速率足够慢的材料都可以用作掩膜材料。广泛采用的掩膜版材料包括 SiO_2 和 Si_3N_4。

(1)SiO_2。

Si/SiO_2 的选择比为 30 ± 5,且随着温度的升高而降低,如,对于 7 mol/L 的 KOH,把温度从 60 ℃ 升高到 80 ℃ 后,选择比从 95 降低到 30。图 3.28 给出了 SiO_2 在 60 ℃、质量分数为 35% 的 KOH 中的刻蚀速率[5],可达 80 nm·h⁻¹,所以在长时间的 KOH 刻蚀中不能使用 SiO_2 做掩膜。实验表明,由于存在针孔,即使 1.5 μm 厚的氧化层也不能完成 380 μm 厚硅片的穿透刻蚀(约 6 h)。研究发现,热氧 SiO_2 在 $KOH - H_2O$ 中的刻蚀速率不但与氧化层的质量有关,还和刻蚀容器、刻蚀液的作用效果等因素有关。此外,热氧 SiO_2 存在较大的压应力,因为在硅原子上的氧化层占据了相应硅单晶大概两倍的空间,此应力可能导致

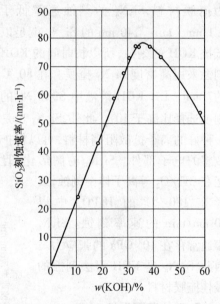

图 3.28　60 ℃ 氧化层刻蚀速率与 KOH 刻蚀液质量分数的关系

一些不良的后果,如去除硅片一面的氧化层后,硅片就会弯曲。常压化学气相淀积(APVCD)的 SiO_2 会产生针孔,刻蚀速率比热氧 SiO_2 快很多,热退火能够消除针孔,而且处理后其刻蚀速率仍然比热氧高 2 ~ 3 倍。作为掩膜材料,低压化学气象淀积(LPCVD)生成的 SiO_2 和热氧 SiO_2 质量相当。

图 3.29 为 KOH 和 EDP 中 $\langle 100 \rangle$ 晶向的氧化层刻蚀速率[5]。EDP 优于 KOH 的优势变得明显。EDP 的氧化层刻蚀速率比 KOH 小两个数量级。

氧化层在 HF 中较易剥离。在 BHF 中的刻蚀速率为 $0.1\ \mu m \cdot min^{-1}$。

对于氧化层作为掩膜材料,TMAH 某些情况下优于 KOH,刻蚀速率比 KOH 小一个数量级。图 3.30 所示为不同温度下 TMAH 中氧化层刻蚀速率随质量分数的变化关系[5]。

(2)Si_3N_4。

LPCVD 淀积的 Si_3N_4 通常要比低密度等离子体淀积生成的 SiO_2 更适合作为掩膜材料,Si_3N_4 的刻蚀速率低于 $0.1\ nm \cdot min^{-1}$,40 nm 的 Si_3N_4 就足以抵抗 KOH 的刻蚀,所以长时间的 KOH 刻蚀采用高密度 Si_3N_4 掩膜。在 80 ℃ 的 $7\ mol \cdot L^{-1}$ KOH 溶液中 Si/Si_3N_4 的刻蚀选择比高于 10^4。此外,Si_3N_4 也是一种好的离子扩散阻挡材料,可以保护敏感的电子部件。Si_3N_4 易图形化,且能在 CF_4/O_2 等离子体中刻蚀,或者在 180 ℃ 的 H_3PO_4 中以 10 nm/min 的速率刻蚀。Si_3N_4 膜通常存在 10^9 GPa 的张应力。因此,Si_3N_4 是 KOH 湿法刻蚀的最佳掩膜材料。

7. 硅片背面保护

在多数情况下,因为保护层太薄或因为有一部分根本就不能被保护,硅的各向同性和各向异性刻蚀时都需要对背面进行保护。

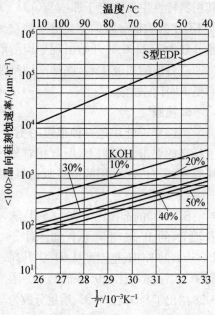

图 3.29   KOH 和 EDP 中 $\langle 100 \rangle$ 晶向硅的刻蚀速率

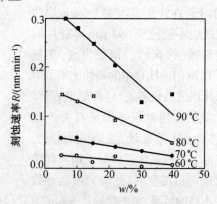

图 3.30   不同温度下 TMAH 中氧化层的刻蚀速率随质量分数的变化关系

背面保护包括化学保护和机械保护两种。

在实验室里,人们用不同的石蜡淀积在晶片的背后。在晶片上石蜡能自旋,并且在有机溶剂的帮助下很容易去除,而且它不溶于 KOH 和 EDP。但是结果并不好,因为石蜡不能很好地粘到 KOH 或 EDP 的晶片上,所以产量很低。如果结构在背面,自旋涂覆保护层的方法存在很大的缺点,这是因为自旋过程不能覆盖所有的细节,而背面保护却要将全部图案都保护起来。

机械保护是指将硅片放置在带有夹具的框架上。图 3.31 所示是用聚四氟乙烯组成夹具[5],硅片不会与刻蚀液发生作用。夹具可以与硅片形成电连接,电化学刻蚀停止。硅片安装在聚四氟乙烯和氧环之间,可以精确校准,避免硅片张力。

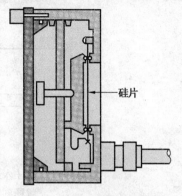

硅片

图 3.31　聚四氟乙烯存储器的背面保护结构

在快刻蚀时也可以将两个硅片背对背粘在一起。

3.2　刻蚀自停止技术

双抛硅片的厚度差可高达 40 μm,即使是品质最优良的硅片,也有 2 μm 左右的厚度差。由硅片厚度的不均匀性导致器件的最终尺寸不一致,将直接影响器件的质量和重复性。实际应用中希望刻蚀达到既定的空腔深度或膜片厚度后能够自动停止,因此,引入了自停止技术。硅体刻蚀自停止技术是体微加工中的关键技术之一,它利用不同晶格取向的硅和不同的掺杂浓度,使硅在不同刻蚀液中表现出不同的刻蚀性能。

3.2.1　重掺杂自停止刻蚀技术

1. 原理

目前广泛使用的自停止刻蚀技术是硼自停止刻蚀。其基本原理是:各向异性刻蚀剂不刻蚀重硼(B^{++})掺杂的硅层。借助掩膜(如 SiO_2),通过气态或固态硼扩散可实现选择性 B^{++} 掺杂,可以达到的最大深度是 15 μm。Seidel 模型提供了一种关于重硼自停止刻蚀的解释,对于中等掺杂浓度,因为能带向下弯曲,注入导带中的电子局域化在半导体的表面附近,此处的电子和晶体比深

处的空穴复合的概率小,对于 p 型也是如此;当掺杂浓度进一步增加时,情况
发生变化,掺杂浓度很高时,硅开始呈现出导体的特性,从而使半导体的空间
电荷区的厚度变薄,费米能级会落在价带中,如图 3.32 所示[4]。

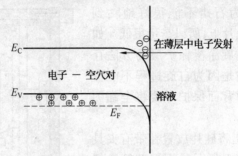

图 3.32　高注入剂量下硅／电解液界面动力学
解释刻蚀自停止行为

注入的电子透过很薄的表面电荷层直接射入晶体更深的区域,并在那里
和来自价带的空穴发生复合,因此,这些电子无法参加接下来与水分子的反
应,而此反应是为刻蚀反应提供新的氢氧根离子所必需的,这些氢氧根离子和
硅反应形成 Si(OH)$_4$,从而溶解掉硅。接下来,自停止区域仍然出现的刻蚀速
率取决于硅表面导带中未被复合的电子数量,与空穴数量以及硼掺杂浓度成
反比。实验表明,刻蚀速率的下降几乎与晶体晶向无关,同时,在所有碱性刻
蚀液中的刻蚀速率与硼掺杂浓度的 $-\dfrac{1}{4}$ 次方成正比。

2. 刻蚀速率与硼掺杂浓度的关系

S 型 EDP 刻蚀液的刻蚀速率在不同温度下与硼掺杂浓度的关系[5] 如图
3.33 所示。硼的掺杂浓度为 $7 \times 10^9 \sim 8 \times 10^{19} \mathrm{cm}^{-3}$ 的情况下,刻蚀速率随温
度下降后减慢。典型的向内扩散层仅有几微米,S 型刻蚀液刻蚀 1 μm 需要
200 min,这种刻蚀停止十分安全,操作者将硅片从刻蚀液取出时不是十分危
险。

使用 KOH 作为刻蚀液时,刻蚀速率对硼的掺杂浓度的依赖性如图 3.34
所示[5]。KOH 质量分数低时,刻蚀速率快速降低,尽管如此,减少刻蚀速率需
要硼的掺杂浓度为 $10^{20} \mathrm{cm}^{-3}$。对高质量分数的 KOH 来说,刻蚀停止不是十分
有效。当 KOH 里加入 IPA 后,B$^+$ 刻蚀停止得到改善,缺点是出现大量的小
丘。所以,如果使用刻蚀停止,更倾向于使用 EDP 作为刻蚀液。

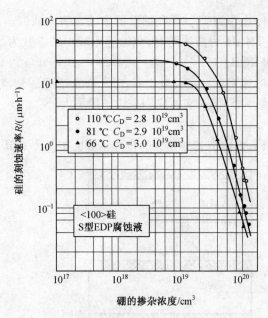

图 3.33   S 型 EDP 刻蚀液的刻蚀速率在不同温度下与硼的
掺杂浓度的关系

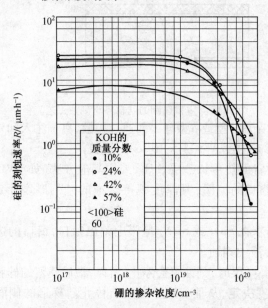

图 3.34   60 ℃ 不同质量分数的 KOH 刻蚀液中,〈100〉晶
向硅的刻蚀速率与硼的掺杂浓度的关系

硼掺杂刻蚀停止作为 TMAH 刻蚀液的方法也有人研究。结果比在 KOH 里的还糟糕。当 TMAH 为高浓度时,刻蚀速率减少的参数为 50,并且掺杂剂浓度高于 EDP 和 KOH。

掺杂磷对刻蚀速率在一定程度上有作用,掺杂浓度是 $3 \times 10^{-20} cm^{-3}$ 时,刻蚀速率减少的参数为 5,但对实际应用来说作用不大。

3. 工艺流程

图 3.35 所示为重掺杂硼硅刻蚀的自停止刻蚀工艺[2]。其工艺流程如下:

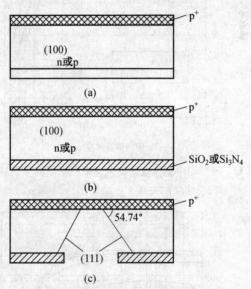

图 3.35　重掺杂硼的硅自停止刻蚀工艺流程

(1)在轻掺杂的 n 型或 p 型硅表面通过扩散、离子注入和外延工艺产生一层重掺杂 p^+(掺杂浓度 $N > 5 \times 10^{19} cm^{-3}$)层。

(2)在硅片背面热生长一层 SiO_2,或用其他方法(如 CVD 等)生长一层 Si_3N_4 作为刻蚀窗口的掩膜,其厚度视待刻蚀的硅的厚度而定,一般控制在 $1 \sim 2 \mu m$。

(3)按照需求在 SiO_2 或 Si_3N_4 掩膜上刻出窗口,窗口的边缘沿(110)方向,并在 KOH 溶液中刻蚀。

由于刻蚀到 p^+ 层时,刻蚀就会停止,所以,最后残留的硅膜厚度完全由重掺杂层 p^+ 的厚度决定,从而实现了刻蚀自停止。梯形的侧面即为(111)晶面,它与(100)晶面的夹角为 54.74°。

4. 存在问题

重硼刻蚀自停止层的最大缺点是重硼掺杂与标准 CMOS 或双极性工艺不

兼容,所以只能用于制作不与电路集成的微结构;只能提供数量和角度固定的 (111) 晶面,刻蚀自停止的效果 KOH 要次于 EDP;通过溶解硼,硅的传导率大大提高,这种材料将不适用于电学目的,电阻将不可能向内扩散;虽然硼原子比硅原子轻,但是如果硼溶解在硅中,其晶格常数变小,掺杂层的厚度是受限的,使用刻蚀自停止技术制作的薄膜结构和微型桥具有张力。

3.2.2 (111) 面自停止刻蚀技术

1. 原理

因为 EDP 和 KOH 刻蚀液对硅(100) 晶和(111) 晶面的刻蚀速率差别很大,$R(100)/R(111)$ 可高达 100 ~ 400,因此,可以以(111) 面作为停止刻蚀的晶面,最后刻蚀出的硅膜为 〈111〉取向。当然在(100) 硅片上生长(111) 硅是不可能的,故采用热键合工艺。

2. 工艺流程

图 3.36 所示为(111) 晶面自停止刻蚀工艺[6]。其工艺流程如下:

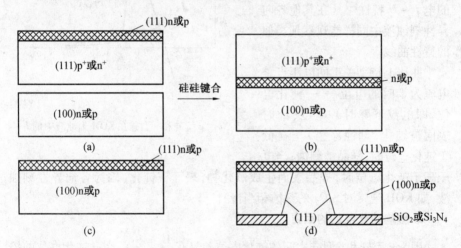

图 3.36 (111) 晶面自停止刻蚀工艺流程

(1) 在重掺杂 p⁺ 或 n⁺(111) 晶面的单晶硅上外延生长 n 或 p 型硅膜。

(2) 与另一片 n 或 p 型(100) 硅键合。

(3) 用 $w(CH_3COOH) : w(HNO_3) : w(HF) = 8 : 3 : 1$ 的刻蚀液将重掺杂硅除去。

(4) 在(100) 衬底的背面刻蚀窗口,并在 KOH 或 EDP 溶液中刻蚀,到 (111) 晶面时,刻蚀停止,最后的孔腔边界由 5 个(111) 晶面构成。

这种利用键合和刻蚀的硅膜制备工艺仍保持了各向异性刻蚀中可精确控

制硅膜几何尺寸的优点,并得到了轻掺杂⟨111⟩取向的硅膜。

3.2.3 pn 结自停止技术

利用各向异性刻蚀制备硅膜,往往采用重掺杂停止层。重掺杂的硅不仅不能制备电子有源器件,而且也存在较高的内应力。因此,人们在保持了硅各向异性刻蚀的特点外,通过调整硅相对于刻蚀液的电位来钝化硅以改变刻蚀速率,用 pn 结自停止刻蚀方法制备硅膜。

1. 原理

pn 结刻蚀自停止是一种使用硅的各向异性刻蚀液的技术,如 KOH 的电化学刻蚀自停止技术,它利用了 n 型硅和 p 型硅在各向异性刻蚀液中的钝化电位不同这一现象来实现刻蚀自停止。

图 3.37 给出了在 KOH 刻蚀液(65 ℃,质量分数为 40%)中(100)晶向 p 型硅和 n 型硅样品的电 $I-U$ 特性[2]。在其他各向异性刻蚀液中同样能观察到类似的特性曲线。

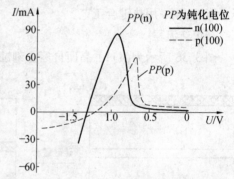

曲线上特别关键的电压点是电流为零时的电位 —— 钝化电位,即电流下降时的电位(此时表面被钝化,刻蚀停止)。在低于钝化电位时,样品被刻蚀;当电

图 3.37   p 型硅和 n 型硅在 KOH 刻蚀液中的 $I-U$ 特性

压高于钝化电位时,样品表面生成氧化物,表面被钝化(因为各向异性刻蚀液,如 KOH 通常对 SiO_2 的刻蚀相当慢)。

2. 影响钝化电位的因素

因为 p 型硅和 n 型硅之间的钝化电位差只有 $\frac{1}{10} \sim \frac{9}{10}$ V,因此钝化电位的控制对刻蚀自停止来说是关键因素。

开路电位的钝化电位与掺杂类型有关。p 型硅的钝化电位比 n 型硅的钝化电位更趋向于正方向。两者间的差别实现了选择性刻蚀。当采用 n 型硅和 p 型硅两种不同的钝化电位时,可以仅刻蚀 p 型硅而不刻蚀 n 型硅。

钝化电位不仅取决于掺杂类型,也受到掺杂剂量、刻蚀温度和刻蚀液的浓度的影响。另外,由于光和外加场可能会改变钝化电位值,因此一般刻蚀在封闭的装置中进行,以便隔断所有外加场的影响。

3. 工艺流程

（1）在 p 型衬底上外延生长 n 型层，这样 pn 结形成了一个覆盖整个硅片的二极管。

（2）硅片通常贴到蓝宝石等惰性衬底上，涂覆上阻挡酸刻蚀的石蜡。

（3）部分或全部浸入溶液中，与 n 型外延层相连的欧姆接触连到电压源的正极，Pt 电极接负极。这样 p 型衬底能被选择性刻蚀取出，而刻蚀终止于 pn 结处。

四电极电位学自停止刻蚀设备[4] 如图 3.38 所示，除了正负两极以外，同时电压源的另一极通过电流表连接在刻蚀液中的相对电极上，通过单独的 p 型区接触来测量反向漏电流，且通过监测相对电极电流来探测终点。

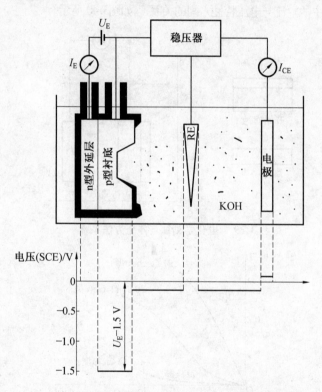

图 3.38　四电极电化学自停止刻蚀设备

3.2.4　电化学自停止技术

电化学自停止刻蚀技术不需要重掺杂层，由于用了外延技术，因此刻蚀自停止层可以做得较厚。另外由于掺杂浓度不高可以在自停止层中做一些电子器件。

1. 原理

在电化学刻蚀过程中,工作电压施加在硅片和放在溶液中的 Pt 电极之间。加在硅片表面的正电压使硅片氧化,在这种条件下,硅片表面的氧化迅速进行,而氧化物不溶解于刻蚀液。空穴传输到 Pt 电极,H^+ 离子以氢气气泡形式被释放。

对于各向同性刻蚀液,例如 HF,对具有高电导率的重掺杂硅的刻蚀速率大大低于低电导率的轻掺杂硅的刻蚀速率。这种技术可成功地运用到各种轻重掺杂的硅系统中,这种系统包括 $p^+ p$、$n^+ n$、$n^+ p$、$p^+ n$。图3.39是一种典型的电化学刻蚀自停止方法系统[2]。刻蚀条件为:刻蚀液为质量分数为 5% 的 HF,溶液槽温度为室温,暗室刻蚀,硅片为阳极,阴极用 Pt 电极。阴阳电极之间的距离为 5 cm,电压为 −10 V。在电化学刻蚀过程中的电流与电压特性之间的关系[2] 如图3.40 所示。

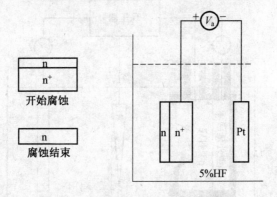

图 3.39　电化学刻蚀自停止方法系统

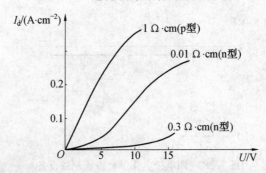

图 3.40　硅在 5%(质量分数)HF 中的电化学刻
蚀 $I_d – U$ 曲线

2. 主要用途

因为电流密度与硅的溶解速率有关,可以看到 p 型硅和重掺杂 n 型硅极容易刻蚀,当电压足够低时(例如 10 V),n 型硅基本上不刻蚀。所以通过电化学刻蚀可以从 n 型硅上分离 n^+ 型或者 p 型硅。

3.2.5　光照辅助电化学自停止技术(n型硅)

1. 原理

光照辅助电化学刻蚀是 pn 结自停止刻蚀的变异[4]，如图3.41所示，通过光照以及在 pn 结施加反偏电压(p 型层为阳极，n 型层为阴极)，在 HF 溶液中可以实现硅片 n 型区域的选择性刻蚀，刻蚀速率可达 10 μm/min。

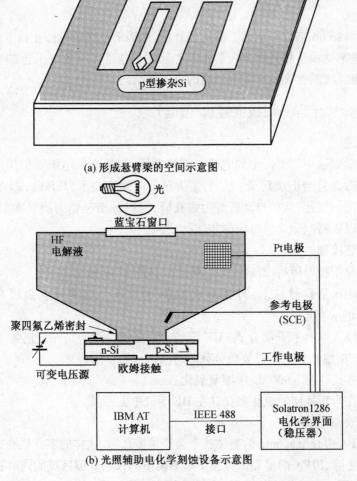

(a) 形成悬臂梁的空间示意图

(b) 光照辅助电化学刻蚀设备示意图

图 3.41　光照辅助电化学刻蚀

2. 工艺流程

① 在(100)n 型硅衬底中扩散硼,在表面下 3.3 μm 处产生一个 pn 结。

② 在 pn 结施加可变电压可以实现硅片背面的欧姆接触。

③ 将 p 区和 n 区都置于 HF 电解液中并施加光照,n 区被刻蚀出 150 μm 的深坑。

刻蚀后的 n 型硅表面比较粗糙,这是因为在 HF 溶液中形成了将近 5 μm 厚的多孔硅。为了使硅表面变光滑,需要采取如下措施:施加更高的偏压和更强的光照,可以得到表面有 0.4 μm 厚的多孔硅,浸入 HNO_3,HF,CH_3COOH 混合溶液中 5 s 或浸入质量分数为 25%、25 ℃ 的 KOH 中 30 s,然后 HF 中 1 000 ℃ 热氧化。

3. 优点

除了具备 pn 结自停止刻蚀的优点外,光照辅助电化学自停止技术选择比高,刻蚀速率受偏压和光照强度控制,使用电池电流可以实现工艺的在线监测,用光掩膜或激光直写来实现刻蚀的空间控制等。

3.2.6　光诱导阳极电镀(p 型硅)

1. 原理

电化学刻蚀中需要做金属电极来施加电压,制造金属电极不但增加额外的工艺步骤而且会造成污染。采用光诱导阳极氧化技术(PIPA),即光照 pn 结使 p 型硅阳极化,从而自动转变为多孔硅,同时 n 型硅作为阴极参加反应,这样就可以省略制造金属电极的步骤。

2. 工艺流程

光透导阳极电镀(p 型硅)工艺流程[4] 如图 3.42 所示。

(a) 在 n 型硅衬底上,外延形成掺杂 10^{18} cm^{-3} 的掩埋 p 型层和掺杂 10^{15} cm^{-3} 的 n 型层。

(b) 浸入 10%(质量分数)HF 溶液中,在 30 mW·cm^{-2} 光强下照射 180 min,p 型层优先被阳极氧化,形成多孔硅。

(c) 多孔硅在 1 000 ℃ 中湿氧氧化。

(d) 作为牺牲层的氧化多孔硅在 HF 溶液中去掉。

3. 优缺点

在 PIPA 中,5 μm/min 的刻蚀速率会产生多孔层,这样的多孔层在硅刻蚀液中容易去除,PIPA 的重要优势在于多个很小的孤立 p 型区域能同时被阳极氧化;且采用 p 型硅作为牺牲层,可用于制造三维结构;最后形成的 n 型硅表

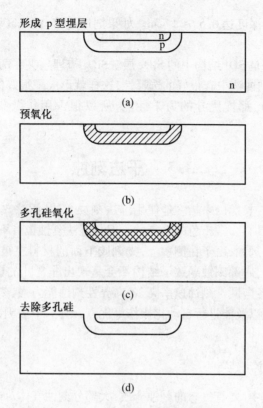

图 3.42 光诱导阳极电镀工艺流程

面非常光滑,所以此项技术可以代替电抛光来制作复杂的三维结构,因为电抛光的作用要剧烈得多,工艺中不可能保持作为牺牲层的掩埋的 p 型层的形状。

PIPA 的缺点在于因为不能通过探测终点来测量电流,所以工艺过程不易控制。

3.2.7 不可溶薄膜的自停止技术

实际上,很多材料不受向异性刻蚀液的刻蚀,所以,用这些材料做成的薄膜可以用于阻止刻蚀的停止层,这样一来,MEMS 加工的组件材料不仅仅是硅而且还包含薄膜物质。

Si_3N_4 是一种坚硬且化学性质非常稳定的材料,为了得到富含 Si 的薄膜,可以采取控制横向应力的方法,使薄膜在任意 Si 和 N 的浓度比条件下不能生长。那么,在薄膜上,Si 凝结成晶体,并在给定浓度下,富含 Si 的薄膜由张应力转变为压应力。很多研究人员在 Si 中离子注入 O 和 N,当能量足够高时,被注入的掺杂离子深度达 $0.5 \sim 1~\mu m$。如果剂量足够,在此区域能够发生刻蚀停止。

另一个例子是 SOI 结构中的 SiO_2 层。SiO_2 掩埋层夹在两层单晶 Si 中,Si 和 SiO_2 在很多刻蚀液中有很好的选择性,这样就形成了很好的刻蚀停止层。氧化层没有 Si_3N_4 那样优异的力学性能,所以很少用作微器件中的机械部分。

3.3　干法刻蚀

体微加工中,长期以来较多地使用湿法刻蚀方法,湿法刻蚀优点突出,对于不同的材料,具有非常出色的选择性。但是湿法刻蚀也有不足的地方,对于各向同性的湿法刻蚀,由于在侧壁上,光刻胶下面的材料也被刻蚀掉了,这样易出现结构损失,底部刻蚀导致了结构不会呈现出非常陡的棱角。干法刻蚀具有分辨力高、各向同性刻蚀速率高、各向异性刻蚀能力强、刻蚀的选择比大、刻蚀后表面光滑以及能进行自动化操作等优点,因此,干法刻蚀在体微加工中占有重要地位。

3.3.1　分　类

在干法刻蚀中,要有气态的刻蚀介质,大部分刻蚀气体对准衬底,例如,离子通过电场被加速到衬底上。

干法刻蚀的过程可分为以下步骤:

(1)刻蚀性气体粒子的产生。

(2)粒子向衬底的传输。

(3)衬底表面的刻蚀。

(4)刻蚀反应物的排除。

刻蚀性粒子是在等离子,即气体放电中产生的。刻蚀性粒子的传输既可以通过漫射,也可以通过定向来实现。刻蚀性粒子的传输对刻蚀过程的特性(各向异性、刻蚀速率和当前的选择性)有很大的影响,干法刻蚀是靠刻蚀剂的气态分子与被刻蚀的样品表面接触来实现刻蚀功能的。干法刻蚀种类很多,其中有:

(1)物理方法:离子刻蚀(溅射)(IE)或离子束刻蚀(IBE)。

(2)化学方法:等离子体刻蚀(PE)或基子刻蚀(RE)。

(3)物理与化学结合的方法:反应离子刻蚀(RIE)或离子束辅助基子刻蚀(IBARE)或反应离子束刻蚀(RIBE)。

3.3.2 物理刻蚀技术

物理刻蚀就是利用辉光放电将气体(如 Ar 气)电离成带正电的离子,再利用偏压将离子加速,对材料进行轰击,即气体放电把能量提供给轰击粒子,轰击粒子以高速运动与衬底相碰撞,这时,能量通过弹性碰撞传递给衬底原子,当能量超过结合能时就能撞出衬底原子。该过程完全是物理上的能量转移,故称为物理刻蚀。当离子碰撞发生在与等离子体接触的高气压室时,就称为离子刻蚀,也称溅射刻蚀。在低气压的、接近式等离子体中,称为离子束刻蚀,也称离子研磨。

1. 离子刻蚀

离子刻蚀是一种利用惰性气体离子进行刻蚀的物理刻蚀方法。惰性离子是由气体放电产生的,它被加速到衬底上,轰击衬底表面发生溅射,从而去除衬底表面的某种介质层。离子刻蚀为各向异性刻蚀,选择性很小。

在离子刻蚀中,反应器是由真空容器和两个平面电极所组成的,这两个电极之间距离为 1 ~ 5 cm,其面积大小不相同,电极为电容器极板,例如平行板反应器[2],如图 3.43 所示。样本被放置在阴极的底部,这样可以与气体放电保持直接接触。在那里,样品被来自等离子发光区的且经过等离子鞘区的高能离子轰击。对于惰性气体,气体压力为 0.5 ~ 10 Pa。离子通过对样本表面的影响来控制刻蚀率。然而,由于存在相对的高压,且与等离子区粒子相碰撞而从等离子区返回的气态粒子在表面发生溅射,所以再淀积现象经常发生。而且,当经过外层区时,由于离子和等离子区粒子的碰撞,例如离子溅射,使得相对于表面的离子碰撞角不是规则的,而形成了一个凹槽。

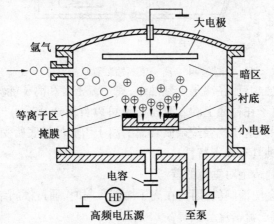

图 3.43   平行板反应器的结构原理

在低气压时,离子的平均自由程长度相对被刻蚀的结构要大。对于离子加速器起决定作用的电力线垂直于衬底表面。由于可以导致离子横向运动的热能相对加速度的电压很小,因此在离子刻蚀中,离子轰击实际上总是垂直于衬底表面,它可达到很高的各向异性刻蚀。

在高气压时,离子在等离子区和衬底之间的暗区的散射程度总是越来越强。速度矢量的横向分量增加。表面结构在量级上可与暗区距离相比,因此,电力线被扭曲,这种效应会降低离子刻蚀时的各向异性。

2. 离子束刻蚀

在离子束刻蚀中,被刻蚀的衬底和产生离子的等离子区在空间是分离的,如图 3.44 所示[2]。衬底位于高真空中($< 10^{-2}$Pa),在与真空室相邻的空间,以相对较低的压力大约为 0.1 Pa 触发气体放电。由于可在很低压力下维持气体放电,电子的路径加长,通过磁场强迫电子在一个螺旋轨道上运动。等离子区产生10% ~ 30% 的离子通过热运动可以到达由两个加速栅组成的装置,通过高电压区,被加速到衬底板上。

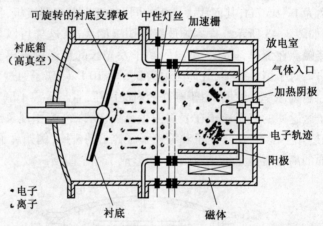

图 3.44　离子束刻蚀装置结构原理

与离子刻蚀相反,在离子束刻蚀中,离子流密度和离子能量完全可以相互独立地选择,离子在衬底上的入射角度也可以自由选择。另外因为等离子区与衬底是分离的,这样就会使杂质表面的离子引起的衬底所受污染非常小。

纯物理刻蚀具有以下特性:

(1)不能制造绝对垂直的壁。

(2)刻蚀会使槽倾斜,因为在离子倾斜入射时,通过倾斜结构棱角反射在结构的底部,离子流密度会被提高。

(3)刻蚀速率很低。

（4）选择性一般很小。

（5）被刻蚀的材料能重复在侧壁淀积。

3.3.3 化学性刻蚀技术

化学性刻蚀，又称基子刻蚀或等离子体刻蚀，是利用等离子体将刻蚀气体电离并形成带电离子、分子及反应性很强的原子团，它们扩散到被刻蚀薄膜表面后与被刻蚀薄膜的表面原子反应生成具有挥发性的反应产物，并被真空设备抽离反应腔。因这种反应完全利用化学反应，故称为化学性刻蚀。这种刻蚀方式与前面所讲的湿法刻蚀类似，只是反应物与产物的状态从固态改为气态，并以等离子体加快反应速率。

等离子体刻蚀与离子刻蚀一样，使用平行板反应器，不使用氩气，而是选择在气体放电中可以提供游离基的过程气体，例如四氟化碳，所选择的气体压力一般为 10 ~ 100 Pa，也比离子刻蚀高。衬底被放在两个电极中大的那个上，这样电极的电压降小。

在等离子体刻蚀中，主要是化学过程，并且物理过程中高的过程压力减小了各向异性，因此，刻蚀过程一般为各向同性，它能达到很好的选择性。刻蚀速率也比离子刻蚀高。

3.3.4 物理化学结合刻蚀技术

由于化学刻蚀所具有的高选择性和物理刻蚀所具有的各向异性，最为广泛使用的方法是结合物理性的离子轰击和化学反应的刻蚀。它既可以获得纯化学方法所具有的特点，也可以获得纯物理方法所具有的特点。刻蚀的进行主要靠化学反应来实现，加入离子轰击的作用有：① 破坏被刻蚀材质表面的化学键以提高反应速率；② 将二次淀积在被刻蚀薄膜表面的产物或聚合物打掉，以使被刻蚀表面能充分与刻蚀气体接触。由于在表面的二次沉积物可被离子打掉，而在侧壁上的二次沉积物未受到离子的轰击，可以保留下来阻隔刻蚀表面与反应气体的接触，使得侧壁不受刻蚀，所以采用这种方式可以获得非等向性的刻蚀。

1. 反应离子刻蚀

作为反应装置，在反应离子刻蚀中也使用平行板反应器。与等离子体刻蚀相反，在 RIE 中，被刻蚀的衬底放置在小的电极上，气体压力选择为 0.1 ~ 1 Pa。与等离子体刻蚀相同，这会导致很高的离子加速电压。

在 RIE 中，气体放电既可以由反应中性游离基、反应离子产生，在有惰性气体时，也可由惰性离子产生。这里系统中的刻蚀是多种形式同时刻蚀组成的。

反应离子刻蚀既可进行各向同性刻蚀,也可进行各向异性刻蚀,其选择性较好。

(1) 等离子化学剂。

因为高刻蚀率,氢化物和卤化物元素(例如 F、Cl、Br)等离子体被用作硅的 RIE,刻蚀产物是易挥发的 SiH_4,SiF_4,$SiCl_4$,$SiBr_4$(表 3.5[5])。F 等离子被用作各向同性刻蚀;Cl 和 Br 等离子,例如 Cl_2,主要被用来完成各向异性刻蚀。除了氟元素的混合物,其他气体是非常危险的,这一点要注意。

表 3.5　硅等离子刻蚀的重要气体

气体	粒子	产物	抗氧化剂	气体	粒子	产物	抗氧化剂
H_2	H	SiH_4	Si_xH_y *	CH_2F_2	CFH,C	HF	$Si_wC_xF_yH_z$
CH_4	H_2CH_3,CH_2	SiH_4,H_2	$Si_xC_yH_z$	CH_3F	CH_2,CFH	HF,H_2	$Si_wC_xF_yH_z$
F_2	F	SiF_4	Si_xF_y *	CF_4/O_2	CF_3,F,O	SiF_4,F_2,OF,O_2F,COF_2	$Si_xO_yF_z$
NF_3	F,NF_2	SiF_4	$Si_xN_yF_z$ *				
SiF_4	F,SiF_3	SiF_4	Si_xF_y *	CF_4/H_2	CF_3,F,H	SiF_4,HF,CHF_3	$Si_xC_yF_z$
CF_4	F,CF_3	SiF_4	$Si_xC_yF_z$				
SF_6	F,SF_5	SiF_4	$Si_xS_yF_z$ *	SF_6/O_2	SF_5,F,O	SiF_4,SOF_4	$Si_xO_yF_z$
S_2F_2	F,S_2F	SiF_4	$Si_xS_yF_z$ *	SF_6/H_2	SF_5,F,H	SiF_4,HF	$Si_xS_yF_z$ *
Cl_2	Cl	$SiCl_4$	Cl	SF_6/N_2	SF_5,F,N	SiF_4	$Si_xS_yF_z$ *
Br_2	Br	$SiBr_4$	Br	SF_6/CHF_3	SF_5,F,CF_2	SiF_4,HF	$Si_xC_yF_z$
CBr_4	Br,CBr_3	$SiBr_4$	Br,$Si_xC_yBr_z$	$CBrF_3$	禁止	温室	臭氧
CHF_3	CF_2	HF,(SiF_4)	$Si_xC_yF_z$	CCl_4	禁止	温室	臭氧

注: * 表示只用于低温冷却

(2) 影响因素。

等离子体刻蚀的最大缺点是对许多变化都很敏感。例如压力、功率、流量这些参数都是知道的。但是,还有一些因素也要引起注意。

① 掺杂。

n 型硅的刻蚀比普通的硅快,比 p 型硅也快,这种现象不是自然的化学现象,如果掺杂物不被激化,这种现象是不存在的。刻蚀率与衬底的电子特性有关。用能带弯曲理论解释为:无偿的施主(n 型)与例如 Cl^- 之间的库仑引力提高了刻蚀率。然而,在 p 型硅中的库仑排斥力抑制了刻蚀率。

掺杂效应因为离子碰撞而降低,很难观察到在 RIE 条件下掺杂与垂直刻蚀速率的关系,技术的重要性是:在沟槽刻蚀中,控制剖面的形状成为可能。不同掺杂硅层的横向刻蚀率是不同的,对于 MEMS 应用中的独立结构的干法释放是可能的。

② 温度。

在 RIE 刻蚀中,温度是一个非常重要的参数。同熵和热含量一起,在反应器中,温度控制着能量所处的阶段,例如吸收和释放。在衬底表面,由许多形式提高温度,例如:离子碰撞,衬底表面的放热反应,由于涡电流引起的射频散热,气体散热。

通常,为了稳定表面温度,让循环的水(或其他液体)通过靶的表面,从而冷却靶。

③ 反应器材料。

反应器和靶材料的选择是非常重要的,对于所获得的刻蚀性能影响较大,例如:反应物的耗尽,如石墨(硅或石英消耗氟离子,石墨或聚四氟乙烯消耗氧原子,铝消耗氯原子);活性离子的生成,包括间接的和直接的;聚合物初级粒子的生成,如石墨或聚四氟乙烯生成 C_xF_y;微掩膜归因于再淀积,在处理过程中导致了表面粗糙,如 SF_x^+ 离子可能溅射铝,形成不挥发的 AlF_3 粒子;影响放电性质的电极表面的二次电子发射系数。

④ 反应器洁净度。

等离子体中少量的杂质就可能很大程度地改变刻蚀的结果。

如果在其中有很少的水,纯净的氧化物的刻蚀是不可再现的,因为水将同除氧剂反应,或者氧化衬底。水的存在主要归因于密室向外界的暴露,装配封闭装置可以减少这个问题。

由于渗漏,N_2 或 O_2 的少量的集合能改变等离子体的化学性质。在反应器密封时,当粒子被封闭在密封圈里,或当长时间的反应粒子的泄漏而被刻蚀,都可能引起化学性质的改变。解决这个问题的办法是定期检查基础压力。

刻蚀过程本身就会导致密室的污染,例如,在 CF_4 刻蚀时,C_xF_y 薄膜淀积在反应器内壁中,这可能丢失黏着性并产生粒子。薄膜是再生的,它将改变下一个过程中氟或氧原子的浓度。处理方法是净化,例如,在 O_2 等离子体中,通过不断的循环过程,改变反应室的条件直到平衡态。

⑤ 负载。

由于衬底负载太大,当反应物耗尽时,刻蚀率降低了,与暴露在等离子放光区的硅面积成反比。而且,刻蚀率/面积与硅的形状有关,长的、小的结构比立方体刻蚀得快,这个特性由离子寿命决定。在同一时间,当增加负载时,刻蚀的剖面将会变化。由于反应物的增加,偏置降低了,而反应物增加了等离子体的电抗。在较高的负载情况下,有比较少的刻蚀情况。

对于气态,被刻蚀的自由行程、数量和粒子结构,负载的影响可能是全面的。例如,反应器中反应物的含量是低的、局部的,换言之,是低负载,因此,微负载与负载是相等的。在大的硅面积的位置处,与位于非刻蚀区相比,结构在一个较低的速度下被刻蚀。

负载效应的影响程度可以通过消耗反应产物来缓解:通过快速充气或增加硅靶的方法。另一个可能性是制造协同作用,这样,是离子而不是基子控制刻蚀率。也就是说,离子感生的刻蚀与离子抗氧化剂刻蚀相比,对负载是不灵敏的。

(3)RIE危害。

① 表面淀积物,例如,卤化碳薄膜,通过在氟等离子体刻蚀中氧化铝顶部的 PE 或 AlF3,它们能被去掉,形成如 KOH 的物质,但不是标准的铝刻蚀。

② 杂质的注入或渗入,例如氢扩散。

③ 由于高能离子或辐射引起的晶格损伤。加热处理能减少这一损害。

④ 掺杂物的减少,例如由于氢 - 硼交互作用引起掺杂物的减少。

⑤ 重金属污染,例如,反应器壁容易扩散而变成硅,这个影响随着等离子体势形成而减少。

⑥ 当断开射频功率并且氧化物电容被充电时,氧化物分解。

⑦ 运动的离子污染物,例如从聚四氟乙烯电极中来的钠。

⑧ 后 IRE 刻蚀,例如铝的氯刻蚀。暴露在空气中,形成了 HCl,从而发生了铝刻蚀。氯气包含的残渣通过后 RIE 等离子体/湿法净化法被去掉了。

残渣在某些方面危害是很大的,例如,最大离子能或流量,尤其是硅刻蚀率。RIE 等离子中样本暴露在外面,损害将进入衬底,并且累积。同时,刻蚀将消耗这个损害层。因此,对于高的刻蚀率,有很小的残渣危害。

2. 反应离子束刻蚀

在反应离子束刻蚀中,使用与离子束刻蚀相同的装置,其区别是用反应气体代替惰性气体来驱动离子源。装有衬底的刻蚀室保持高真空。在这种情况下,基本上只发生反应离子的轰击,因为未被充电的粒子不能通过高压栅被加速到衬底上,而只是由于离子源的扩散进入刻蚀室。

3.4 SCREAM 工艺

SCREAM(Single Crystal Reactive-ion Etching and Metallization) 是一种利用 DRIE 各向异性刻蚀和各向同性刻蚀相结合的制造单晶硅悬空结构的方法,能够实现对单晶硅的高深宽比的制作。SCREAM 的制作过程基本与 CMOS 兼容,能够在 CMOS 完成后再进行,因此是实现先 IC 后 MEMS 集成的一种有效方法。

SCREAM 的工艺流程[6] 如图 3.45 所示。

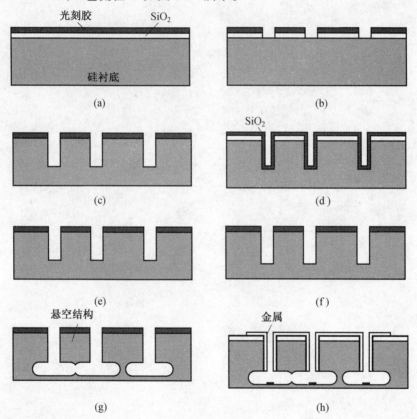

图 3.45 SCREAM 工艺流程

(1)在 Si 衬底上生长 SiO$_2$,并涂敷光刻胶。

(2)光刻形成需要的形状,然后刻蚀 SiO$_2$,露出需要进行 Si 深刻蚀的窗口。

(3)DRIE 深刻蚀形成深槽,去除光刻胶。

（4）利用 CVD/LTO/PSG 等共形能力好的方法淀积 SiO_2，将深槽全部覆盖。

（5）各向异性刻蚀深槽底部的 SiO_2，将深槽底部的 Si 暴露出来。

（6）DRIE 将 Si 继续刻蚀一定深度。

（7）各向同性刻蚀，产生的横向刻蚀将 Si 结构底部刻穿，释放 Si 结构。

（8）最后淀积金属层作为电极。

利用上述方法，结构的深度主要受淀积 SiO_2 方法的共形能力的限制，一般可以实现超过10∶1的深宽比，即横向刻蚀反应离子进入的通道的深宽比。

第4章　表面微加工工艺

相对于通过物理、化学方式去除基底材料的体硅微制造来讲,表面微加工主要靠在基底上逐层添加材料来制造微结构。在制造硅微结构时,往往需要得到薄的均匀膜片。在硅刻蚀的基础上,采用不同的薄膜沉积和刻蚀方法,在硅片表面形成不同形状的层状微结构,这是构成硅的表面微机械加工技术的基本内容。硅的表面微加工不需要双面光刻,能够加工三维的尺寸较小的微器件,而且所应用的材料和加工方法与集成电路兼容性较好,在传感器和执行器的研究中占有重要地位。

4.1　表面微加工基本原理

表面微加工以硅片为基体,通过多层膜淀积和图形加工制备三维微结构。硅片本身不被加工,器件的结构部分由淀积的薄膜层加工而成,结构与基体之间的空隙应用牺牲层技术,其作用是支撑结构层,并形成所需要形状的空腔尺寸,在微器件制备的最后工艺中溶解牺牲层。图4.1给出了表面微加工需要的基本工艺步骤[7]。

(1)基础材料。微结构建立其上,例如IC电解质,它提供了下层电气部分和上层微结构之间的电气连接通道。

(2)牺牲层沉积成形。它的唯一目的是定位基底和薄膜结构之间的空间。

(3)薄膜结构沉积成形。在最终所要求的机械、热和电功能方面起作用,它的设计决定了最后装置的几何形状。微结构层固定在底部牺牲层断开的地方,电气连接就建立在这个区域。

(4)最后,刻蚀剂清除掉牺牲材料,保留了微结构底层和下面的所有材料。

4.1.1　使用材料

表面微加工要求所应用的材料是一组相互匹配的结构层、牺牲层材料[2](表4.1)。结构层材料必须满足应用所需的电学和机械性能,例如静电执行器(微马达和侧向谐振器)的导电结构以及绝缘层。机械性能要求适中

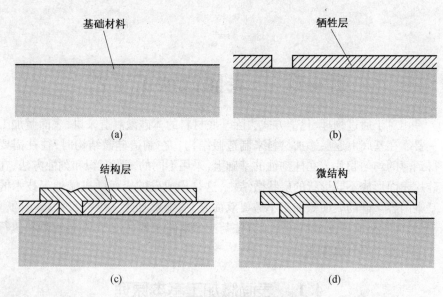

图 4.1   表面微加工的基本工艺步骤

的残余应力、高屈服的断裂应力、低蠕变和疲劳强度、抗磨损等。牺牲层材料应有好的黏结力、低的残余应力,同时既满足工艺条件又不产生相反作用等。

表 4.1   表面微加工使用的结构层和牺牲层材料

结构层		牺牲层	
材料	厚度 /μm	材料	厚度 /μm
多晶硅	1 ~ 4	PSG,SiO$_2$	1 ~ 7
Si$_3$N$_4$	0.2 ~ 2	PSG,SiO$_2$	2
SiO$_2$	1 ~ 3	多晶硅	1 ~ 3
聚酰亚胺	10	Al	1.5 ~ 3
W	2.5 ~ 4	SiO$_2$	8
Mo	0.5	Al	0.7
SiC	1.5	SiO$_2$	1.5
TiNi	8	聚酰亚胺	3
TiFe	2.5	Al 或 Cu	7
多晶硅 – ZnO	2 – 0.95	PSG	0.6
多晶硅 – Si$_3$N$_4$ – 多晶硅	1 – 0.2 – 1	PSG	2

化学刻蚀剂应有好的刻蚀选择性、合适的流动性和表面张力,能保证牺牲层全部被刻蚀掉。微构件通常要求有较厚的结构层和牺牲层,因此结构层

和牺牲层材料的选择,对于淀积、刻蚀以及均匀性等也起到关键的作用。薄膜的厚度不均匀将影响微器件的机械组装,此外选择的材料和工艺应尽量与 IC 工艺兼容。

以 LPCVD 淀积的多晶硅作为结构层材料,热生长或 LPCVD 淀积的 SiO_2 作为牺牲层材料已经广泛用于多晶硅表面微结构,电学和机械性能均满足结构层和牺牲层以及各种工艺的要求;刻蚀剂 HF 刻蚀 SiO_2 不会影响多晶硅且易清洗;同时该两种材料常用于 IC 技术,其薄膜淀积刻蚀技术已非常成熟。如果用 Si_3N_4 作为牺牲层材料,主要缺点在于多晶硅做结构层材料难以刻蚀 Si_3N_4,且 LPCVD 淀积的 Si_3N_4 有较大的内应力,当薄膜厚度超过几百纳米时,应力将引起薄膜的破裂。而如果选用 Al 作为牺牲层材料,则 LPCVD 淀积温度为 630 ℃,超过了 Al 的熔点;此外,Si 片和 Al 同时放入淀积多晶硅设备中,容易造成污染。

其他一些应用于表面微加工的材料,如用 LPCVD 制备的 Si_3N_4 作为结构层材料,多晶硅作为牺牲层材料,需要通过淀积富硅膜降低 Si_3N_4 膜内的残余应力,才能获得厚度为几百纳米的 Si_3N_4 膜,而且需用 KOH、乙二胺和邻苯二酚刻蚀液来刻蚀多晶硅。聚酰亚胺和 Al 也可组成结构层和牺牲层材料,该组材料的特点是聚酰亚胺比多晶硅和 SiO_2 有更好的可塑性,因而可承受较大的形变,并可在较低温度下加工。聚酰亚胺的缺点是它容易蠕变。还有化学气相淀积钨作为结构层材料,SiO_2 作为牺牲层材料,用 HF 溶解牺牲层。

4.1.2 特 点

表面微加工是在基体上连续淀积结构层、牺牲层和图形加工制备微器件。因此,它具备以下特点:

(1) 在表面微加工中,硅片本身不被刻蚀,没有孔穿过硅片,硅片背面也无凹坑。

(2) 表面微加工适用于微小结构的加工,结构尺寸的主要限制因素是加工多晶硅的反应离子刻蚀(RIE)工艺。表面微加工形成的层状结构特点为微器件设计提供了较大的灵活性。

(3) 表面微加工可实现微小可动部件的加工。

(4) 表面微加工与 IC 工艺具有极好的兼容性,这对于 MEMS 发展中实现电子线路与微结构的集成是尤为重要的。

(5) 由于表面微加工是一种平面加工工艺,因此对微机械设计有局限性。首先圆片垂直方向的尺寸受到工艺的限制;其次器件横向尺寸的选择受到薄膜机械性能,特别是残余应力的影响;还有目前 IC 设备淀积微结构厚膜效率较低;此外,表面微加工形成的表面形态的高低相差较大,通常可达几个微米,对图形分辨率影响较大。

4.2　多晶硅的表面微加工

多晶硅早期便被选作表面微加工的结构材料,应用的广泛性在于它的可控机械特性和高温兼容性。多晶硅含杂质,可以被高精度结构化,这种方法通常称为晶体硅的微加工,实际上是制造多晶硅微结构。

目前在硅表面已经能够加工复杂的表面微结构零件,如悬臂梁、齿轮组、涡机、曲柄、镊子等。多晶硅表面微加工是许多静电执行器的主要加工手段。

4.2.1　多晶硅的特点

多晶硅广泛应用于各种表面微结构,主要是由于它具有以下特点:

(1)多晶硅薄膜的生长温度低,一般为几百度,最低为200 ℃左右。这样的低温工艺过程,不仅节能,而且在集成电路或集成传感器件的制造中不会对前期工艺制作的有源区边界及杂质分布产生影响。

(2)多晶硅薄膜对生长衬底的选择不苛刻。衬底只要具有一定的硬度、平整度及能耐受生长温度即可。

(3)可以通过对生长条件及后工艺的控制来调整多晶硅薄膜的电阻率,使之成为绝缘体、半导体或是导体,从而适用不同器件或器件不同部分的需要。

(4)多晶硅薄膜作为半导体材料可以像单晶硅那样通过生长、扩散或离子注入进行掺杂,形成 p 型或 n 型半导体,制备出 pn 结;可以采用硅平面工艺进行氧化、光刻、刻蚀等加工。

(5)生长的厚膜可以较好控制,与其他薄膜有良好的相容性,有利于制造多层膜结构,给器件设计带来很大的灵活性。

(6)生长工艺的进步使多晶硅薄膜不仅可以大批量生长,而且可以大面积生长,因而成本低,易于扩大应用。

4.2.2　基本工艺流程

如图 4.2 所示为制作多晶硅桥的表面微加工工艺流程[4]。

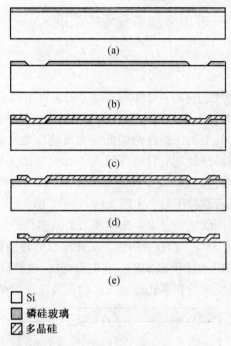

(a)

(b)

(c)

(d)

(e)

☐ Si
▦ 磷硅玻璃
▨ 多晶硅

图 4.2 多晶硅桥的表面微加工工艺流程

（1）牺牲层淀积到覆盖有缓冲和隔离作用的隔离层的硅衬底上，如图 4.2（a）所示，LPCVD 淀积的磷硅玻璃（PSG）是最佳牺牲层材料，因为它在 HF 酸中的刻蚀速率甚至比 SiO_2 还快。为了保证均匀的刻蚀速率，必须将硅片在炉中加热到 950 ~ 1 100 ℃，或进行快速退火（RTA），使 PSG 致密化。

（2）第一块掩膜版被用于对牺牲层的光刻，如图 4.2（b）所示。

（3）随后微结构薄膜材料（这里指多晶硅）被淀积到牺牲层上，如图 4.2（c）所示。在氮气气氛和 1 050 ℃ 的温度下对多晶硅进行 1 h 的退火，可以减少热膨胀系数失配所造成的应力和该薄膜成核与生长过程中所形成的应力。快速退火对于减少多晶硅的应力也同样有效。

（4）微结构层用第二块掩膜版光刻，而后在 $CF_4 + O_2$ 或者 $CF_3Cl + Cl_2$ 等离子体重刻蚀出图形，如图 4.2（d）所示。

（5）选择性湿法刻蚀牺牲层来释放结构，如选用 49%（质量分数）HF 酸溶液，如图 4.2（e）所示。

该表面微加工技术适用于各种薄膜和结构，只要牺牲层可以被刻蚀干净而微结构、隔离层或者衬底不被明显刻蚀即可。一般情况下，表面微加工中可以包括 4 ~ 5 层的结构层和牺牲层，更多层也是可以实现的。

4.2.3　多晶硅表面微加工技术的改进

1. 多孔多晶硅

（1）制备。

多孔硅可以在类似于 LPCVD 淀积多晶硅的条件下形成,此时孔洞大致沿着多晶硅的晶粒间界处形成。图4.3 给出了制作多孔硅的预处理[4]。对硅片做出预处理,以便在其上制作夹在两层低应力氮化硅之间的多孔硅薄层。硅片的背面先做出电极,预处理后将硅片放入 Teflon 测试夹具中保护其背面不受 HF 酸刻蚀,然后放入电解质中并施加电压,电解质为质量分数为 5% ~ 49% 的 HF 酸,电流密度范围是 0.1 ~ 50 A/cm^2。多孔刻蚀前沿面平行于硅片表面推进,可以利用线宽测量工具来监测。最高多孔硅形成速率为 15 μm·min^{-1}(在质量分数为 25% 的 HF 酸中)。从孔洞形成转换到电抛光可通过提高电流密度或降低 HF 酸浓度来实现。在电抛光区,电流最大时,刻蚀速率受到扩散的限制,但是反应受到多孔硅生长区的表面反应运动学进程的控制。

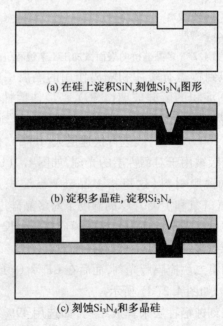

(a) 在硅上淀积SiN,刻蚀Si$_3$N$_4$图形

(b) 淀积多晶硅,淀积Si$_3$N$_4$

(c) 刻蚀Si$_3$N$_4$和多晶硅

图 4.3　制作多孔硅的预处理

（2）应用。

控制反应条件从多孔硅到电抛光再到多孔硅,即可形成封闭的腔体,其栓塞为多孔多晶硅,其顶部和底部覆盖 Si$_3$N$_4$。采用室温氧化处理来封闭空腔,但是通

过多孔区的栓塞的液漏仍然存在。这种技术为在室温下用液体和气体充满空腔提供了可能,另外,带有多孔栓塞的腔体也可以用作片上电化学电解液的容器。

多晶硅层的杂质和薄膜缺陷的存在,使得 HF 酸可以透过多晶硅刻蚀下面的氧化层,从而形成环形的悬空可动多晶硅区域,即所谓的空泡区。Judy 等利用空泡区多晶硅膜的可渗水性,成功地制作了中空梁的静电谐振器。他们用 0.3 μm 厚的未掺杂多晶硅完全包封了一个 PSG 内核,退火后将结构放入 HF 酸中,HF 酸溶液透过多晶硅壳层,溶解并去除 PSG,从而形成了中空的结构。使用这些中空梁的最大好处是获得更高的谐振器品质因数值。

通过多个具有渗透性的多晶硅窗口对 PSG 进行刻蚀后,再利用 0.8 μm 的低应力 LPCVD 氮化硅将其封闭,这样可以提高制作微结构封装壳层的速度。

在表面多晶硅微加工和 SOI 微加工中,多孔硅也可以作为牺牲层使用。多孔硅层可以直接淀积或者在 SOI 的外延层上生成,其大的表面积使它在室温下可以使用 KOH 快速刻蚀。

2. 多晶硅铰链

（1）制备。

多晶硅铰链是最具代表性的利用表面微加工实现的立体三维结构[4],如图 4.4 所示。

① 在硅衬底上淀积一层厚度为 2 μm 的 PSG 层（PSG - 1）作为牺牲层。

② 淀积第一层厚度为 2 μm 的多晶硅层（Poly - 1）。该多晶硅结构层通过光刻和干法刻蚀形成所期望的结构元件,包括使之旋转的铰链销。

③ 再次淀积厚度为 0.5 μm 的另一层牺牲层材料（PSG - 2）,形成一个环箍,将第一层多晶硅铰链固定到表面上。

第一层和第二层多晶硅之间处处被 PSG - 2 分隔开来,从而使得 PSG 牺牲层刻蚀去除后,第一层多晶硅层能自由旋离硅片表面。在牺牲层刻蚀完成后,结构在各自的位置上旋转。在这些铰链上,长的结构多晶硅图形（1 mm 或更长）可以旋转离开衬底平面。

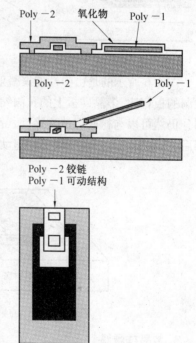

图4.4 一个单铰链板在牺牲层刻蚀前后的截面图、俯视图和顶视图

（2）应用。

图4.5所示是非常有代表性的微铰链器件[4]及一个边缘发射的激光器与微Fresnel透镜的次对准混合集成后的SEM照片。微Fresnel透镜是在平面上加工出来的。成形后依靠一个多晶硅铰链竖立起来，透镜的直径为280 μm。激光器的前端和后端的准直板用于调整激光光斑的高度，使得发射光的光斑可以恰好落在微Fresnel透镜的光轴上。组装后，激光器的电链接用含银树脂来实现。该微Fresnel透镜实现了出色的准直能力。

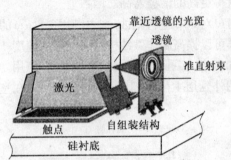

图4.5　微铰链器件及其SEM照片

图4.6所示的是由弹性的聚酰亚胺铰链连接的刚性的多晶硅板[4]。与无孔洞的板相比，多晶硅板上的孔洞缩短了PSG的刻蚀时间。那些没有孔洞的部分仍然可以与衬底保持连接，而带孔洞的板可以完全释放。使用静电执行器后，图示结构可以像蝴蝶那样扇动。

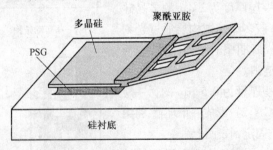

图4.6　柔性的聚酰亚胺铰链和多晶硅板

3. 多晶硅厚膜

由于常规的LPCVD淀积多晶硅的速度较慢，如淀积10 μm厚的多晶硅一般需要10 h，所以，大多数微结构的厚度都在2～5 μm范围内。在二氯甲硅烷的加工工艺基础上，1995年Lang等人开发出了垂直的外延反应炉中的VCD工艺，温度为1 000 ℃，淀积速率高达0.55 μm·min^{-1}。该工艺大大缩短了厚膜多晶硅的淀积时间。这一高度柱状化的多晶硅薄膜淀积在 SiO_2 牺牲层上，表现出极低的张应力，适用于表面微加工。但是其表面粗糙度为厚度的 3%，限制了它在某些器件中的应用。

外延厚膜多晶硅表面微加工技术已应用在微加速度计的制造中，其敏感质量的厚度远远超过了常规微加工技术，性能也得到了提高。

4. 铸膜多晶硅

(1) 制备。

铸膜多晶硅工艺流程[4] 如图 4.7 所示。

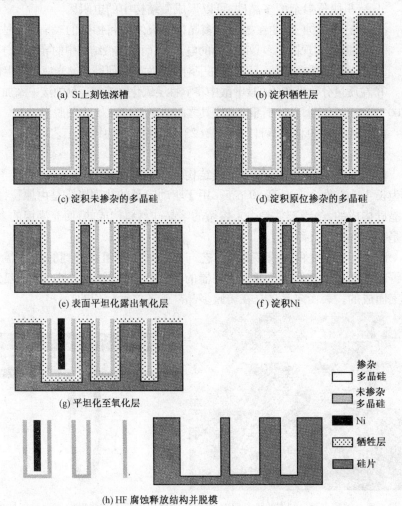

(a) Si上刻蚀深槽

(b) 淀积牺牲层

(c) 淀积未掺杂的多晶硅

(d) 淀积原位掺杂的多晶硅

(e) 表面平坦化露出氧化层

(f) 淀积Ni

(g) 平坦化至氧化层

掺杂
多晶硅

未掺杂
多晶硅

Ni

牺牲层

硅片

(h) HF 腐蚀释放结构并脱模

图 4.7　铸膜多晶硅工艺流程

① 使用 Cl_2 等离子刻蚀在硅圆片上刻蚀深槽,深度等于所期望的梁的高度,极限为 100 μm,深宽比约为 10。

② 氧化物牺牲层可以是 CVD 磷硅玻璃(PSG,温度为 450 ℃,14 nm·min^{-1})、CVD 低温 SiO_2(LTO,450 ℃)或者 CVD 多晶硅(580 ℃,6.5 nm·min^{-1}),其中 CVD 多晶硅通过 1 100 ℃ 下的热氧化转变为 SiO_2。

③ 温度为 580 ℃,硅烷流量为 100 mL·min^{-1},反应器压力为 40 Pa,沉积速率为 0.39 μm·h^{-1} 条件下,生长未掺杂的 CVD 多晶硅,使得最窄的深槽余下的容积得到填充,构成微结构中的绝缘区。

④ 淀积原位掺杂的多晶硅,可以形成微结构中的电阻区。

⑤ 无掩膜刻蚀,以便在掺杂的多晶硅退火之前将掺杂的表面层除去。

⑥ 淀积镍,实现镍在多晶硅表面的电镀,从而形成微结构中的导电部分。

⑦ 用 1 μm 厚的金刚石磨料在油中对上表面进行研磨和抛光使之平坦化。

⑧ 在质量分数为49% 的 HF 酸中将牺牲层氧化物溶解。刻蚀液中添加 Triton X100 等表面活化剂,以减小部件和模具之间的表面黏附力,方便脱模。

部件从原片中移出,可以返回第(2) 步,用于新的铸膜工艺。

(2) 应用。

图 4.8 所示是采用铸膜多晶硅结构制作的热驱动镊子[4],这些镊子的尺寸为长 4 mm、宽 2 mm、高 80 μm。用于驱动镊子的热膨胀梁是由原位掺杂的多晶硅构成的,绝缘部件是由未掺杂的多晶硅材料构成的,而充满镍的多晶硅梁是提供电流的导线。

图 4.9 所示是由铸膜多晶硅工艺与多晶硅工艺组合得到的过滤器[4],其中铸膜多晶硅工艺形成了薄膜过滤器的加强肋,该过滤器是由表面多晶硅层加工而成的。表面多晶硅是在铸膜多晶硅工艺之后淀积的。

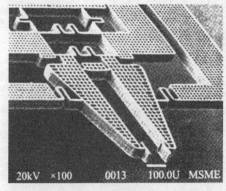

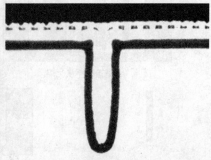

图 4.8 铸膜多晶硅制作的镊子 SEM 照片　　图 4.9 带有加强肋的表面微机械薄膜过滤器的 SEM 照片

4.3 SOI 表面微加工

SOI 技术中采用的是具有三明治结构的硅片,最上面是薄的硅结构层(厚度从几十 μm 到几百 μm),中间是绝缘层,最下面是支撑硅片。绝缘层一般是由 SiO$_2$ 构成的,也称"埋氧层",厚度一般是几百 μm。当晶体管制作在顶部的硅结构层上时,它们的开关速度会很快(高达 10 GHz),能耗很低,而且受环境射线离子带来的噪声的影响很小。此外,在 SOI 片上,每个晶体管与相邻晶体管间的隔离室通过整个一层 SiO$_2$ 来实现,其间距可以比体硅上更短,所以,SOI 上的电路设计更紧凑,器件更小而且密度更高。

4.3.1 制 备

目前制造 SOI 技术主要有 3 种[4](图 4.10):注氧隔离技术(SIMOX)、融硅键合技术(SFB)和区域融化多晶硅再结晶技术(ZMR)。

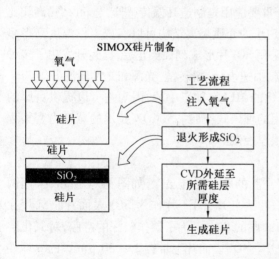
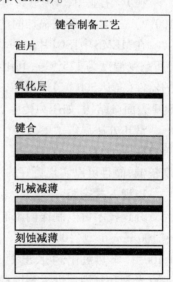

图 4.10 SOI 圆片的制备

1. SIMOX 技术

对标准 CMOS 硅片注入氧离子,然后在高温 1 300 ℃下退火,氧和硅结合后在硅表面下方形成 SiO$_2$ 层。SiO$_2$ 层的厚度和深度可以通过改变注入的能量和剂量以及退火温度来控制。有时也采用 CVD 工艺在顶部得到外延的硅层。也有研究者向硅中注入氮形成自停止刻蚀层,当能量足够高时,氮可被埋入 0.5～1 μm 深处,如果剂量够高,该区域的刻蚀会自动停止。值得注意的是,注入后必须退火,因为注入会破坏硅片表面的硅晶体结构。

2. SFB 技术

首先,在一硅片上生长氧化层(一般约 1 μm),然后与另一硅片键合,键合过程无需施加任何机械压力或其他力作用。这样氧化层就被夹在两硅片之间形成三明治结构,随后在 1 100 ℃ 氮气氛中退火 2 h,从而保证在两个硅片之间形成牢固的键,最后通过化学机械抛光工艺将顶部的硅片减薄至几微米厚。

3. MR 技术

让淀积在氧化过的硅片表面的多晶硅重新结晶(可以采用激光、电子束或窄条加热器等方式),主要用于局部的再结晶。

4.3.2　应　用

在 IC 工业中,SOI 主要用于高速 CMOS、IC 电路、智能功率 IC(电压高达 100 V)、三维 IC 和抗辐加固的器件。

在 MEMS 中,SOI 片的一个重要应用是制造高温传感器,与 pn 结隔离相比(所耐受温度为 125 ℃),利用 SOI 的介质隔离结构可以实现工作温度高得多的器件(高达 300 ℃)。目前,采用 SOI 片形成刻蚀停止层,已经开发出了多种 SOI 表面微结构,如压力传感器、加速度计、扭转镜、光源和光学斩波器等。

SFB 方法提供了更为多样化的 MEMS 加工手段,因为它可以提供更厚的单晶硅层,而且可以制造封装用的埋入式空腔。SIMOX 技术的劳动力密集程度较低,而且可以实现更好的浓厚控制。

1. 埋入式空腔

SFB 技术可以制作内部有空腔的厚单晶硅层[4],如图 4.11 所示,采用两个 100 mm p 型〈100〉硅片,一片为载片,另一片作为 SOI 表面片。载片在 1 100 ℃ 下热氧化,生长出 1 μm 厚的 SiO_2。为了制作较深的空腔,对氧化层进行光刻和刻蚀后继续刻蚀载片。SOI 表面片上带有 2～30 μm 厚的 n 型外延层,决定了最终的机械材料的厚度。表面片带有外延层的一面和载片加工有空腔的一侧进行熔融键合(2 h,1 100 ℃)。接下来通过研磨和抛光对顶部硅片进行减薄。在载片的背面淀积一层绝缘材料并光刻,从而在绝缘层上形成通向 SOI 绝缘层的出入孔。用缓冲刻蚀液 BOE 将刻蚀孔底部的绝缘层除去后,溅射铝,并烧结以形成通向 n 型外延层的电接触线,以便对其余的 p 型材料进行电化学反向刻蚀。最后的单晶硅层的厚度的均匀性在 ±0.05 μm 以内,并不需要采用昂贵的精密抛光工艺。

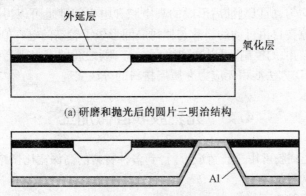

(a) 研磨和抛光后的圆片三明治结构

(b) 反向刻蚀、除去埋氧并淀积铝后的圆片

图 4.11　熔融键合技术制作的内部空腔厚单晶硅层

2. SOI 压力传感器

研究者利用 SIMOX 圆片制作出了电容式压力传感器[4],如图 4.12 所示。SIMOX SOI 片的 0.2 μm 的硅表面层通过掺杂外延工艺增长到 4 μm 厚。利用 RIE 工艺在硅层上刻蚀出出入孔后,对 SiO_2 隐埋层进行刻蚀从而形成真

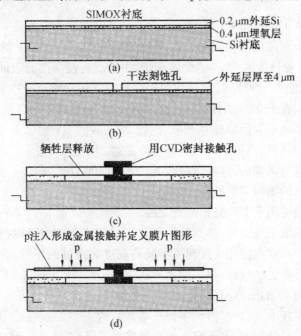

图 4.12　SIMOX 制备绝对压力传感器的工艺流程

空腔和电极间隙。由于埋入的厚氧化层可以呈现很高的重复性,并且在整个硅片上分布均匀,所以刻蚀后形成的真空腔和电极间隙也可以得到很好的控制。小的间隙在自由可动的膜片与体衬底间形成了较高的电容值。膜片的直径受到 SiO_2 刻蚀的控制,可以达到数百 μm。刻蚀孔的密封则通过在真空下以等离子 CVD 方法淀积无应力介质层材料的方法实现。

4.4　光刻胶表面微加工

深 UV 光刻胶可用于膜铸成形,得到多种材料的高深宽比微结构,也可以直接作为结构材料。

1. 聚酰亚胺表面材料

聚酰亚胺对 UV 光是透明的,所以可以形成类似于 LIGA 的高宽比结构。多次旋涂聚酰亚胺可以形成悬空板。另外,通过两次聚酰亚胺的涂敷过程之间淀积金属并图形化,可以制作出复合的聚酰亚胺板。聚酰亚胺结构的释放一般是通过刻蚀铝牺牲层来实现,铜和 PSG 也可用作牺牲层。因为聚酰亚胺容易变形,因此它们一般不作为机械构件,但是,可以作为可塑性变形的铰链。

如图 4.13 所示,采用 100 μm 的聚酰亚胺柱作为有场发射阵列的硅片与平板显示板面玻璃间的隔离[4]。所用的配方是 Ciba Geigy 的 Probimide 348 FC,包括质量分数为 48% 的聚酰胺脂,用于改善浸润性的表面活性剂和光敏性,其黏滞性为 3 500 cs,通过均匀旋涂胶的方法涂敷于硅片上,形成 125 μm 厚的薄膜。在 100 ℃ 条件下,烘 30 ~ 40 min,去除其中的有机溶剂。然后,将有微柱图案的掩膜版与硅片对准,进行 20 min 的 UV 照射。通过再烘干将湿气除去后,对仍然温热的图层进行喷涂显影,形成间隔柱阵列。在高真空下对聚酰亚胺进行烘烤后,这些微柱收缩为高约 100 μm,从而使聚酰亚胺致密并呈现出更好的结构完整性。

2. 其他可用于 UV 光刻的光刻胶

除了聚酰亚胺以外,热塑性酚醛树脂类的光刻胶也可以得到更高的三维形状。Lochel 等人使用酚醛树脂类具有高度黏滞性的正胶,在一个专用的甩胶机中进行多层涂敷后,累积厚度可达 200 μm。接下来的 UV 光刻可以形成高宽比达到 10 的图形,且具有陡直的边缘,最小特征尺寸可达 3 μm。结合牺牲层和电镀技术,就可以得到多种三维微结构。

IBM 的科学家对 Epon SU8 光刻胶进行了研究,这是一种基于树脂并经过臭氧增敏的对 UV 透明的负性光刻胶,利用标准的光刻技术就可以制作出大

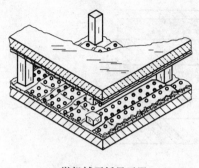

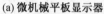
(a) 微机械平板显示器　　　　　　　(b) 间隔柱阵列的SEM

图 4.13　聚酰亚胺结构元件

高宽比的结构,并可以在大于 200 μm 的厚膜上形成侧壁陡直的镜像图形。

无论是高宽比,还是在侧壁粗糙度和侧壁的开口形状上,以上厚胶图形都可与 LIGA 生成的图形相比较。

4.5　表面微加工中的力学问题

表面微加工中存在 3 个主要的力学问题:静态阻力、层间黏附和界面应力。

1. 黏连

在牺牲层被刻蚀后,微器件要进行漂洗和吹干。在器件浸入和提出溶液的过程中,溶液蒸发会产生一个很大的毛细管作用力,把微器件拉向基体产生黏连现象。对于大面积接触或低弹性系数器件,该吸附力超过微结构的恢复力,一旦黏附在一起,两表面就难以分开,造成器件失效。图 4.14 说明了黏连是如何形成的[2],在吹干微器件的过程中,首先干燥的是敞开区域,在机构和基体之间残留一些水滴,进一步吹干,这些小水滴缩小并逐步消失,当最后一滴水缩小时,其表面张力使结构件弯向基底,对于细而长的构件,相当容易造成黏连。

消除或减弱静态黏连的方法大致可以分为两类。

(1) 制作过程中阻止微结构和衬底之间的物理连接的方法。这可以通过避免在干燥过程中构件和衬底之间吸引性作用力来实现,比如冷干燥、临界点干燥或干刻蚀技术等。也可采用借助辅助分离作用使结构机械硬度临时增加的方法。这些方法的缺点是:由于外力作用,如加速或者静电作用,结构连接衬底,静态阻力将依然发生。

(2) 通过缩减表面能量来实现削减黏连力的方法。如利用防水面、借助表面碰撞作用减少接触面积的表面处理、减低表面粗糙度等。这些方法将导致黏连力永久地降低。

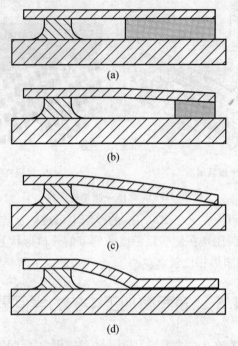

图 4.14　微器件黏附形成

冷干燥是一个防止黏连的更有效的方法。在真空条件下进行凝结和后来升华只需要几个小时的漂洗即可。

一种快速冷冻干燥技术也已经出现了,该技术能在大气条件下运行,不要求真空设备。这种方法使用凝固点为 − 17.7 ℃ 的环己胺替代漂洗用的水。凝结和后来的升华是通过结构底部处于氮气流下和低于凝结温度的铝淀积调节元件实现的。

当微构件加工完成后有可能发生另一种黏连,即结构偶然碰到基底就黏连在一起。加速度计容易出现这种现象,为了防止这种黏连,加工微小突出区是非常有效的方法,它防止了结构和基底之间的大面积接触,突出微小区域的黏连力不足以使结构弯曲。突出区既可以在基体上也可以在结构上加工。如果突出区位于多晶硅结构件上,在淀积多晶硅前,刻蚀部分氧化层的厚度形成浅孔,多晶硅沉积后就形成一个对应的突出区,这需要一个附加的光刻工艺。另一种方法是在基体上加工突出区,当牺牲层刻蚀后,利用等离子体沉积形成碳氟化物层,通过在结构层的孔,在基体上形成略大于对应孔突出区。该方法的优点是,可以多次压下结构件而不会与基体产生黏连。

2. 界面失效

不管是相同的材料还是不同的材料,只要两层材料结合在一起,就可能存在一个分离层。这个双层结构容易在界面处造成层与层之间的脱落,或者由于界面的剧烈振动造成沿着界面的局部断裂。图 4.15 显示了这两种缺陷[8]。

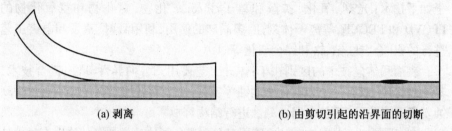

(a) 剥离   (b) 由剪切引起的沿界面的切断

图 4.15   双层材料的界面失效

温度过高和应力是导致界面失效的最重要的原因。但是其他原因,包括表面条件(清洁度、硬度及吸附力等)也可以导致界面连接强度的降低。

3. 界面应力

在双层结构中有 3 种典型的应力,其中最明显的是由构件材料的热膨胀系数不匹配引起的热应力。如硅的热膨胀系数是 SiO_2 的 5 倍,当双层结构达到非常高的操作温度时,剧烈的热应力会使 SiO_2 薄层从硅基底脱离,表面微加工中其他材料的多层结构连接处也会发生同样的现象。

第二种界面应力是残余应力,它在微机械加工中是固有的。如图 4.16 所示[8],在 1 000 ℃ 时硅梁经过热氧化可以生成 SiO_2 层。在室温下,双层梁最后形成的形状如图 4.16(b) 所示,这是因为这两种材料的热膨胀系数有很大的差异。在 SiO_2 层将产生显著的拉应力使其变形。超强的拉应力可以引起薄膜内产生多处断裂。

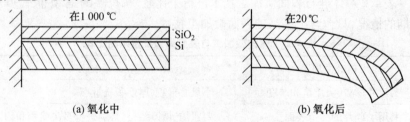

(a) 氧化中   (b) 氧化后

图 4.16   双层梁最后形成的形状

第三种应力是存在于薄膜结构本身的应力。它是由微加工过程中原子结构局部变化产生的。例如,过量掺杂会导致结构在表面微加工后产生强大的残余应力。

4.6　体硅加工技术与表面微加工技术

表面和体硅微加工技术有很多共同之处,例如它们都在很大程度上依赖于如下技术:光刻、氧化、扩散和离子注入,氧化物、氮化物和氮氧化物的 LPCVD 和 PECVD,等离子体刻蚀,多晶硅的使用,利用溅射、蒸发和电镀工艺进行的铝、金、钛、铂、铬和镍金属化等。

表面和体硅技术的区别在于:体硅工艺要用到各向异性刻蚀、键合技术、刻蚀停止层、双面工艺和电化学刻蚀等工艺;而表面微加工则需要使用干法刻蚀实现图形化,以及各向同性刻蚀进行结构释放。

在表面微加工技术中,首先,使用多晶硅避免了体硅微加工的许多有挑战性的工艺,也为传感器的集成化设计提供了新的自由度。此外,多晶硅工艺与牺牲层相结合,使得表面微加工技术具备如下优点:可以实现微小机械结构的原位组装,多晶硅元件的热和电隔离特性。在其他材料的薄膜上可作出多晶硅压阻,对于高温应用而言非常有用,因为 pn 结成为单晶硅传感器的电隔离材料,在高温下会出现较大的漏电流,而多晶硅/SiO_2 结构的漏电流实际上并不存在。

表面微加工的局限性也十分明显,首先,CVD 工艺制作的薄膜最大厚度往往为 $1 \sim 2\ \mu m$,因为该薄膜中存在残余应力,且淀积过程很缓慢。多层组合可以产生复杂的结构,但每层的厚度仍然有限,且去除中间层时所用的湿法刻蚀时间很长,刻蚀释放时会出现黏附现象。此外,与单晶硅相比,多晶硅结构呈现较差的电子特性和略差的机械特性,如多晶硅的压阻系数较低,其机械断裂强度也较低。由于多晶硅和单晶硅在热膨胀系数上存在差异,且多晶硅还会出现翘曲,因此其机械特性强烈依赖于处理工艺和参数。

表 4.2 对体硅与表面微加工技术进行了比较[4],反映的是 20 世纪 90 年代中期的情况,只包含了多晶硅表面微加工技术。

表 4.2　体硅微加工与表面微加工技术的比较

体硅微加工	表面微加工
大尺寸形貌,大质量和厚度	小尺寸形貌,厚度和质量小
利用了硅片的两个表面	要累加、增厚结构,必须进行多次淀积和刻蚀
垂直尺寸:1 片或多片圆片的厚度	垂直的尺寸被局限于所淀积的层的厚度(约 2 μm),最终结构为悬空的柔性结构,有黏附到支撑片上的趋势

续表 4.2

体硅微加工	表面微加工
一般硅片到硅片或者硅片到玻璃的层叠工艺	表面微加工的器件自身具有支撑,成本经济性好
压阻或者电容式敏感	电容和谐振式敏感机理
在制造流程的结束阶段,圆片可能会变得脆弱	在工艺流程的末段,清洁度变得极为关键
锯片、封装和测试都很困难	锯片、封装和测试都很困难
出现了一些成熟的产品和制造商	无成熟的产品或者制造商
并不能很好地与 IC 技术相兼容	由于电容性信号微弱,所以常必须进行集成

4.7　HARPSS 工艺

HARPSS(High Aspect Ratio Structures) 是利用 DRIE 和多晶硅淀积结合制造高深宽比悬空多晶硅结构的方法,其主要工艺流程[6] 如图 4.17 所示。

(1)LPCVD 淀积后,光刻和刻蚀 Si_3N_4 形成后续释放过程的保护层和绝缘层。为了减小电极和衬底之间的寄生电容,可以在 Si_3N_4 下面淀积 SiO_2 以增加介质层的厚度。利用 DRIE 刻蚀深槽,深度要超过需要的结构的高度,深槽的垂直度和光滑的侧壁对后续填充多晶硅比较重要。

(2)高温 LPCVD 淀积 SiO_2 牺牲层。高温可以保证淀积过程的共形能力,使深槽能被 SiO_2 均匀覆盖。

(3)光刻并刻蚀 SiO_2,露出 Si_3N_4 作为支撑锚点。

(4)LPCVD 淀积多晶硅填充深槽,并对多晶硅掺杂使之导电。由于掺硼的多晶硅在 HF 酸中的刻蚀速度远小于掺磷的多晶硅,在后续释放 SiO_2 牺牲层时能获得更高的选择比,因此选择硼作为杂质。当多晶硅把深槽填平以后,再对深槽内部的多晶硅掺杂是非常困难的,因此在淀积多晶硅以前在 SiO_2 牺牲层表面高温淀积硼杂质源,此时深槽没有被填充,硼很容易到达深槽的内部和底部,均匀地分布在 SiO_2 的表面。然后再淀积 LPCVD 多晶硅填充深槽,使深槽内部的 SiO_2 上均匀覆盖多晶硅,高温推进,使表面的硼进入多晶硅结构实现多晶硅的掺杂。多晶硅掺杂表面 1 μm 深度内的硼浓度可以达到(2.5 ~ 5)$\times 10^{19}$ cm^{-3},方块电阻约为 20 Ω/□,能够满足大多数使用的要求。从这一

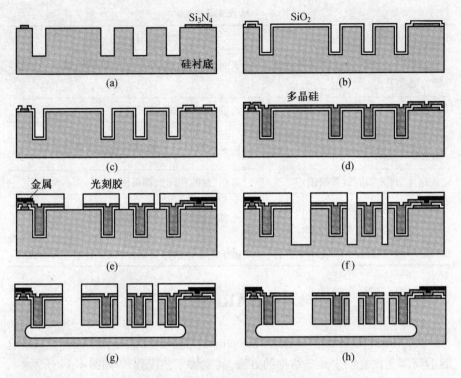

图 4.17　多晶硅 HARPSS 工艺流程

步开始,由于所有的深槽都已经被多晶硅填满,后续的涂胶和光刻过程不会受到深槽的影响。然后刻蚀表面的多晶硅和下面的 SiO_2 形成多晶结构在表面的支撑锚点;在表面淀积多晶硅,掺杂并刻蚀,形成表面所需要的图形。在多晶硅中掺杂硼时,温度不能高于 1 050 ℃,否则会使多晶硅表面变得非常粗糙。

（5）在多晶硅表面淀积 Cr/Au 或其他金属,利用剥离或刻蚀形成导电连接。涂敷厚胶作为掩膜,去除需要横向刻蚀的位置的光刻胶,以便后续的DIRE 的刻蚀。

（6）利用 TDM（时分复用）DIRE 进行垂直刻蚀。刻蚀深度比最终的结构深度大 10 ~ 20 μm。刻蚀区域的侧壁由 SiO_2 限制而成。

（7）横向刻蚀释放结构。利用 SF_6 等离子体进行各向同性刻蚀,深槽底部在继续向下刻蚀的同时,也会出现横向刻蚀,从而将微结构下面的单晶硅除去,达到释放结构的目的。由于刻蚀各向同性的性质,在横向刻蚀的同时也会向上刻蚀,导致单晶硅电极和机构以及填充的多晶硅结构都会从下面被减薄。

（8）去除干法释放的掩膜光刻胶，并在 HF 中刻蚀 SiO_2 释放微结构。多晶硅和单晶硅结构之间的间隙形成电容，为了降低单晶硅电极的电阻，可以使用低阻硅片。单晶硅电极固定在多晶硅表面上，而多晶硅通过绝缘的 Si_3N_4 层固定在衬底上。

由于 HARPSS 工艺利用了 DRIE 深刻蚀、SiO_2 牺牲层和多晶硅填充技术，因此结构缝隙取决于 SiO_2 牺牲层的厚度和 DRIE 刻蚀的深度，深宽比能够达到 200：1，远大于普通 DRIE 深宽比的极限。

多晶硅在淀积过程中会产生缺陷和应力，而单晶硅几乎没有缺陷和应力，能够实现高 Q 值器件；在加速度传感器、电机等谐振器件中，结构质量大有助于提高分辨率，而制造宽结构（大于 20 μm）只有利用衬底单晶硅才能实现；单晶硅力学性能好，抗冲击和振动能力高，与衬底是自然连接，不需要锚点；多晶硅压阻系数很低，难以用作压阻传感器。

为了实现单晶硅结构，利用 HARPSS 原理制造单晶硅高深宽比结构[6]，如图 4.18 所示。

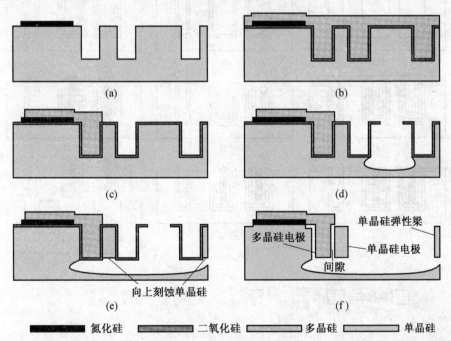

图 4.18　单晶硅 HARPSS 工艺流程

（1）在低阻（< 0.05 Ω·cm）单晶硅衬底上用 LPCVD 淀积 Si_3N_4 作为电绝缘层，DRIE 刻蚀结构，达到需要的深度，确定结构的高度。

（2）热生长 SiO_2 作为牺牲层，SiO_2 的厚度决定释放后结构间隙的大小，LPCVD 淀积多晶硅。

（3）DRIE 刻蚀绝缘槽内的多晶硅，形成多晶硅结构的边界。

（4）涂敷光刻胶（采用厚胶，以便盖住 4 μm 宽的槽），露出刻蚀窗口，去除 SiO_2 后用 DRIE 深刻蚀达到结构层的底部。

（5）各向同性刻蚀，对硅结构下方进行横向挖空，释放形成悬空结构。

（6）HF 酸去掉 SiO_2 牺牲层，释放结构。

4.8　Hexsil 工艺

Hexsil（High Aspect Ratio Molded Polysilicon）工艺通过 DRIE 在硅衬底刻蚀模具，在模具内淀积牺牲层，最后用多晶硅填注模具并去除牺牲层，其工艺流程[6] 如图 4.19 所示。

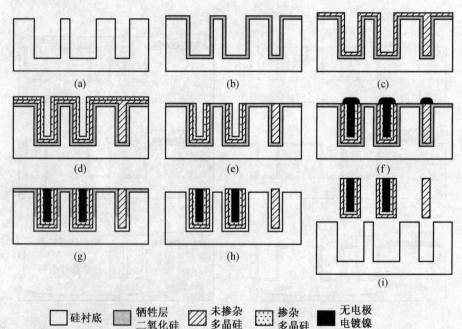

图 4.19　Hexsil 工艺流程

（1）在硅衬底用 DRIE 刻蚀深槽作为模具，一般深度超过 100 μm。

（2）热生长 SiO_2 作为牺牲层。

（3）利用 LPCVD 淀积一层未掺杂多晶硅。

（4）淀积一层掺杂多晶硅作为后续电镀填充深槽的导体。

（5）CMP 或刻蚀去除衬底上表面的多晶硅,将表面平整化。

（6）无电极电镀将深槽填充金属镍,由于多晶硅位于深槽内部,所以电镀只发生在多晶硅表面。

（7）CMP 平整化。

（8）HF 酸去除 SiO_2 牺牲层。

（9）多晶硅和镍的一体化结构脱离模具表面,形成高深宽比结构。

第5章　硅片键合工艺

硅片键合是 MEMS 中非常重要的一个工艺。硅片键合指的是将两片或更多的硅片相互固定连接在一起的一种工艺,是 MEMS 封装技术中的重要组成部分。有了这种工艺,可以先进行硅片加工,装配好各个微结构后再实施键合工艺。通过键合工艺,可以在硅片上用一步工艺装配好全部元件,键合工艺适合批量生产。

5.1　阳极键合

阳极键合是最普遍采用的一种键合技术,又称为静电键合或电场协助热键合。阳极键合的装置相对简单,而且使用的设备便宜;键合温度较低,可以减弱键合后材料残余应力和应变的影响;与其他工艺相容性较好;键合强度及稳定性高;能够提供可靠的真空密封性能。基于以上优点,阳极键合广泛应用于硅硅键合、非硅材料与硅键合、以及玻璃金属半导体、陶瓷之间的相互键合。然而,阳极键合方法最广泛的应用是硅酸硼玻璃或石英晶片与硅晶片的键合。

5.1.1　玻璃与硅晶片之间的阳极键合

1. 键合机理

图 5.1 所示为富含钠元素的玻璃(Pyrex7740)与硅晶片阳极键合的结构示意图[9]。通常将一个重量适度的物体施加在耐热玻璃上以确保晶片之间具有良好的接触压力,并对该系统施加一个 200 ~ 1 000 V 的直流电压,常规的温度为 180 ~ 500 ℃,夹在两个电极之间的绝缘 Pyrex 玻璃和半导体硅基片形成了一个有效的平行板电容器,加载在两个电极上的电压产生的静电力使两块晶片紧密地结合在一起。

硅与玻璃的键合过程实际上是在施加电场的作用下在交界面形成了一层极薄的 SiO_2 来实现的。在施加电场的影响下,玻璃中的钠离子(Na^+)在电场力吸引下向带负电荷的阴极移动,形成钠离子耗尽而只含 O_2^- 离子的负电荷区域[9],如图 5.2 所示,通过对系统加热,这些负离子将与接触的 Si^+ 离子产生化学结合,并在界面处形成约20 nm厚的非常薄的SiO_2膜,这层薄膜即是硅和玻璃晶片之间的结合层。由于 Pyrex7740 这种特殊的玻璃含有丰富的钠,所以经常用作键合到硅基片上的玻璃晶片。

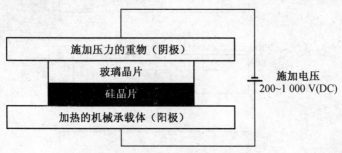

图 5.1　　硅与玻璃之间的阳极键合

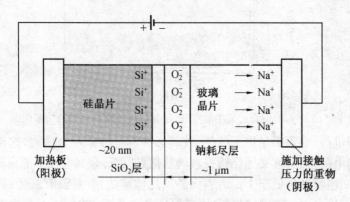

图 5.2　　阳极键合中 SiO_2 薄层的形成

键合时的电压变化[5] 如图 5.3 所示,同时也示出了典型的电流随时间变化的关系。在键合过程中,温度和电压维持恒定。键合初期,电流值较大,但是经过若干秒后,电流值很快衰减。最弱的电流峰值对应于钠离子从玻璃向阴极的迁移,但一旦建立平衡,电流便很快降落,这种平衡即空间电荷区与外加电场间的平衡。要想获得足够高的电场力,必须有足够高的电流流过,以产生足够高的负空间电荷区。但是经过一定时间后,此电流必须降落接近于零。只有此时,才能达到平衡,静电场建立,键合过程才进行,并经若干秒后完成。透过玻璃很容易观察到被键合的区域,被键合区域呈灰色。

适合于阳极键合的玻璃除了上面提到的Pyrex7740,还有康宁 #7070、苏打石灰 #0080、碳酸钾苏打铅 #0120 和硅铝酸盐 #1720 等型号。

2. 影响因素

阳极键合既可以在大气环境下进行,也可在真空下进行。为保证阳极键

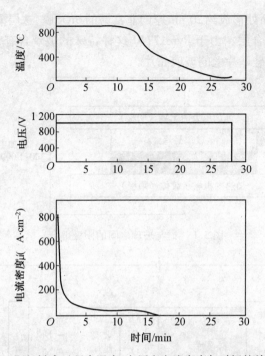

图 5.3 阳极键合过程中温度、电压和电流密度与时间的关系曲线

合的顺利进行,必须满足以下条件:玻璃必须具有轻微导电功能,这样才能建立起空间电荷区;温度必须保持在玻璃软化点以下;金属电极不能向玻璃注入电荷;表面粗糙度须低于 1 μm,表面必须足够清洁,并且没有灰尘;硅片表面氧化层,不论是本征还是热生长的,其厚度必须低于 200 nm;在温度范围内被键合材料的线胀系数必须相匹配。

图 5.4 所示为硅和 Pyrex 玻璃线胀系数随温度变化的关系曲线[5]。可以看出,当温度高于 450 ℃ 时,材料的热特性就会发生较明显的偏离,因此,带 Pyrex 玻璃的键合温度必须限制在 450 ℃ 以下。最近开发出新的玻璃种类,如日本 HOYA 公司型号为 SD1 和 SD2 的玻璃,其线胀系数非常接近硅材料。

当进行硅 – 玻璃阳极键合时,玻璃板是器件的结构部分,如硅 – 玻璃电容式压力传感器。此时选择玻璃种类时,除了热系数外,更重要的还要考虑玻璃的应变温度以及在阳极键合过程中玻璃厚度范围内成分的变化。在温度及电场的作用下,玻璃被电解,氧及钠离子向相反的方向迁移,其结果造成在玻璃厚度范围内的成分不均匀。如果这种玻璃的应变温度不太高,那么这种玻璃成分的变化在温度作用下会引起玻璃的挠曲。

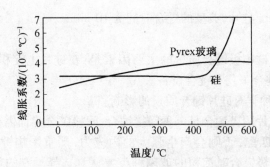

图5.4　Pyrex 玻璃与硅片线胀系数随温度变化的关系曲线

键合所需的时间由以下条件决定：键合材料的表面状况、温度、施加电压。

待键合晶片的表面必须平整光滑，其粗糙度的均方根小于 1 μm。平整的表面可以保证在界面处没有明显的绝缘空气间隙。键合表面必须清洁且没有异物，可使用一些特殊的处理来清洁表面，例如 n 型硅晶片表面可以用 6∶1∶4 的 $H_2O/H_2O_2/NH_4OH$ 溶液清洗，而 p 型硅晶片则用 10∶1 的 H_2SO_4/H_2O_2 和 1∶100 的 HF/H_2O 混合溶液进行清洗。在 450 ℃ 的键合腔内，当施加直流电压为 1 000 V 时，使用阳极键合方法将直径为 100 mm 的硅晶片和玻璃晶片键合在一起，通常需要 10 ~ 20 min。从透明的 Pyrex 玻璃晶片可以观察硅晶片在键合过程中的颜色变化，当灰色区域从中心扩展到整个观察区域时，就可以判断键合过程已经完成。

5.1.2　硅片间的阳极键合

1. 键合机理

阳极键合方法可以用于硅片之间的键合，但是，其键合过程不如硅片与玻璃间的键合那样直接。因为 Na^+ 离子和 O_2^- 离子的迁移是阳极键合的首要因素，所以，在待键合硅片表面进行预处理后，才可以使用该方法实现硅片间的键合。

具体工艺如下：

（1）硅片上生长一层厚度为 100 ~ 500 nm 的热氧化层，从而获得阳极键合所需的介质强度。

（2）为了光刻的需要，用 LPCVD 生长厚度为 100 nm 的氮化硅薄膜。

（3）在一硅片上溅射 Pyrex 玻璃薄膜。

（4）在 400 ℃ 下键合，电阴极连接到涂敷有溅射薄膜的硅片上，并加 50 ~ 200 V 的直流电压。

对于 75 mm 硅片,典型的键合时间为 10 min。

2. 影响因素

影响硅－硅阳极键合质量的主要因素是:在硅片上淀积玻璃的种类、硅基片的准备、键合工艺和键合设备。

(1) 玻璃种类对硅片键合质量的影响。

硅－硅基片阳极键合是一种间接键合,间接键合界面需要引入材料与硅基片热学性质匹配,否则会产生强大的内应力,严重影响键合质量,因此对硅－硅基片阳极键合时淀积的玻璃种类要认真选择。它的热膨胀和热收缩系数与硅从室温到键合温度范围接近。如果它们之间不匹配,则键合冷却后,玻璃膜内的内应力将正比于热收缩系数的差值 $\Delta\alpha$ 和键合温度与室温之间的差值 ΔT 的乘积 $\Delta\alpha\Delta T$。这种内应力引起硅基片的挠曲,甚至使键合面分离或硅片断裂。

与此同时,要确保溅射淀积在硅基片上的玻璃膜与选定的靶材具有相同的成分。玻璃是由一种或数种氧化物构成的,在溅射过程中不能确保按正常氧化物分子式溅射出来,所以会引起失氧。失氧后的氧化物即玻璃,其热学性能会发生较大改变,从而影响阳极键合的质量。

溅射淀积玻璃膜时,应适当考虑溅射工艺参数对玻璃膜在硅片上的结合强度的影响。玻璃膜与硅基片之间必须有一定的黏结强度,否则在硅－硅基片键合后,会引起淀积玻璃膜与原硅片之间的分离。

玻璃层太薄将影响键合质量。Esashi 认为,最小的厚度需要 0.21 ~ 0.411 μm,在该厚度下,键合界面强度可以超过溅射玻璃层与硅基片之间的黏结强度。所以一般推荐溅射玻璃层的厚度在 0.51 ~ 2.01 μm 之间。从键合机理考虑,静电力的大小与此厚度无关,但是太厚的玻璃会导致内应力的增加,所以大于 2 μm 完全没有必要。

(2) 硅基片准备工艺。

为了提高硅－硅阳极键合的质量,硅表面必须保持清洁,没有有机残留物污染,没有任何微小颗粒,表面平整度高。具有有机残留物的表面,将隔离化学价键合。两硅基片表面的微粒排除了在微粒四周两硅基片相互接触的可能,所以在微粒四周局部区域无法实现化学价键合。不平整的或相当粗糙的硅片表面要求具有极大的静电场力才能使两硅片接触,而即使有足够强的电场力能实现两硅表面的接触,但是这必将引起硅片挠曲,从而在硅片内产生极大的内应力,因此必须确保硅基片平整、光滑、表面绝对清洁。为此要采用合适的抛光工艺,然后施以适当的清洗工艺。清洗结束后,应立刻进行配对键合,以免长期搁置产生表面污染。

（3）键合工艺参数的控制。

阳极键合的主要工艺参数：键合温度、施加的直流电压。

为了使玻璃层内的导电钠离子迁移，以建立必要的静电场，普遍认为键合温度控制在 200 ~ 500 ℃ 比较合适。在此温度范围内，导电的钠离子具有足够的迁移速率。超过 500 ℃ 键合，将导致硅微电子工艺中的某些材料失效，以及和其他微加工工艺不相容，所以一般键合温度控制在 450 ℃ 以下较为合适。

推荐的施加电压一般在 20 ~ 1 000 V 之间，范围较宽，具体由玻璃材料性质及所选的键合温度决定。当先用康宁 7740 作为溅射玻璃膜，键合温度为 400 ℃ 时，常用的施加电压为 50 ~ 200 V。从阳极键合的机理可知，随着施加电压的增加，导电离子的迁移速率增加，达到平衡所需的时间缩短，即完成键合的时间减少，当施加电压高到一定值后，能在若干秒或数分钟之内完成键合，则再增加直流电压就完全没有必要了。

（4）键合装置对键合质量的影响。

阳极键合装置的结构比较简单，如图 5.5 所示[2]。若用两块互相平行的铝材板材作为电极，键合后的界面必将陷入空隙，要消除这一缺陷，必须对键合设备进行适当改造。研究者表示，如果将板材阴极改成点电极，可以消除气隙形成的条件，有效改善键合的质量。如图 5.6 所示[2]，基本原理为：可以将电极间的电路分解成许多并联电极。点接触电极下面的串联电阻最小，在此界面上的静电引力最大。相同温度下，静电力最大处先发生键合，其后键合点向外传播，直到键合最后完成。

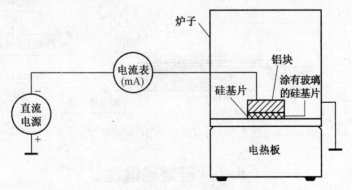

图 5.5　阳极键合装置示意图

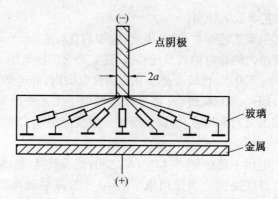

图5.6　阳极键合的阴极点接触电路的等效电路

5.1.3　阳极键合的监控

为了实时监控键合质量,研究者改进了键合装置[5],如图5.7所示。该装置通过红外摄像监控键合过程。加热元件充当红外源,为了获得对比度较好的红外图像,在加热源和键合硅片之间插入一块75 mm的钼片作为滤波器。键合质量由红外反差通过一反射镜进入摄像机,摄像机连接到图像显示及记录仪,从而可以实现对键合的监控。

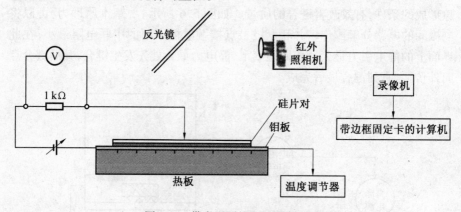

图5.7　带有观测的阳极键合装置

5.2　硅熔融键合

硅熔融键合(SFB)即硅直接键合是 MEMS 系统和封装中经常采用的另外一种键合技术。这种键合工艺不需要任何黏接剂、不需要外加电场、工艺简单。熔融键合必须对基片加热,所以也称热键和。熔融键合主要用于硅与硅、氧化硅与硅、氧化硅与氧化硅之间的晶片键合。

5.2.1　工艺过程

键合的硅片必须平坦,表面没有颗粒和污染物,因为表面颗粒会造成键合部分有孔洞。熔融键合的主要工艺过程如下。

(1) 预处理:使用标准的 RCA 步骤清洗硅片,包括有机溶剂的清洁、HF 酸浸润、离子清洁,使硅片表面微亲水性(形成表面高密度的 OH^- 离子团)。

(2) 在去离子水中清洗并烘干。

(3) 预键合:将硅片对准贴合在一起并施加一定的压力,如图 5.8 所示[7],形成硅硅键合。

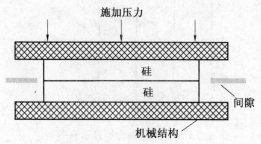

图 5.8　硅硅熔融键合示意图

(4) 高温退火:预处理后的硅片在惰性气氛中(如氮气) 退火数小时,即可达到良好的键合。

5.2.2　键合机理

硅熔融键合机理一般可分为以下 3 个阶段来描述。

第一阶段,温度从室温到 200 ℃,两硅片表面都吸附有 —OH 基团,在互相接触时产生氢键。随着温度升高,—OH 基团在热能作用下迁移率增大,表面氢键形成概率也增大,使硅片产生弹性变形,键合面积增大,键合强度增加。温度达到 200 ℃,形成氢键的硅片的硅醇键之间发生聚合反应,产生水及硅氧键,反应过程[6]如图 5.9 所示。反应表达式为

$$Si—OH + HO—Si \longrightarrow Si—O—Si + H_2O \qquad (5.1)$$

硅氧键结合比氢键牢固得多,所以键合强度迅速增大,到 400 ℃ 左右,聚合反应基本完成。

第二阶段,温度在 500 ~ 800 ℃ 范围内,第一阶段反应产生的水向 SiO_2 中扩散不显著,而 —OH 可破坏桥接氧原子的一个键,使其转变为非桥接氧原子,该反应使键合界面存在负电荷。反应表达式为

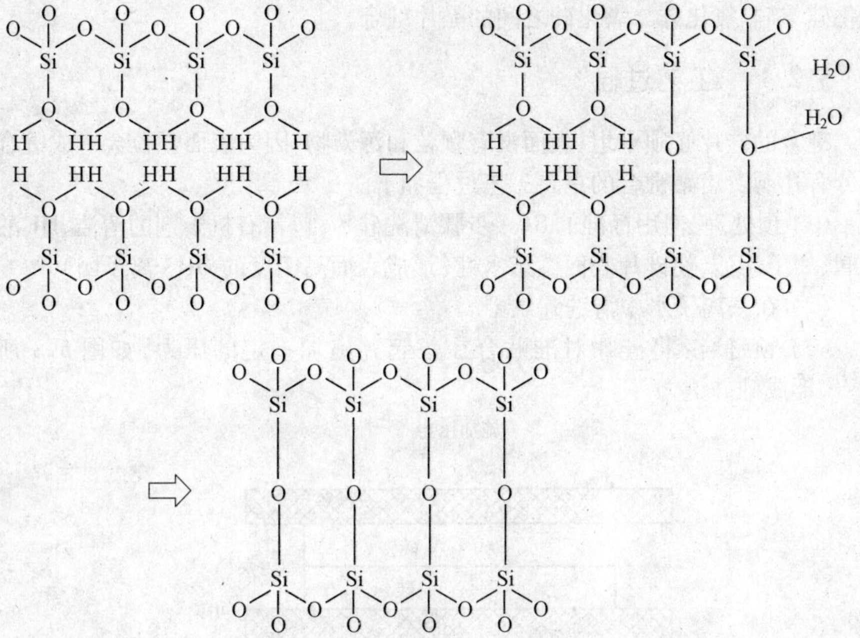

图 5.9　熔融键合原理示意图

$$HOH + Si—O—Si \longrightarrow 2H^+ + 2Si—O^- \tag{5.2}$$

第三阶段,当温度高于 800 ℃ 后,水向 SiO_2 中扩散变得显著,而且随着温度的升高,扩散按照指数增大。键合界面的空洞和间隙处水分子向 SiO_2 扩散,从而形成真空,硅片发生塑性形变空洞消除。本身在这种高温下黏度也降低,产生黏滞性流动,从而消除了微间隙。接触的临近原子间在高温下相互反应生成了共价键,完成键合。

5.2.3　影响因素

1. 键合前硅片表面的预处理

预处理对键合质量有很大的影响,研究表明,基片平整度、键合界面的空气、硅片表面污染程度、清洗方法都是形成空洞,影响键合质量的重要因素。所以硅片的抛光和清洗就相当重要。

首先预处理必须正确选择合适的抛光工艺,以保证硅片表面达到所需的平整度和足够小的表面粗糙度,这样才能保证硅片贴合时能够紧密接触,防止空气陷入形成空洞。

硅片表面微粒是键合空洞的主要来源。微粒会使得其周围的硅片无法相互接触,而且会在周围引入大量空气,高温下,空气膨胀将阻碍键合的进行。

具体处理关键在于清洗：在化学酸洗时，将化学试剂中的微粒过滤去除，清洗和键合都在净化室中操作；同时用去离子水冲洗和采用高速旋转干燥时提高速度可以有效地控制键合中的孔洞。

2. 键合温度

当键合温度低于 200 ℃ 时，如果硅片的平整度处理得好，清洗过程控制得当，一般没有键合空洞形成。当温度达到 200 ~ 800 ℃ 阶段时，随着键合温度升高，界面孔洞就开始明显增多。形成这些键合空洞的原因归结为两种：第一，温度高过 200 ℃ 后，硅片界面处(OH) 基团中氢键通过释水或释氢反应放出水汽或氢气，随温度升高，反应将加快，这些气体在低温时很难进入 SiO_2 或 Si。随着温度增加，气体压力增加，形成空洞的数量和尺寸也随之增加。第二，硅片表面如果被碳氢有机物污染时，在该温度范围内，污染物开始解析，释放分解碳氢气体形成空洞。消除碳氢有机物对键合的影响方法为：首先要防止碳氢有机物的污染；同时发现随着存放时间的延长该污染加剧，因此在存放方式及时间上要加以控制。

5.2.4　低温键合

硅熔融键合是一种比较有效的键合技术，但是为了获得较高的键合强度需要加热到相当高的温度，过高的温度将在晶片中引起热应力和应变，而且过高退火还会导致掺杂源扩散，金属引线融化变形等，为此，研究出低温键合工艺，从而在低温下获得同样高的键合强度。

1. 处理工艺

为了得到适合于低温直接键合的硅片表面，在预处理的过程中采用如下方法：RCA 清洗加去离子水冲洗，HF 酸水溶液加去离子水冲洗，HNO_3(70 ℃)浸洗加去离子水冲洗。处理后硅片在 120 ℃ 下键合即可达到采用一般清洗方法的硅片键合的强度。

2. 键合原理

同时用 HF 和 HNO_3 清洗后的硅片表面才能实现低温下的硅直接键合。处理后硅片键合分为两个阶段：第一阶段是用上述工艺方法处理后，硅片表面存在足够多的 Si—OH 和 Si—H 键团，室温下，Si—OH 键团接触，形成很强的氢键合；当温度稍有提高后，键合进入第二阶段，此时 Si—H 键团被强 Si—Si 键替代，实现了低温高强度键合。该低温键合仅适用光片的键合，对于经过微电子工艺后的硅片，无法采用此工艺。

5.3　黏合剂键合

黏合剂键合是将两个分离的表面键合到一起的最经济的一种方法,黏合剂键合已经广泛用于微电子和 MEMS 封装领域中。与其他键合工艺相比,键合温度低、键合强度高、可用于不同材料间键合、成本低、工艺简单。

5.3.1　工艺过程

黏合剂键合装置[9]如图 5.10 所示。键合在键合腔内进行,腔体对基片加热,确保基片达到键合所需的温度(键合温度一般接近但是低于玻璃的相变温度);黏合剂均匀地涂敷在基片表面;将两基片对准;施加一定的机械力来保证键合质量;固化后就实现了基片的键合。

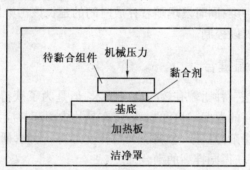

图 5.10　黏合剂键合结构示意图

5.3.2　黏合剂选取

微系统中,应用的黏合剂应该满足以下条件:强抵抗性(包括抗机械冲击和振动,抗热循环,耐受高温,抗化学刻蚀,能够在水和油中正常工作);低黏滞性;良好的物理强度;对于各种塑料、金属和玻璃有良好的黏结能力;在不同应用中保持良好的导电性和绝缘性;在固化过程及应用时,具有良好的尺寸稳定性、快速粘牢和固化的性能、容易用化学溶剂去除及持久性。

目前,器件键合中最常用的黏合剂是环氧树脂。通常在这类黏合剂中掺入了银,以提高其电导率。表 5.1 列出了一些黏合剂[9],具有满足 MEMS 系统要求的机械特性和热物理属性。

表 5.1 MEMS 键合中常用的黏合剂

概述	环氧树脂	常规键合	高温	低热膨胀	导热 - 电绝缘
混合比	1	1 环氧树脂 /1 硬化剂	100 环氧树脂 /15 硬化剂	100 环氧树脂 /3 硬化剂	10 环氧树脂/1 硬化剂
黏性	21 000	5 000 ~ 15 000	800 ~ 6 200	黏	15 000 ~ 20 000
相对密度（标况下其密度与水密度之比）	2.5 ~ 3.4	1.1	1.18	1.8	—
最小抗剪强度 /MPa	6.9 ~ 7.6	16 ~ 24	13	13	14.5
最小膜片抗剪强度 /MPa	32	13	13.8	13	51 （最大拉伸强度）
玻璃相变温度 T_g/ ℃	76 ~ 82	43 ~ 70	158 ~ 175	80 ~ 180	125
热膨胀系数 /(10^{-6} · $℃^{-1}$)	38	68 ~ 135	55	25 ~ 32	28
操作温度 / ℃	− 45 ~ 150	− 55 ~ 120	− 55 ~ 230	− 55 ~ 230	− 50 ~ 120
操作厚度 /mm	0.025	小于 3	小于 3	小于 3	0.15
最大电阻 /(Ω · cm)	4 ~ 7 × 10^8	1 ~ 22 × 10^{15}	8 × 10^{15}	2 ~ 5 × 10^{15}	1.1 × 10^{12}(100 ℃) 5 × 10^{14}(25 ℃)
固化温度 /(h · ℃)	0.5 h (150 ℃)	24 h(25 ℃) 或 2 h(80 ℃)	2 h (175 ℃)	2 h (150 ℃)	24 h(25 ℃) 或 2 h(100 ℃)

5.3.3 影响因素

1. 接触力

由于在结点位置上黏合剂不足或者晶片与黏合剂接触不良,引起接触力的变化会使得键合的机械强度不高,同时也会导致电路特性的变化。键合过程中的校准力与实际施加力之间具有非线性的关系,所以校准力与实际力并不总是相等,所以必须对键合过程中施加的力进行校验。在操作过程中,当夹具不与工作表面垂直时,将导致部件受到的压力不均匀,可能造成键合失败。更为严重的是,如果夹具固定得不好,将会使部件在黏合剂中滑动,并在黏合剂中造成错位连接或是短路。

2. 污染

黏合剂的质量或黏合剂放置之前的清洗过程都可能引起污染问题。黏合剂或需要结合的部件受到污染将导致键合强度下降,或者造成电阻增加引起导电性能的下降。

3. 过程温度控制

温度变化将会引起黏合剂黏性的变化,从而改变黏结层的性质。升高温度将会增加溶剂在产品表面上的流动性能,引起污染。应控制环境条件保持一致,并且定时检查黏合剂的黏性。最好能有一套自始至终的各步骤控制体系在最短时间内完成键合。

5.4　共晶键合

共晶键合是利用某些共晶合金熔融温度较低的特点,将它们作为键合基片的中间介质层,通过加热熔融实现共晶。共晶键合的限制因素较少,可以选择的材料和工艺参数范围较大。此种方法不需要加高电压,所需温度也不高,对硅片平整性要求并不苛刻,所以在很多 MEMS 结构中得到应用。

5.4.1　原　理

当两个硅片之间夹一层金属膜,例如金材料,加热到共晶温度以上时,会发生共晶键合。共晶温度是合金融化的最低温度,该温度低于合金中各成分材料形成的其他混合物的熔点。达到共晶温度后,界面材料原子(如金原子)就会快速扩散到所接触的硅片表面,当足量的金原子进入硅片表面后将形成共晶合金,即金－硅合金。当温度持续超过共晶温度时,将有更多的共晶合金形成,一直到交界面的材料原子(如金原子)消耗殆尽为止,该界面形成了共晶键合。

5.4.2　工艺过程

如图 5.11 所示为共晶键合结构示意图[9]。使用一预先制备的合金薄膜,含80% 的金和20%的锡,夹在两硅片之间。金－锡薄膜的厚度为 25 μm,在其上施加一定的机械力以确保合金膜与硅片在键合过程中的紧密接触。

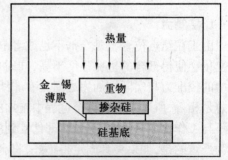

图 5.11　共晶键合结构示意图

该结构置于真空密封、可加热的结晶键合腔内。将键合腔缓慢加热到 280 ℃,

并保持该温度 1 h,最后经 3 h 将键合腔冷却到室温。

5.4.3 影响因素

1. 界面材料成分

共晶键合方法受所选择的界面材料成分影响很大,因为它将与键合材料形成共晶合金。金是硅片键合中常用的材料,常用的一种共晶合金是由 97% 的金和 2.83% 的硅组成的,其共晶温度为 363 ℃;另一种是由 62% 的锡和 38% 的铅组成,共晶温度为 183 ℃。相比较而言,锡 – 铅合金比金 – 硅合金便宜,而且可以用于大多数金属材料的键合。

2. 过程温度

低于共晶点的工作温度将会导致器件在高温下保持过长的时间。共晶键合结点通常为颗粒状,这有可能造成键合结构的完整性及电路性能较差。这种工作温度过低的情况有可能是键合过程控制不好引起的。而如果工作表面温度不必要地升高至共晶点以上,将导致器件受到过高的温度冲击,同样会影响键合结构的完整性和电路性能。

3. 界面厚度

合金薄膜的厚度对键合质量有一定的影响,若厚度太薄,没有足够的共晶熔体覆盖整个键合界面,可能无法实现界面 100% 黏结的键合。若厚度太厚,成本过高、内应力加大,对键合的质量也有影响,推荐合金薄膜的厚度为 100 ~ 1 000 nm。

4. 清洗

不充分的清洗可能影响共晶键合的形成,但过量清洗会使键合材料变薄,这将导致键合强度下降和电路性能变差。键合过程中清洗的力度、时间和速度并不是在校准后就一定不变,要在失效产生后重复监测,而不能认为校准精确、可重复而无需核对。

5. 环境空气

空气中过多的氧气会引起键合表面不必要的氧化,这将妨碍界面材料的浸润,造成不良的机械连接和电路性能。通常可用氮气来调节空气的成分。

6. 加工时间

键合的时间应该得到有效控制,增加键合过程时间会导致键合表面的合金熔化从而使共晶结合点性能下降。键合时间是之上列出的许多参数的综合性因素。

5.5　BDRIE 工艺

　　键合与 DRIE 结合称为 BDRIE 工艺。制作时首先在硅片上刻蚀释放槽,然后与另一个硅片键合,再 DRIE 刻蚀结构,以释放槽作为停止层,解决了普通 DRIE 刻蚀的滞后现象和 SiO₂ 停止层的横向刻蚀现象,从而实现大厚度的单晶硅结构。

　　如图 5.12 所示为 BDIRE 制作高深宽比结构的工艺流程图[6]。在结构层硅的底部先刻蚀部分凹陷的区域,可以在衬底层上淀积金属电极,从而实现垂直方向的检测和驱动。对于硅 - 硅键合,需要在两层硅片之间淀积 SiO_2 作为绝缘层,实现不同结构以及结构层和衬底层硅片的绝缘。DRIE 刻蚀可以实现 20∶1 ~ 50∶1 的深宽比,即当结构层硅厚度为 50 ~ 100 μm 时,结构的最小间距只有 2 μm,能够增加叉指电容和传感器的灵敏度。尽管 RIE 滞后现象仍旧存在,但是下层硅片的挖空区域使刻蚀停止,因此可以通过增加刻蚀时间来解决滞后问题。为了使上层硅 DRIE 刻蚀区域能够对准下层硅被挖空的区域,需要使用双面光刻,即首先将下层硅正面的 DRIE 刻蚀区域对准到背面,键合以后再将背面的对准标记对准到上层硅的正面。尽管经过两次双面光刻,位置偏移误差可能达到 2 ~ 4 μm,但是下层硅的挖空区域可以尽量大,为偏差留出足够的裕量。键合以后上层硅片一般需要减薄,使厚度降低到 50 ~ 200 μm。

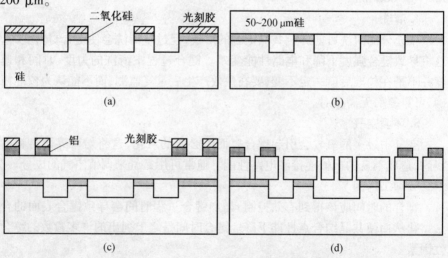

图 5.12　BDRIE 工艺制备的高深宽比结构

采用 BDRIE 工艺,可以实现对含有 CMOS 电路的硅片进行 DRIE 刻蚀。键合以后在上层硅片上制造 CMOS,然后利用光刻胶保护进行 DRIE 刻蚀。除了硅 – 硅键合,还可以使用硅 – 玻璃键合,由于玻璃本身的绝缘性,硅 – 玻璃键合时电绝缘问题容易解决。

5.6　硅片溶解法

硅片溶解法(溶硅)是利用体加工(ERIE 或 KOH 刻蚀)形成结构的形状,对硅片结构进行高浓度硼掺杂;然后使用硅 – 玻璃键合技术将硅片与衬底玻璃键合;最后用 KOH(TMAH) 等进行湿法刻蚀。由于重掺杂硼区域的刻蚀速度为未掺杂区域的 $\frac{1}{100} \sim \frac{1}{50}$,KOH 刻蚀后只剩下高浓度硼掺杂或者在 KOH 中不被刻蚀的材料构成的区域。用这种方法可以制作硅薄膜和非硅结构。

硅片溶解法的工艺流程[6] 如图 5.13 所示。其中,硅衬底作为了"牺牲模具"使用,通过注入层的厚度或者非硅材料的厚度确定结构的厚度。硅的正面通过金互连与玻璃进行阳极键合,这种键合的强度非常高。

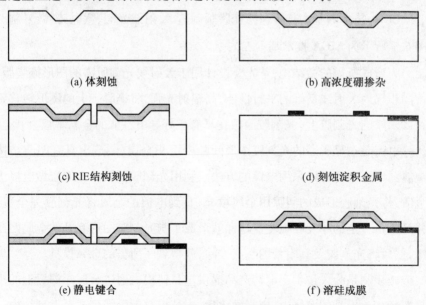

(a) 体刻蚀　　　　　　　　　　　(b) 高浓度硼掺杂

(c) RIE 结构刻蚀　　　　　　　　(d) 刻蚀淀积金属

(e) 静电键合　　　　　　　　　　(f) 溶硅成膜

图 5.13　硅片溶解法制备硅膜片

第 6 章　LIGA 技术

LIGA 技术所胜任的几何结构不受材料特性和结晶方向的限制,可以制造由各种金属材料,如镍、铜、金、合金,以及塑料、玻璃、陶瓷等材料制成的微机械机构。还适用于其他较多的生产应用,如测量和调节技术、通信技术、汽车和医药技术。较之硅材料的加工技术有了一个很大的飞跃。LIGA 技术可以制造具有很大深宽比的平面图形复杂的三维结构:尺寸精度可达亚微米级,而且有很高的垂直度、平行度和重复精度。

6.1　LIGA 基本工艺流程

LIGA 技术的基本步骤包括掩膜版制造、X 射线光刻、微电铸、微复制。如图 6.1 所示为 LIGA 技术基本工艺[2]。

为形成所需的微结构,首先要设计用于 X 射线光刻所需的图形掩膜版,利用同步辐射 X 射线良好的平行性能、高辐射光强,将掩膜版上的图形转移到几百微米厚的光刻胶上(光刻胶涂敷在具有良好导电性能的金属基板上)。

电铸是在显影后的光刻胶图形间隙中沉积金属,制造出具有凹凸结构的金属图形。电铸可以采用电镀的方法。利用光刻胶下面的金属层做电极进行电镀,将光刻胶形成的间隙用金属填充,直到电镀的金属将光刻胶完全覆盖,并且具备一定的厚度和强度。这样就形成了与光刻胶图形互补的金属凹凸版图,然后将光刻胶及其附着的基底去除,就得到了所需的金属模具。

微复制是为大量生产电铸产品提供塑料铸模。通过金属注塑板上的小孔将树脂注入模具的腔体内,树脂硬化后,去掉模具就可得到塑料微型结构。这些塑料结构通过电镀可以再次填充金属,也可以用作陶瓷微结构生产中的一次性模型。

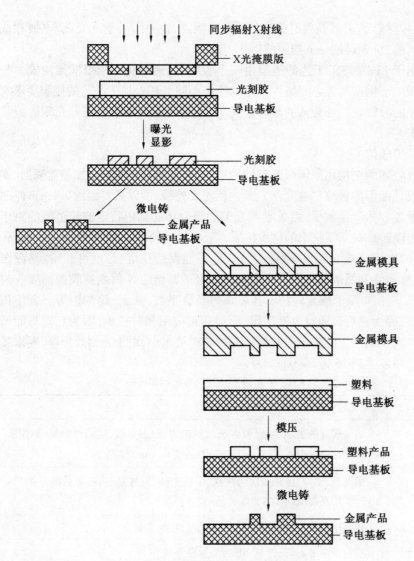

同步辐射X射线

X光掩膜版

光刻胶
导电基板

曝光
显影

光刻胶
导电基板

微电铸

金属产品
导电基板

金属模具
导电基板

金属模具

塑料
导电基板

模压

塑料产品
导电基板

微电铸

金属产品
导电基板

图 6.1　LIGA 技术的工艺流程

6.2　制作技术

6.2.1　掩膜生产工艺

LIGA 技术的 X 射线光刻决定了后续步骤的结构品质,是最重要的工艺步骤,此步骤对 X 射线掩膜有极高的要求。因此,在介绍 X 射线光刻、电镀和成型技术前,首先讨论一下掩膜的生产工艺。

用于 LIGA 加工工艺的掩膜由一个吸收体、透射膜和掩膜框架构成。与用于微电子构造的光学光刻中所用的掩膜不同,LIGA 加工工艺的掩膜要求有相当高的吸收特性和较薄的载体金属薄片,这就需要不同于光学光刻的掩膜制造工艺。

1. 吸收体

吸收体的结构用来屏蔽光刻胶的特定部分,使其免受同步加速器辐射,实现所设计图形的转移。在光学光刻中使用紫外线,所以只要大约0.1 μm厚的铬膜做吸收体就足够了,而 X 射线光刻的吸收体必须由特定波长范围的对于X 射线辐射具有高吸收率的物质构成。吸收体材料的要求:X 光吸收系数高、原子序数大、衰减度大、长期在刻蚀条件下能保持稳定、形变可忽略、易成图形、可修复性和低缺陷密度等。表 6.1 列出了典型的 X 射线掩膜版的吸收材料[14]。高相对原子质量的物质具有高的吸收系数,如金、钨和钽等。金使用得较多,因为它可以通过电镀沉积,而钽和钨应用相对较少,因为它们只能通过活性离子刻蚀工艺构造吸收体。在 LIGA(技术中,由于光刻胶很厚,要求吸收体的厚度达到15 ~ 20 μm。

表 6.1　X 射线掩膜版的吸收材料比较

材料	评价
金	不是最好的稳定性(颗粒生长),低应力,仅能电镀,缺陷可修复,热膨胀系数为 $14.2 \times 10^{-6} \, ℃^{-1}$,获得 10 dB 需要 0.7 μm 厚
钨	耐高温,稳定,需注意应力控制,干法刻蚀,可修复,热膨胀系数为 $4.5 \times 10^{-6} ℃^{-1}$,获得 10 dB 需要 0.8 μm 厚
钽	耐高温,稳定,需注意应力控制,干法刻蚀,可修复
合金	应力控制容易,获得 10 dB 需要很厚

2. 透射膜(掩膜版薄膜)

X 射线掩膜版中,吸收体结构构建在一个合适的掩膜版薄膜之上。为了少吸收 X 射线辐射,透射膜必须具备低吸收系数和厚度薄两个条件,因此原子量小的材料如铍、碳(钻石)、硅和它们的化合物以及相对分子质量低的塑料和原子序数低的金属被选择作为薄片的材料,表 6.2 列出了一些重要的 X 射线透射膜材料[4]。

表 6.2 X 射线透射膜(掩膜版支援梁) 材料比较

材料	X 射线透明度	无毒性	尺寸稳定性	评价
硅	0(5.5 μm 厚的50% 的透过率)	++	0(热膨胀系数为 $2.6 \times 10^{-6} \, ℃^{-1}$) 弹性模量为 1.3	单晶硅, 开发很成熟, 结实, 材料较脆
SiN$_x$	0(2.3 μm 厚的50% 的透过率)	++	(热膨胀系数为 $2.7 \times 10^{-6} \, ℃^{-1}$) 弹性模量为 3.36	多晶, 开发很成熟, 结实, 抗碎
SiC	+ (3.6 μm 厚的 50% 的透过率)	++	(热膨胀系数为 $2.6 \times 10^{-6} \, ℃^{-1}$) 弹性模量为 3.8	多(聚), 多晶, 结实, 有些抗碎
钻石	+ (4.6 μm 厚的 50% 的透过率)	++	++ (热膨胀系数为 $1.0 \times 10^{-6} \, ℃^{-1}$) 弹性模量为 11.2	多聚, 刚研究, 高硬度
BN	+ (3.8 μm 厚的 50% 的透过率)	++	0(热膨胀系数为 $1.0 \times 10^{-6} \, ℃^{-1}$) 弹性模量为 1.8	不硬, 即不适合 LIGA
铍	++	—	++	研究, 特别适合 LIGA, 即使在 100 μm 厚薄膜, 透过率也很好, 典型应用于 30 μm 厚薄膜, 很难电键, 有毒
钛	–	++	0	研究, 适合 LIGA, 透过率不太好, 典型应用于 2 ~ 3 μm 厚薄膜

在选择合适的透射膜材料时必须综合考虑机械硬度、尺寸稳定性和对同步加速器辐射的透明度。此外, 材料必须对 X 射线有抗蚀力, 这样就限制了 BN 材料和带有聚酰亚胺层的复合透射膜材料的使用。在这些材料中铍显示出理想的透射性能。但是由于铍具有高毒性, 这给那些不具备专门专业设备的实验室在处理铍层时带来了问题。尽管如此, 由于铍在 X 射线曝光时产生的热影响下形变小, 近年来仍然获得了广泛的应用。钛可以替代铍作为载体层, 但是钛相对于铍来讲具有较高的吸收率, 所以钛薄片的厚度必须相当薄, 不能超过几微米。氮化硅由于包含大量的氧的不纯物, 因此吸收 X 射线产生热量, 使它无法成为好的 X 射线掩膜版材料。硅和氮化硅的弹性模量比较小,

强度比金刚石和碳化硅差。金刚石和碳化硅是高强度的材料,使用它们可以避免吸收体的内部应力,但是金刚石和碳化硅都很难加工。

这个薄的薄膜延伸穿过一个刚体框架,即掩膜框架。这样可以为掩膜版提供必需的机械强度支撑。

3. 工艺过程

中间掩膜版的制作工艺流程[7]如图 6.2 所示。在典型的情况下,金属通过物理气相淀积工艺淀积在固定基底上,使用半导体技术的成熟工艺完成硅及其化合物透射膜的制备。在透射膜被淀积之后,一个预期大小的窗口刻蚀在基底上。当钛作为掩膜材料时,不胀钢(18% 铜、28% 镍、54% 铁的合金)作为框架支撑,该合金和掩膜对热量的要求最匹配。在硅作为掩膜材料时,晶片固定在作为框架的耐热玻璃上。

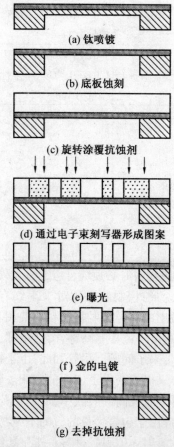

(a) 钛喷镀

(b) 底板蚀刻

(c) 旋转涂覆抗蚀剂

(d) 通过电子束刻写器形成图案

(e) 曝光

(f) 金的电镀

(g) 去掉抗蚀剂

图 6.2　中间掩膜版的制作工艺流程

6.2.2 X射线光刻

X射线光刻需要平行的X光光源,需要曝光的光刻胶的厚度达到几百微米,用一般的X光光源需要很长的曝光时间,同步辐射X光光源通过电子冲击和等离子源激发来产生X射线,不仅能够提供平行的X光,并且强度是普通X光的几十万倍,这样可以大大缩短曝光时间。

1. 同步辐射光源

同步辐射式高速运动的电子在磁场作用下发生偏转时所产生的光,其波长包括了红外线、可见光、紫外线和X光。同步辐射光源具有很宽范围、连续可调、高度偏振和定向窄束的特点,它为原子和分子的共振提供了有力的探索工具。表6.3总结了同步辐射光源的应用情况[4]。

表6.3 X射线同步辐射光源的应用

运用领域	所需要的设备和技术
结构分析	
原子	光电子频谱仪
分子	吸收频谱仪
大分子	荧光频谱仪
蛋白质	衍射照相机
细胞	扫描电子显微镜
晶体	时间解析衍射仪
多晶	
化学分析	
追踪	光电子频谱仪
表面	二次离子质量频谱仪
体块	吸收/荧光频谱仪
	真空系统
显微镜	
光电子	光发射显微镜
X射线	X射线显微镜 SEM
	真空系统

续表6.3

运用领域	所需要的设备和技术
微纳制造	
X 射线光测	掩膜版制造
薄膜的光化学沉积	真空系统
刻蚀	LIGA 工艺
医学诊断	
射频图形	X 射线照相机和设备
拓扑图形	计算机辅助显示
光化学反应	真空系统
新材制的自备	气体操纵设备

　　图 6.3 给出了基片组装在 LIGA 扫描仪上的示意图[4]。同步辐射光是从电子回旋加速器圆弧的切线方向发出的,所以在水平方向上具有一定的宽度,在垂直方向上,发散度很小。为了能够获得足够的曝光面积,目前采用垂直扫描的方法,让样品和掩膜版在垂直方向上来回运动。X 光深层光刻所需的最佳波长为 0.2 ~ 0.8 nm。当波长大于 0.8 nm 时,由于其穿透力不够,造成表面过曝光,使光刻胶产生气泡破坏结构。当波长过短时,不能被光刻胶吸收,光波达到基板后产生衍射和二次电子,从而使光刻胶底部曝光,造成光刻胶的脱落。

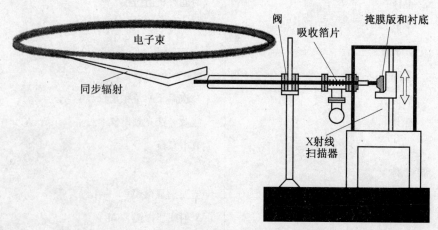

图 6.3　基片组装在 LIGA 扫描仪上的示意图

2. 基片

在 LIGA 工艺中,基片为导体或上面镀有导电层的绝缘材料。常用的基片有铝、奥氏体钢板、镀有钛或银／铬薄膜材料的硅以及镀有金、钛或镍的铜板等。基片要与光刻胶具有良好的结合力。为了达到这一要求,在光刻胶涂敷在基片上之前,要先将基片的表面用金刚砂喷砂法进行机械粗糙处理,处理后的平均表面粗糙度为 $0.5~\mu m$,使得光刻胶与基片间有更好的物理铆接。对于抛光金属板,也可以采用化学预处理来改善光刻胶与基片的结合力。化学预处理采用在抛光金属板上溅射钛薄膜,再用氢氧化钠和双氧水氧化的方法,可保证光刻胶和基片间更好的结合力。

3. 光刻胶

X 射线的理想光刻胶要求对 X 射线具有高敏感性、高分辨率、抗干法或湿法刻蚀、大于 140 ℃ 时的稳定性、与基片有很好的结合力并与电镀工艺兼容及很小的内部应力。目前使用最多的是一种有机聚合物聚甲基丙烯酸甲酯(PMMA),俗称有机玻璃。

对电子束光刻来说,PMMA 具有优良的对比度和工艺稳定性,也是同步辐射深刻蚀的首选光刻胶。但是 PMMA 的低敏感性和龟裂是它在使用时的大问题。现在已开发出了几种更加敏感的 X 射线光刻胶。LIGA 用的 X 射线光刻胶包含聚合物,比如聚乳酸－乙醇酸(PLG)、聚甲基丙烯亚胺(PME)、聚甲醛(POM)、聚丙苯(PAS)。表 6.4 给出了这些光刻胶的性质[4]。PLG 是一种新的正胶,对 X 射线的灵敏度比 PMMA 高 2 ~ 3 倍,工艺也较容易。从表 6.4 中可以看出,PLG 是最有前途的 LIGA 光刻胶。POM 是很好的机械材料,生物兼容性较好,有望用于医疗领域。

表 6.4 深度 X 射线光刻用的光刻胶的性质

	PMMA	POM	PAS	PMI	PLG
灵敏度	—	+	+ +	0	0
分辨率	+ +	0	- -	+	+ +
剖面光滑度	+ +	- -	- -	+	+ +
应力损伤	—	+ +	+	- -	+ +
对基片的黏合力	+	+	+		+

注:PMMA— 聚甲基丙烯酸甲酯,POM— 聚氧化甲烯,PAS— 聚丙苯,PMI— 聚甲基丙烯酰亚胺,PLG— 聚乳酸乙醇酸。 + + — 优秀; + — 良好; - — 不好; - - — 很不好

4. 工艺过程

图 6.4 所示为 X 射线光刻的工艺流程图[7]。PMMA 作为抗蚀剂,厚度约

为 20 μm 的 PMMA 通过直接聚合涂敷在掩膜载体上,与旋转涂成的相同厚度的抗蚀剂层不同,聚合体抗蚀剂结构可以作为对应力裂化不敏感层。

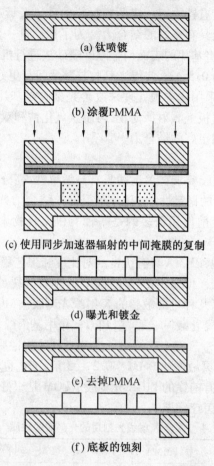

(a) 钛喷镀

(b) 涂覆PMMA

(c) 使用同步加速器辐射的中间掩膜的复制

(d) 曝光和镀金

(e) 去掉PMMA

(f) 底板的蚀刻

图 6.4   X 射线光刻的工艺流程

6.2.3 微 电 铸

微电铸工艺是 LIGA 技术中的重要一环,靠它复制光刻胶模具。微电铸的原理是在电压作用下,阳极的金属失去电子,变成金属离子进入电铸液,金属离子在阴极获得电子,沉积在阴极上。当阴极的金属表面有一层光刻胶图形时,金属就淀积到光刻胶的空隙当中,形成与光刻胶对应的微结构。

1. 镍电镀原理

目前镍的微电铸工艺比较成熟,镍比较稳定,而且具有一定的硬度,可用作微复制模具的制作。

镍采用无电解电镀反应式如下：

减少：　　　　　　　$Ni^{2+} + 2e^- \longrightarrow Ni$　　　　　　　　　(6.1)

氧化：　　$HP_2O_2^- + H_2O \longrightarrow HP_2O_3^- + 2H^+ + 2e^-$　　　　(6.2)

总反应：$Ni^{2+} + (HP_2O_2^- + H_2O \longrightarrow HP_2O_3^- + 2H^+ + 2e^-$　　(6.3)

其中,镍离子的减少靠次磷酸盐的氧化反应来补充。

镍离子的减少一直继续,直到溶液中的次磷酸盐耗尽为止。在无电解电镀中,由于溶液是热动态不稳定的,所以需要稳定剂,如硫脲等。除了稳定剂、金属盐和还原剂外,溶液还要包括其他的添加剂,如络合剂、缓冲剂和促进剂。络合剂具有缓冲作用,防止 pH 减少过快。缓冲剂保持淀积反应在要求的 pH 范围内。促进剂可增加电镀速度,但不会造成电镀液的不稳定。表 6.5 为电镀镍使用的硫酸镍电镀液配方[4],在不需要任何添加剂的情况下,硫酸镍电镀出的镍具有很小的内部应力,避免产生更多的缺陷。图 6.5 所示为电镀镍质蜂巢结构[7]。

表 6.5　电镀镍的主要成分和条件

参数	数值
镍金属（磺酸盐）	76 ~ 90 g/L
硼酸	40 g/L
湿润剂	2 ~ 3 mL/L
电流密度	1 ~ 10 A/dm²
温度	50 ~ 62 ℃
pH	3.5 ~ 4.0
阳极	去极性硫酸液

图 6.5　LIGA 工艺生产的电镀镍蜂巢结构

2. 铜电镀

其他金属,如铜,也是 LIGA 技术中常用的金属材料,其电镀液配方[2] 见

表6.6。

表 6.6　电镀铜的电镀液

参数	数值
$CuSO_4 \cdot 5H_2O$	220 g/L
H_2SO_4	60 g/L
温度	20 ~ 30 ℃
电流密度	2 ~ 5 A/cm^2

3. 其他金属电镀

可以采用复合电镀制造金属合金,如镍 - 磷、镍 - 硼、钴 - 磷、钴 - 硼、镍 - 钨、铜 - 锡 - 硼和钯 - 镍等。在镀镍工艺中,根据有无磷和硼,用不同的无电解电镀溶液来优化硬度、实现刻蚀保护及磁性能。表6.7 为常见的无电解电镀液[4]。

表 6.7　常见的无电解电镀液

组成	浓度 /L	应用 / 评价	pH	温度 / ℃
Au	1.44 g KAu(CN)$_2$,6.15 g KCN, 8 g NaOH,10.4 g KBH$_4$	板线与硅 IC 连接; n - CaAs 欧姆接触	13.3	70
Co - P	30 g CuSO$_4 \cdot$ 7H$_2$O,20 g NaH$_2$PO$_2 \cdot$ H$_2$O,80 g Na$_3$ 柠檬酸盐 2H$_2$O, 60 g NH$_4$Cl,60 g NH$_4$OH	磁学特性	9.0	80
Cu	10 g CuSO$_4 \cdot$ 5H$_2$O,50 g 罗谢尔盐, 10 g NaOH,25 mL 浓缩 HCHO(37%)	印制电路板	13.4	25
Ni - Co	3 g NiSO$_4 \cdot$ 6H$_2$O,30 g CoSO$_4 \cdot$ 7H$_2$O, 30 g Na$_2$ 苹果酸盐$\frac{1}{2}$H$_2$O,180 g Na$_3$ citrate. 2H$_2$O,50 g NaH$_2$PO$_2 \cdot$ H$_2$O		10	30
Ni - P	30 g NiCl$_2 \cdot$ 6H$_2$O,10 g NaH$_2$PO$_2 \cdot$ H$_2$O,30 g 糖胶	钢的抗刻蚀和磨损	3.8	95

续表 6.7

组成	浓度 /L	应用 / 评价	pH	温度 / ℃
Pd	5 g PdCl$_2$,20 g Na$_2$,EDTA, 30 g Na$_2$ CO$_3$, 100 mL NH$_4$ OH(28% NH$_3$), 0.000 6 g 硫脲,0.3 g 联氨	淀积速率 0.26 μm · min^{-1}		80
Pt	10 g Na$_2$Pt(OH)$_6$ · 5 g NaOH,10 g 乙胺, 1 g 水合肼(加入后一直保持该浓度)	淀积速率 12.7 μm · h^{-1}		35

4. 存在问题

微电铸工艺技术难点为,对高深宽比的微结构的微电铸,由于电镀液的表面张力,使得电镀液很难进入深孔、深槽等微结构;同时在深孔、深槽结构中消耗的金属离子无法得到及时补充,使得电铸出来的微结构有空隙。该问题可以这样解决:在电镀液中加入表面抗张剂,采用脉冲电源,或是利用超声波或兆声波增加金属离子的对流。

6.2.4 微复制

同步辐射 X 光深层光刻造价较高,为了实现大批量生产,LIGA 技术通过微复制来实现产业化。针对不同的材料,微复制分为两种:注塑成形和模压成形,注塑成形适用于塑料产品的批量生产,而模压成形则适用于金属产品的批量生产。

1. 塑料材质

图 6.6 所示为注塑成形的工艺流程[2] 。塑料模压时常采用的材料为 PMMA 和 POM 以及拉伸时具有压电性质的半结晶的 PVDF 材料。制作高深宽比微结构,需要将普通的注塑机改装后才可用于 LIGA 的注塑技术中。首先要有一套真空装置,注入前抽真空,其次要具备很好的温控装置,注入前塑料和模具都要加热到塑料的熔融温度,将塑料充满到模具当中,降温使得塑料固化,最后脱模即获得了所需的塑料产品。

2. 金属材质

模压成形工艺[2] 如图6.7所示,与注塑成形类似,模压成形也需要真空和温控装置。先在一导电基片上涂敷一层塑料,并通过模压工艺得到导电基片上的塑料微结构,再对样品进行微电铸,最后去除导电基片后得到了金属产品。

3. 其他材料

对于陶瓷产品的批量生产,可以采用注塑得到的塑料微结构为模具,将陶瓷粉末填充到塑料模具中,经过烧结工艺,然后取出塑料模具,可得到所需的陶瓷产品。

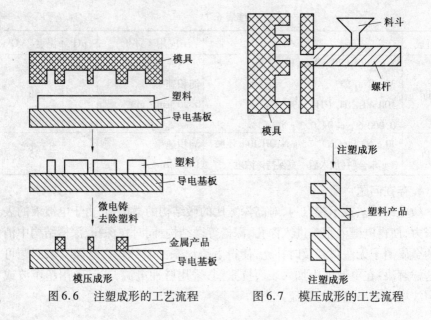

图 6.6 注塑成形的工艺流程 　　图 6.7 模压成形的工艺流程

6.3 LIGA 技术的扩展

由于 LIGA 技术需要昂贵的同步辐射 X 射线源及制作复杂的 X 射线掩膜版,而且与 IC 工艺不兼容,所以,LIGA 技术很难推广应用。为了最大限度地覆盖可能的应用范围,标准 LIGA 工艺扩展出了许多工艺变化。

6.3.1 准 LIGA 技术

准 LIGA 技术是用常规的紫外线或激光光刻设备和掩膜,代替同步辐射 X 光深层光刻设备和掩膜,制作高深宽比微金属结构,其他工艺过程与 LIGA 工艺基本相同。光刻胶采用光敏聚酰亚胺居多,也能用其他厚层光刻胶。

1. 工艺流程

如图 6.8 为准 LIGA 技术的工艺流程图[3]。首先在基片上沉积用于电铸的金属层,再在上面涂敷光敏聚酰亚胺,而后利用紫外光源光刻形成模具,电铸上金属,去掉聚酰亚胺,即形成所需的金属结构。利用准 LIGA 技术可以制作镍、铜、金、银等金属结构。光刻胶选用聚酰亚胺是因为它抗刻蚀,能经受电镀液的长时间浸泡,而且耐高温,其上还能沉积其他材料。

2. 与 LIGA 技术比较

利用准 LIGA 技术能刻出 100 μm 厚的微结构,但是侧壁垂直度只有 85°

左右,适用于对垂直度和深度要求不高的微结构加工,只能部分替代 LIGA 技术。图 6.9 为 LIGA 工艺与准 LIGA 工艺流程图的比较[3]。

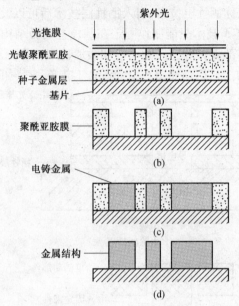

图 6.8 准 LIGA 的工艺流程

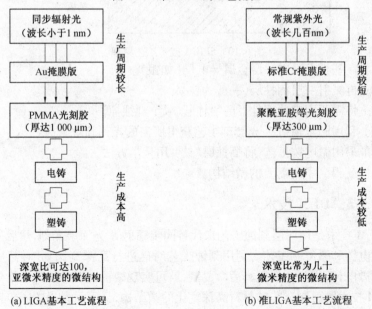

图 6.9 LIGA 工艺和准 LIGA 工艺基本流程图比较

6.3.2 SLIGA 技术

SLIGA 技术又称牺牲层技术,引入牺牲层技术后可以大大拓宽 LIGA 技术应用领域,原来 LIGA 技术只能制作固定在基板上的微结构图形,这样就可以制作出可活动的零部件,如微阀、微马达和微加速度计等。

SLIGA 技术的工艺原理如图 6.10 所示,工艺流程[2] 如下:

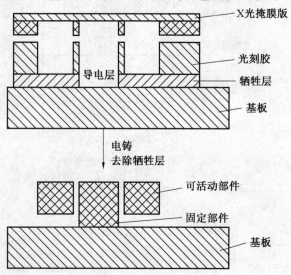

图 6.10   SLIGA 技术工艺原理

(1)在基板上溅射一层金属导电层(如银)。

(2)再溅射一层牺牲层(一般为钛)。

(3)将需要固定的部件下的牺牲层(钛)刻蚀掉。

(4)利用同步辐射 X 光套刻工艺获得所需的光刻胶微结构。

(5)采用微电铸工艺,将牺牲层(钛)用化学方法去除。

这样就得到了所需要的微结构。

6.3.3 DEM 技术

DEM 技术是用深层刻蚀工艺来代替同步辐射 X 光深层光刻,然后采用后续的微电铸和微复制工艺。利用刻蚀工艺对硅进行高深宽比刻蚀,然后在硅模具上微电铸,得到金属模具后微复制,就可实现微机械器件的大批量生产。用 DEM 技术既可制造非硅材料高深宽比的微结构,又不需昂贵的同步辐射光源和特制的 X 光掩膜版,无光刻胶与基板的黏结问题,而且,与微电子技术的兼容性更好。

1. 工艺过程

DEM 技术由深层刻蚀工艺(Deepetching(Process)、深层微电铸工艺(Electroforming Process) 和微复制工艺(Microreplication Process) 组成。实现 DEM 技术有几种工艺路线[2]，如图 6.11 所示。

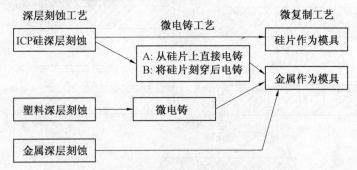

图 6.11　实现 DEM 技术的多种工艺路线

先进的硅刻蚀工艺(ASE) 利用了感应耦合等离子体(ICP) 和侧壁钝化工艺等技术，可对硅进行高深宽比三维微加工，其加工厚度可达几百 μm，侧壁垂直度为 90°±0.3°，刻蚀速率可达 215 μm/min。

如果将深层刻蚀出的硅微结构直接作为模具，由于硅本身很脆，在模压过程中容易破碎，所以不能利用硅模具进行微结构器件的大批量生产。但可利用该模具对塑料进行第一次模压加工，然后对得到的塑料微结构进行微电铸，制造出金属模具后，就可进行微结构器件的批量生产。

DEM 技术是先利用硅高深度比深层刻蚀工艺，然后通过深层微电铸工艺获得金属微复制模具的工艺流程[2]，如图 6.12 所示。

(1) 硅片上微电铸。

工艺路线 A 是直接在硅片上微电铸。首先在氧化过的低阻硅片(电阻率小于 1 Ω·cm) 上做一层金属掩膜，然后利用 ICP 刻蚀机对硅深层刻蚀，再通过氧化和反应离子刻蚀对硅的侧壁进行绝缘保护。利用深层微电铸工艺进行金属镍电铸后，再用氢氧化钾将硅片刻蚀掉，得到由金属镍组成的微复制模具。利用该模具可对塑料模压加工，进行塑料产品的批量生产；或对模压后获得的塑料微结构再进行第二次微电铸，就可以实现金属产品的批量生产。由于硅是半导体，解决从硅上直接进行微电铸的技术问题是该工艺的关键。

(2) 硅片刻穿后微电铸。

工艺路线 B 是将硅片刻穿后进行深层微电铸。首先将氧化过的高阻硅片(电阻率为 60 ~ 70 Ω·cm) 减薄至所需厚度，然后在反面溅射一层金属，并黏贴到另一片硅片上。利用 ICP 刻蚀机将硅片刻穿后，微结构不需要进行侧壁

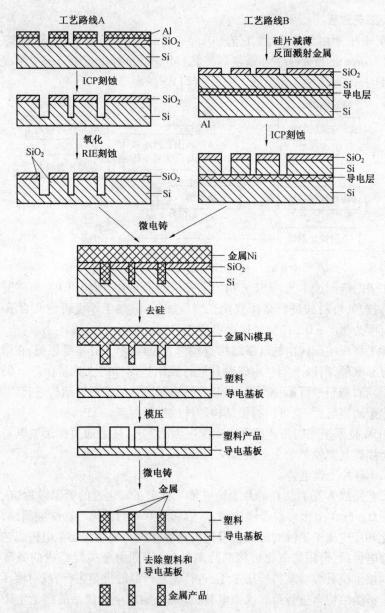

图 6.12　利用硅深层刻蚀工艺实现 DEM 技术的工艺路线

绝缘保护,利用底部的金属导电层,就可以直接进行深层微电铸工艺,后续工艺与工艺路线 A 相同。解决硅与金属的黏接问题是该工艺路线的关键。

2. 存在问题

（1）在工艺路线 A 中，由于硅是半导体，本身电导率不高，虽然选择了低阻硅片，并在硅片背面溅射了一层金属，但是其电阻率与金属相比仍然很高。对硅片进行高浓度掺杂可有效降低硅电阻率。

（2）在深孔、深槽中，消耗掉的金属离子无法很快得到补充，使得电铸出的金属微结构中产生较多孔隙。可以利用脉冲电源或使用超声波增加电铸液中离子的扩散速度解决该问题。

（3）在工艺路线 B 中，由于硅与金属的结合不强，使得硅微结构在 ICP 深层刻蚀过程中容易产生脱落。如果选择如钛那样与硅结合较好的金属，就有可能避免硅的脱落问题。

6.4 EFAB 技术

EFAB 是一种制作三维金属结构的牺牲层技术，实际是表面微加工技术与 LIGA 技术的结合，但结构层和牺牲层都是金属。基本过程是在导电衬底上电镀，通过重复电镀—平整—电镀步骤实现三维结构[6]，如图 6.13 所示。

（1）在导电衬底上厚胶光刻，形成所需结构的互补结构，然后利用光刻胶结构作为模具电镀牺牲层金属。

（2）在牺牲层金属上无模具电镀第二层金属作为结构层，结构层金属与牺牲层金属的材料不同，由于电镀具有共形的能力，结构层金属要填平牺牲层金属图形。

（3）对电镀的金属平整化，使金属高度与第一次电镀牺牲层的高度相同，完成第一层的淀积。

（4）重复上述步骤，直到需要的结构淀积完毕。

（5）刻蚀去除牺牲层金属得到金属结构。

实际上，如果利用普通薄膜淀积工艺在金属牺牲层表面淀积介电材料薄膜，最后刻蚀金属，可以实现介质材料的结构。利用 EFAB 还可以进行真空封装，在封装的同时制作内部结构。

图 6.13（b）所示为利用 EFAB 制作的复杂三维结构和三维螺旋电感[9]。与其他制造三维结构的方法相比，EFAB 只需要光刻、电镀、平整化等工艺，通过多次重复就可以实现复杂结构。不需要复杂的真空淀积设备，实现难度和成本都比较低，并且成本基本与结构的复杂程度无关。

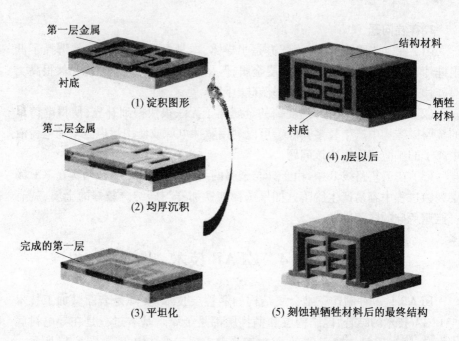

(1) 淀积图形

(2) 均厚沉积

(3) 平坦化

(4) n层以后

(5) 刻蚀掉牺牲材料后的最终结构

(a) 三维结构

(b)三维电感

图 6.13　EFAB 工艺流程及其制作

6.5　其他微加工技术

其他微加工技术包括超精密机械加工和特种加工技术等。

6.5.1　超精密机械加工

超精密机械加工适合所有的金属材料、塑料以及工程陶瓷,适合具有回转表面的微型机械零件加工,如圆柱体、螺纹表面、沟槽、圆孔及平面加工,切削方式有车削、铣削、钻削等。

1. 钻石刀具微切削加工

典型的钻石刀具刃口半径达 0.01 μm。钻石刀具具有很好的切削特性，可以加工各种不同的非铁材料，既可制造非常微小、精度高的部件，又可得到较好的加工表面。

2. 微钻孔加工

目前微钻头最小的直径为 2.5 μm。由于钻头直径很小，在微加工中钻头前端的晃动直接影响加工精度和钻头的寿命，要求采取适当的措施。减少钻头的晃动。

3. 微铣削加工

微铣削加工基本上和传统的铣削加工的原理是相同的。但是微铣刀的制造是十分困难的，美国已研究出利用钻石制造直径为 75 μm 的铣刀。

4. 微磨削和研磨加工

微磨削与研磨加工是在一般精密加工基础上发展起来的。超精密研磨包括机械研磨、化学机械研磨和浮动研磨等。

6.5.2　特种加工技术

1. 激光束加工

由激光发生器将高能量密度的激光进一步聚焦后照射到工件表面[2]，如图 6.14 所示。光能被吸收，瞬时转化为热能。根据能量密度的高低，可以实现打小孔、微孔、精密切削、加工精微防伪标记、激光微调、动平衡、打字、焊接和表面热处理。

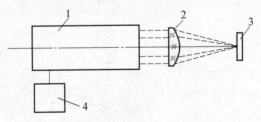

图 6.14　激光束加工原理图

1— 激光发生器；2— 聚焦透镜；3— 工件；4— 激光激发电源

2. 隧道式近场放电加工

隧道式近场放电加工是将扫描隧道显微镜技术用于分子级加工[2]，其原理是基于量子力学中的隧道效应，如图 6.15 所示。采用尖端极细（直径为纳

米级）的金属探针作为电极，在真空中
用压电陶瓷等微位移机构控制针尖和
工件表面保持 1 ~ 10 nm 的距离，并在
探针和工件间加上较低的电压，则在针
尖和工件微观表面间，本来是绝缘的势
垒，由于量子力学中粒子的波动和电场
的畸变，就会产生近场穿透的"隧道"
电流，同时使探针相对于工件样品表面
做微位移扫描，可以观察到物质表面单
个原子或分子的排列状态和电子在表
面的行为，获得单个原子在表面排列的
信息。适当提高并控制电压就可以在
针尖对应的工件表面微小区域中产生
纳米级的结构变化，如产生凹坑、凸丘，

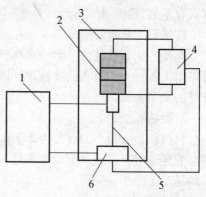

图 6.15　隧道式近场放电加工原理图
1— 隧道近场加工电源;2— 压电陶瓷微
位移结构;3— 真空室;4— 控制系统;5—
探针;6— 工件

甚至将表面的单个原子"吸走"或重新"堆砌"，构成新的微器件。

3. 微细电火花加工

　　微细电火花加工的原理[2]如图 6.16 所示，通常电火花加工是在绝缘的工作液中通过工具电极和工件间脉冲火花放电产生的瞬时、局部高温来熔化和汽化蚀除金属的，加工过程中工具与工件间没有宏观的切削力，只要控制精微的单个脉冲放电能量，配合精密微量进给就可以实现极微细的金属材料的去除加工，可加工微细的轴孔、窄缝、平面、空间曲面等。

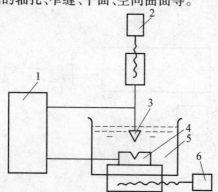

图 6.16　电火花加工原理图
1—脉冲电源;2— 主轴进给电机;3—工具电极;4—工件;
5—工作液;6— 工作台进给电机

4. 微细电解加工

微细电解加工原理[2] 如图 6.17 所示。导电的工作液中水发生电解：

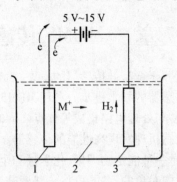

图 6.17　电解加工原理图

1— 工件(阳极);2— 电解池;3— 工具(阴极)

$$H_2O \Longrightarrow H^+ + OH^- \tag{6.4}$$

工件做阳极,在其表面的金属原子 M 释放电子成为金属正离子 M^{+n} 融入电解液而逐层地被电解下来,称为阳极溶解。

$$M \Longrightarrow M^{+n} + ne \tag{6.5}$$

随后 M^{+n} 与电解液中的 OH^- 发生电化学反应生成金属的氢氧化物而沉积:

$$M^{+n} + OH^- \Longrightarrow M(OH)_n \downarrow \tag{6.6}$$

阴极工具表面的 H^+ 得到电子而成为氢气吸出。

$$2H^+ + 2e \Longrightarrow H_2 \uparrow \tag{6.7}$$

工具阴极并无损耗,加工过程中工具与工件间也不存在宏观的切削力。只要通过电压精密控制电流密度和电解的部位,就可以实现纳米级精度的电解加工,而且表面不会产生加工应力。此种加工常用于镜面抛光、精密减薄以及一些需要无应力加工的场合,并可以将金属丝加工成极细的纳米级直径的探针。

第 7 章　MEMS 传感器

微机电系统技术起源于微型硅传感器的发展,而当其发展起来之后,反过来又大大促进了微型传感器的技术进步。利用MEMS制造的传感器具有体积小、功耗低、成本低、容易与处理电路集成等优点。同时,MEMS传感器能够利用宏观尺度下没有的敏感机理实现高性能的传感器。

广义上讲,传感器是一种能把物理量、化学量和生物量转变成便于处理的电信号的器件。按照检测对象的不同,可将传感器分为物理量传感器、化学量传感器和生物量传感器,其检测原理分别基于物理现象、化学反应和生物效应。

7.1　MEMS 物理传感器

MEMS传感器是从MEMS物理传感器开始发展的。原因在于机械传感器适合大规模生产且很容易由传统的传感器转换成MEMS传感器,而且IC技术与MEMS传感器的制造技术很容易相容。

物理传感器种类很多,包括力学量传感器(如压力传感器、加速度传感器、角速度传感器、流量传感器等)、光学量传感器(如图像传感器、红外线传感器等)、热学量传感器(如温度传感器)、声学量传感器、磁学量传感器、电学量传感器等。

7.1.1　MEMS 力学量传感器

力学量传感器即机械量传感器。由于机械量传感器多利用微结构将被测力学量转换为结构的应力、形变或者谐振频率等参数的改变,再将这些变化转换为电学量,因此微结构的材料性能对传感器影响很大,一般首选性能优异的单晶硅。

1. MEMS 压力传感器

目前,绝大多数的MEMS压力传感器中,感压元件是硅膜片。压力传感器敏感机理有3种:压阻效应、电容效应和谐振效应,分别为压阻式压力传感器、电容式压力传感器和谐振式压力传感器。

（1）压阻式 MEMS 压力传感器。

① 原理。

压阻式压力传感器由承载膜片和膜片上扩散的应力敏感压阻构成,电阻连成惠斯通电桥。当压力作用在膜片上时,膜片发生形变,电阻值变化,电桥失衡,失衡量与被测压力成比例,就可以得到压力的大小。如图 7.1(a) 所示[6],一般体加工压阻式压力传感器采用 KOH 刻蚀的(100) 硅膜片,注入方式是将压阻制备在膜片的表面上,利用反偏的 PN 结使得压阻与衬底绝缘。刻蚀后的膜片衬底与玻璃等键合,形成压力腔或密封腔。表面加工技术也可以制作压阻传感器,结构材料为 Si_3N_4 或多晶硅,SiO_2 为牺牲层,压阻为多晶硅,如图 7.1(b) 所示。

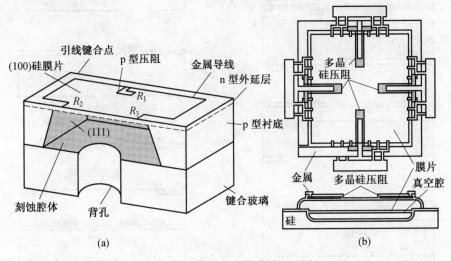

图 7.1 压阻式压力传感器原理图

② 工艺流程。

目前商品化的硅压力传感器几乎都采用体微加工技术制造。如图 7.2 所示为两种常见的压阻式压力传感器的工艺流程[6]。

图 7.2(a) 中为 pn 结绝缘的压力传感器的制作流程[6],其中膜片为单晶硅。

a. p 型衬底上外延 n 型外延层,衬底背面淀积 Si_3N_4 作为刻蚀掩膜层,外延层上淀积薄绝缘层,隔着绝缘层在 n 型外延层内注入形成 p 型压阻。

b. 除去注入掩膜层,退火激活注入压阻。

c. 淀积、刻蚀金属铝形成互连。

d. 对背面进行双面光刻,刻蚀 Si_3N_4,开出膜片刻蚀窗口,正面采用刻蚀保

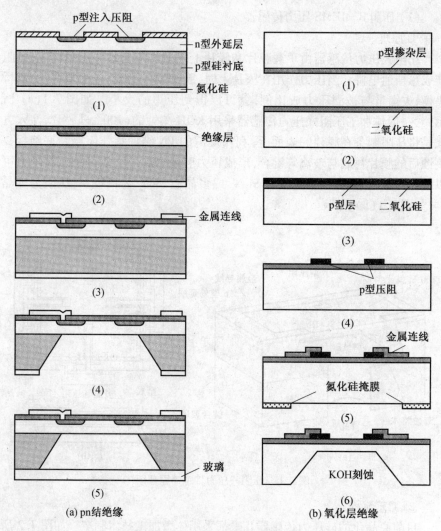

图 7.2　单晶硅压阻式压力传感器

护装置进行保护,背面采用 KOH 刻蚀。刻蚀自停止采用电化学方法。

e. 采用阳极键合方式将玻璃与硅衬底键合,形成压力传感器的背腔。

图 7.2(b) 中为氧化层绝缘的压力传感器的制作流程,传感器膜片为单晶硅结合 SiO_2。

a. 在一硅衬底上注入 p 型掺杂层。

b. 在另一硅衬底上热生长 SiO_2 绝缘层。

c. 将上述两硅片键合,并利用 KOH 刻蚀去除 p 型掺杂层的衬底。

d. 光刻、刻蚀 p 型掺杂层,形成压阻。

e. 正面淀积金属,光刻、刻蚀金属形成互连,背面淀积 Si_3N_4 作为掩膜,双面光刻、刻蚀 Si_3N_4 开出 KOH 刻蚀窗口。

f. 采用刻蚀保护装置保护正面,用 KOH 刻蚀硅衬底,达到预定的膜片厚度后停止。

③ 应用。

压阻式压力传感器广泛地应用于航天、航空、航海、石油化工、动力机械、生物医学工程、气象、地质、地震测量等各个领域。在航天和航空工业中压力是一个关键参数,对静态和动态压力,局部压力和整个压力场的测量都要求很高的精度,压阻式压力传感器是用于这方面的较理想的传感器。在生物医学方面,压阻式传感器也是理想的检测工具。压阻式压力传感器还有效地应用于爆炸压力和冲击波的测量、真空测量、监测和控制汽车发动机的性能以及诸如测量枪炮膛内压力、发射冲击波等兵器方面的测量。此外,在油井压力测量、地下密封电缆故障点的检测等方面都广泛应用压阻式压力传感器。

(2) 电容式 MEMS 压力传感器。

① 原理。

电容式压力传感器的基本原理是将压力转换为电容极板的形变,再通过测量电容的变化来测量压力[6],如图 7.3 所示。电容式压力传感器一般采用平板电容的方式,通过压力改变极板间距。电容式压力传感器的测量范围一般由电容的上极板(受压膜片)和下极板发生下拉时的压力决定,但是即使上下极板接触,随着压力的增加,接触面积仍然会随之增加,所以只要极板间能

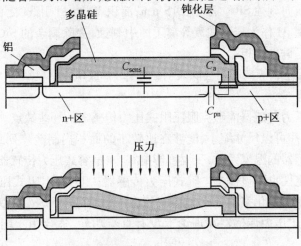

图 7.3   电容式压力传感器示意图

够保持绝缘,传感器还可以工作,这种状态称为接触模式。接触模式可以将传感器测量范围扩大一倍以上。

②工艺流程。

图7.4所示为差动式电容压力传感器结构和制作工艺流程[6]。参考电容不承受压力,测量电容基板作为压力承载膜片,两个电容差动输出。电容上极板是掺P多晶硅,下极板是硅衬底上注入高浓度As形成的导电层,中间的间隙由SiO_2牺牲层形成。

a. p型(100)Si衬底上选择性注入高浓度B,形成刻蚀自停止层,退火消除注入损伤。

b. 外延生长20 μm厚,浓度为$10^{15} \cdot cm^{-3}$的p型单晶硅。

c. 注入B,作为后面高浓度As注入的沟道阻挡层;低温氧化淀积3 μm的SiO_2并刻蚀作为注入的掩蔽层,在膜片区注入浓度为$10^{15} \cdot cm^{-3}$的高浓度As作为下极板。淀积0.15 μm的低应力Si_3N_4,刻蚀Si_3N_4和接触孔。

d. 淀积0.7 μm的SiO_2作为极板间的牺牲层。

e. 淀积0.1 μm的低应力Si_3N_4作为电极板间介质层,淀积1.5 μm的非掺杂低应力多晶硅,注入浓度为$10^{16} \cdot cm^{-3}$的P;再淀积1.5 μm的多晶硅,退火使掺杂重新分布,两次淀积后的多晶硅形成上极板,高浓度注p层作为电极。

f. 淀积Si_3N_4作为保护层,KOH刻蚀背面,直到浓硼停止层。

g. HNA去除浓硼停止层。

h. 去除Si_3N_4掩膜,正面RIE刻蚀多晶硅孔。

i. BHF横向刻蚀SiO_2牺牲层15 μm;淀积、刻蚀Al引线,淀积5 μm的聚对二甲苯并用Al作为掩膜在氧等离子体中刻蚀;去除剩余的SiO_2,使聚对二甲苯支撑多晶硅电极板。

j. 切割后在氧等离子中去除聚对二甲苯,释放电极。

③应用。

电容式压力传感器能够克服压阻式压力传感器的一些缺点。因为不需要使用压阻,膜片可以尺寸缩小,能够在比较小的面积内制造阵列式传感器;电容降低了传感器的温度系数,受温度影响很小,电容式压力传感器输出的重复性和长期稳定性也明显优于电阻式压力传感器;相对于电阻式压力传感器的满量程输出相对变化率的2%,电容式压力传感器可达50%,可以得到更高的灵敏度;电容式压力传感器在理论上没有直流功耗,适合用于能量限制的场合。

由于上述优点,电容式压力传感器在生物、医疗、航空航天、工业过程检

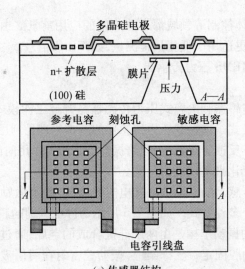

(a) 传感器结构

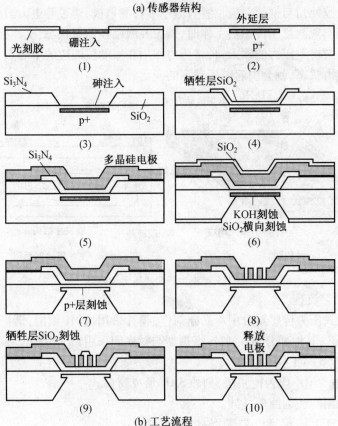

(b) 工艺流程

图 7.4　差动式电容压力传感器结构及制作工艺流程

测、汽车工业及流体控制等领域都有着广阔的应用前景。由于电容式压力传感器的灵敏度高,更适用于低压量程测量,如声压级信号。

(3)谐振式 MEMS 压力传感器。

① 原理。

压阻式压力传感器和电容式压力传感器是开环工作模式,谐振式压力传感器为闭环工作模式。谐振式压力传感器的基本原理是利用硅谐振器与选频放大器构成一个正反馈振荡系统,当谐振器受到压力作用时改变了谐振频率,通过测量频率的变化来实现压力检测。

谐振式压力传感器的激励方法有电阻热激励、静电激励、压电激励、电磁激励和光热激励等多种方式。如图 7.5 所示为静电激励的膜片谐振式压力传感器[6]。传感器的振动结构是由两层硅键合成的空腔,通过 4 个带有流体通道的支撑梁把振动腔固定在支撑架上,振动腔密封在两层玻璃键合的真空腔内。谐振腔死角与框架对应位置有激励和检测电极,通过静电力激励谐振,并利用电容实现测量。传感器工作时,谐振腔激励在谐振状态,支撑梁上的流体通道作为被检测压力的输入口,将压力作用在振动腔四边的中心点上,改变谐振器的应力状态,就会引起谐振频率的变化。

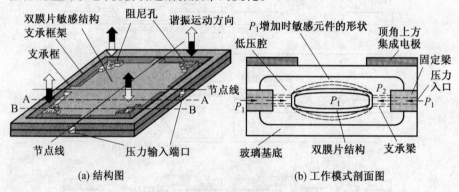

(a) 结构图　　　　　　　　　(b) 工作模式剖面图

图 7.5　膜片谐振式压力传感器

② 工艺流程。

谐振式压力传感器采用单晶硅制作,膜片采用 KOH 刻蚀,谐振器为重掺杂的 p 型硅,其他部分为 n 型硅,谐振器与衬底间采用 pn 结隔离。制作工艺流程[6](图 7.6)如下:

a. 淀积 SiO_2 作为掩膜层,刻蚀 SiO_2 形成窗口。

b. 采用湿法刻蚀单晶硅。

c. 外延生长 p^+ 和 p^{++} 单晶硅。

d. 在 p^{++} 单晶硅上按照顺序外延生长 p^+ 和 p^{++} 单晶硅。

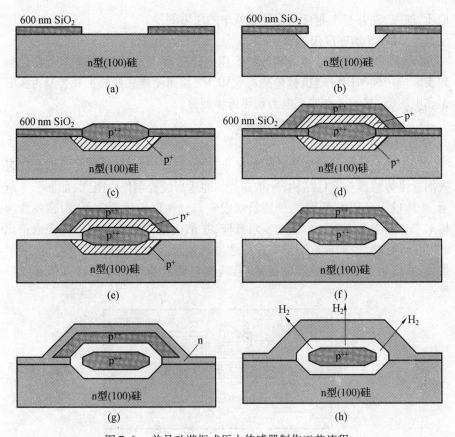

图 7.6　单晶硅谐振式压力传感器制作工艺流程

e. 采用 HF 湿法刻蚀去除 SiO_2。

f. 由于重掺杂的 p^{++} 区域不会被碱性液刻蚀,故采用碱性溶液刻蚀中间 p^{++} 周围的 p^+ 单晶硅。

g. 外延生长 n 型硅,实现对整个腔体密封,密封后腔体内部的气体为外延时的载体气体 H_2。

h. 高温纯 N_2 环境中使 H_2 从密封腔内溢出,从而使密封腔内的压力维持在 13 000 Pa 以下。

③ 应用。

硅膜片谐振式压力传感器的性能:输出为频率信号,抗干扰能力强,稳定性好,不需 A/D 转换,既能测量绝压,也能测量差压,可根据具体应用的量程需求调整制作工艺,该传感器是压力传感器中的一种高端产品,已在数字测控系统和精密测量中得到应用。非常适用于一些特殊环境如航空、航天、气象、地质、航海、油井和工业自动化等领域中的压力测量。

2. MEMS 加速度传感器

MEMS 加速度传感器是继 MEMS 压力传感器之后,又一类技术成熟并得到实际应用的 MEMS 硅机械传感器。MEMS 加速度传感器的主要类型为压阻型和电容型,其他还有如压电型和热传导型等。

(1)电阻式 MEMS 加速度传感器。

①原理。

压阻式 MEMS 加速度传感器是最早开发的硅 MEMS 加速度传感器。压阻式加速度传感器在弹性结构(一般是梁)的适当位置制作电阻[6],如图7.7所示,当质量块受到加速度时,使质量块发生与加速度成比例的形变,在弹性结构上产生应力和应变。由硅的压阻效应,扩散电阻的阻值发生与应变成正比的变化,通过电桥测量电阻来实现加速度的测量。由于悬臂梁的根部应变量最大,所以为了提高传感器的灵敏度,应变电阻制作在靠近悬臂梁根部的位置。

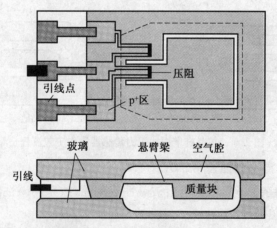

图 7.7　Stanford University 的硅－玻璃键合的压阻加速度传感器

②工艺流程。

下述加速度传感器采用单晶硅制作。通过阳极键合将两片玻璃键合到硅上形成质量块的封闭腔。为了使质量块有活动空间,要对玻璃进行各向同性刻蚀而形成空腔。

选择 n 型(100)硅片,制作悬臂梁硅质量块过程[1]如图7.8所示。

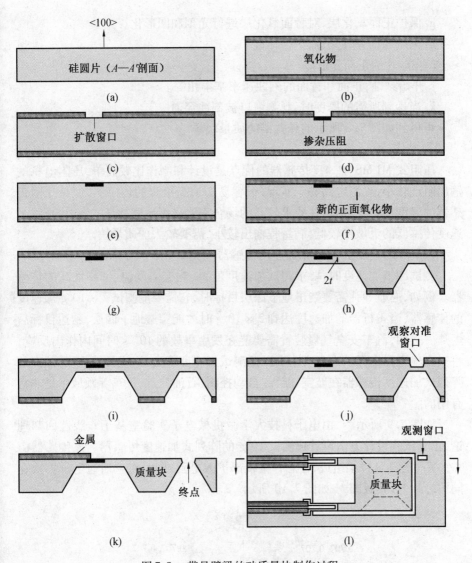

图 7.8 带悬臂梁的硅质量块制作过程

a. 采用 n 型(100) 硅片。

b. 在硅片两面热生长一层 1.5 μm 的氧化层。

c. 对正面的 SiO$_2$ 进行光刻和图形化,开出扩散掺杂的窗口。

d. 对窗口进行掺杂形成薄层电阻为 100 Ω/□ 的压阻。

e. 把正面氧化层选择性去掉,留下完整的背面氧化层,开第二个窗口进行接触区的掺杂(薄层电阻为 10 Ω/□)。

f. 在硅片的两面上再次生长氧化层。

g. 保护正面氧化层,对背面氧化层进行光刻和图形化。

h. 采用各向异性刻蚀,刻蚀体硅。

i. 在硅片的正面开窗口。

j. 开始刻蚀,正面和背面的刻蚀速率基本相等。

k. 当达到所需的厚度时,观测窗口被刻蚀穿通。

可得到如图 7.8 所示的悬臂梁的质量块。

③ 特点。

压阻式 MEMS 加速度传感器的优点是设计和制作比较简单,压阻电桥的输出阻抗较小,检测电路易于实现,很容易实现高量程的传感器;但是压阻传感器的温度稳定性较差,在要求较高的场合需要采用温度补偿。同时,压阻加速度传感器的灵敏度较低,满量程输出较小,需要较大的质量块。

(2) 阵列式压阻 MEMS 加速度传感器。

测试冲击加速度时,要求测试加速度值大、响应速度快、可靠性高的传感器。例如,巡航导弹需要袭击地下深层目标时,它需要能测试 $2 \times 10^5 g$ 加速度的传感器,当飞行器的加速度达到 $2 \times 10^5 g$ 时才能穿透地下四层,到达目标后爆炸。又如,汽车安全气囊装置需要能在发生事故的 $10^{-3} s$ 时间内作出反应,将安全气囊弹出保护人身安全。因此测试加速度值大、响应灵敏、可靠性高的阵列式加速度传感器在航空、航天、自动控制、石油化工、汽车等领域中是非常有用的。

如图 7.9 所示[2],由电子科技大学微机械电子实验室基于非线性回归理论,正交试验设计方法设计成测试 $10^5 g$ 的阵列式加速度传感器。该传感器由 8 个相同的硅悬臂梁组成,在悬臂梁根部扩散电阻,同时将惠斯通电桥扩散在同一芯片上,其版图[2] 如图 7.10 所示。

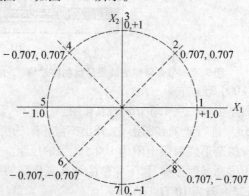

图 7.9 阵列式加速度传感器位置布阵图

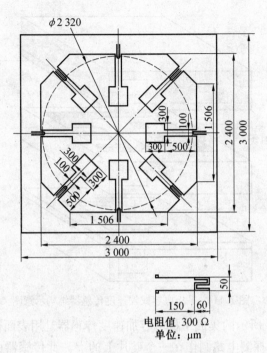

电阻值 300 Ω
单位：μm

图 7.10   阵列式加速度传感器版图

（3）电容式 MEMS 加速度传感器。

电容式 MEMS 加速度传感器是加速度传感器中的重要组成部分，其基本结构是质量块与固定电极组成的电容。加速度使质量块发生位移，通过检测其引起的电容变化来实现加速度的测量。根据电容结构，可以将电容式 MEMS 加速度传感器分为平板电容式和叉指电容式。

① 平板电容加速度传感器。

a. 原理。

如图 7.11 所示为 3 个硅片键合成的平板电容式加速度传感器结构示意图[6]，中间硅片上为利用体加工技术刻蚀的悬臂梁和质量块，在质量块的上下表面各有一个电极，分别与顶层硅片的下表面电极以及底层硅片上表面电极构成两个平板电容。当质量块在加速度作用下沿着垂直衬底方向运动时，两个电容的变化量刚好相反，通过差动连接方式可以将灵敏度提高一倍。

b. 工艺流程。

平板电容加速度传感器的制作可以采用体加工技术也可采用表面微机械加工技术。

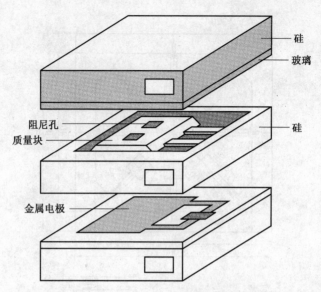

图 7.11   平板电容式加速度传感器结构示意图

如图 7.12 所示的集成平板电容加速度传感器是用表面微机械加工工艺与集成的 MOS 探测电路制作在一个硅片上的[1]。此传感器由覆盖金属的氧化物悬臂梁构成,在悬臂梁终端才用电镀金片作为质量块。另一电极由重掺杂 p 型 Si 支撑。电容器间隙由生长在 Si 表面的外延 Si 层确定。

　　a. 采用 n 型(100) 硅片。

　　b. 采用 n 型(100) 硅片,使用氧化层作为掺杂阻挡层,对硅片局部进行浓 B 掺杂。

　　c. 整个硅片上生长 5 μm 厚,电阻率为 0.5 Ω·cm 的外延硅层。

　　d. 淀积一层氧化层并光刻。

　　e. 氧化层作为掩膜刻蚀通孔。

　　f. 氧化层作为阻挡层掺杂,用来形成漏极和源极,以及通孔侧壁的导电通路。

　　g. 将氧化阻挡层除去。

　　h. 生长另一层厚氧化层,作为介电绝缘层、悬臂梁以及栅极之外的局部刻蚀阻挡层。

　　i. 淀积并光刻一层金属,用来构成底部 p⁺ 电极的电学互连、氧化物悬臂梁上的电极以及场效应晶体管的栅极。

　　j. 淀积 20 nm 厚的铬层,其上淀积 40 nm 的金层,最后用湿法刻蚀去除氧化物悬臂梁下面的外延 Si。

　　② 梳状叉指电容加速度传感器。

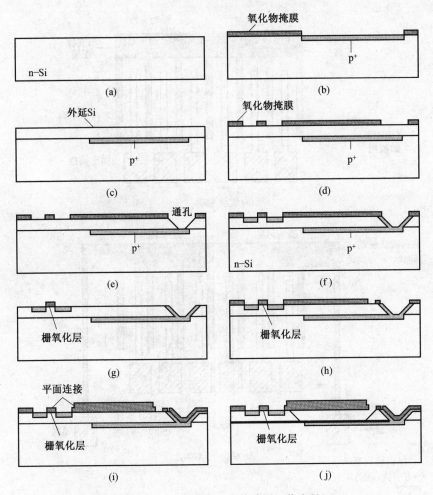

图 7.12　电容式加速度传感器工艺流程

a. 原理。

与平板电容加速度传感器通过相对的平面面积变化产生敏感不同,叉指电容加速度传感器是通过电极侧壁产生的电容,并通过测试其变化来得到对应的加速度。它们使用叉指来增加边缘耦合长度,两组电极放置在与衬底平行的同一平面上。通常,一组指状电极固定于芯片上,而另一组电极悬浮并可以沿一个或更多轴向自由运动。一对电极叉指的电容由交叠区域叉指垂直表面电容及边缘场电容所确定,由多个叉指对组成的电容相互并联,因此,总电容是临近叉指构成的电容总和。此种结构类似梳子上的齿,通常也称梳状叉指结构,如图 7.13 所示为基本的梳状叉指结构[1],其中主要有横向梳状和纵向梳状两种驱动结构。

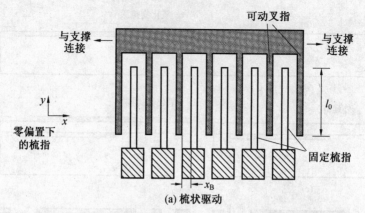

（a）梳状驱动

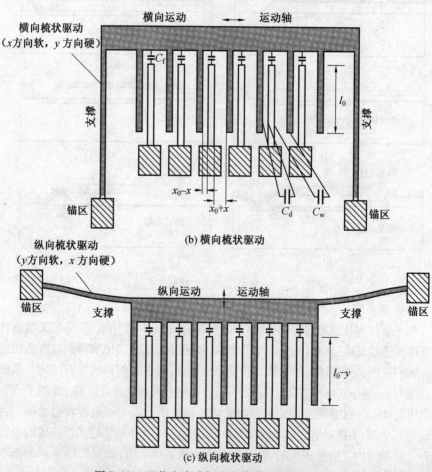

（b）横向梳状驱动

（c）纵向梳状驱动

图 7.13　叉指电容式加速度传感器的驱动示意图

b. 工艺流程。

若无需集成 IC 电路,梳状叉指电容式加速度传感器的制作[1]并不复杂,如图 7.14 所示。

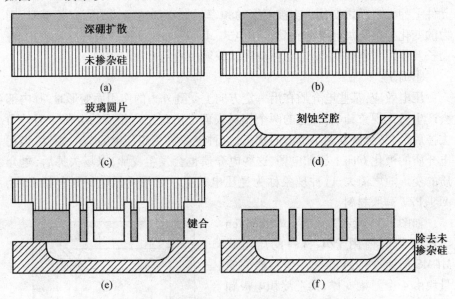

图 7.14　叉指电容加速度传感器工艺流程

a. 单晶硅片浓 B 掺杂,深度为 12 μm,此深度与上极板厚度相对应。

b. 电镀镍,作为重掺杂区域深反应离子刻蚀时的掩膜,形成梳指与质量块。

c. 选择玻璃圆片。

d. 在玻璃上选择对应区域刻蚀空腔。

e. 将硅片与玻璃键合。

f. 在硅湿法刻蚀溶剂中溶解掉未掺杂硅层。

与平板电容相比,叉指电容的相邻梳指间电容较小,但是可以通过增加梳指获得大的电容。

其特点有:电容式加速度传感器具有结构简单、灵敏度高、动态响应特性好、抗过载能力大,对高温、辐射和强烈振动等恶劣条件适应性强、价格便宜等一系列优点,因此它已成为一种很有发展前途的传感器,很多研究者认为电容式传感器是未来最有希望的传感器。但是,由于它存在的缺点和问题,如电容值很小,其改变量更小,测量这样小的电容量(如0.1 ~ 10 pF),电容测量电路必须有更高的灵敏度和极低的漂移。

（4）压电式 MEMS 加速度传感器。

压电式 MEMS 加速度传感器又称压电加速度计。它属于惯性式传感器。它是利用压电薄膜的压电效应进行测量，在加速度计受振时，质量块加在压电元件上的力也随之变化。当被测振动频率远低于加速度计的固有频率时，则力的变化与被测加速度成正比。压电式 MEMS 加速度传感器具有频响宽、寿命长及使用方便等优点，它在振动测试领域中应用非常广泛。

① 原理。

压电效应：某些电介质在沿一定方向上受到外力的作用而变形时，其内部会产生极化现象，同时在它的两个相对表面上出现正负相反的电荷。当外力去掉后，它又会恢复到不带电的状态，这种现象称为正压电效应。相反，当在电介质的极化方向上施加电场，这些电介质也会发生变形，电场去掉后，电介质的变形随之消失，这种现象称为逆压电效应。常用的压电材料包括 ZnO、AlN、PZT 薄膜材料。

如图 7.15 所示为英国 Southampton 大学研制的使用 PZT 材料的压电式 MEMS 加速度传感器[6]。传感器的质量块由 4 个斜梁支撑，梁上淀积电极和 PZT 薄膜。当加速度作用到传感器上时，质量块与框架的相对位移引起梁弯曲，由压电材料 PZT 将梁的形变转换为电荷。

② 工艺流程。

如图 7.16 所示传感器由硅检测质量块的环状膜结构组成[1]。环状结构

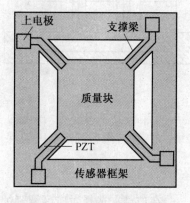

图 7.15　PZT 压电加速度传感器

提供了特定的机械特性，包括高谐振频率以及由于对称而对横向加速度的不敏感性。

a. 选择硅片。

b. 淀积 SiO_2、Pt、PZT 和金。

c. 除去部分 SiO_2，开出刻蚀窗口。

d. 下电极用于对 PZT 材料初始极化，背面 SiO_2 为掩膜，刻蚀出梁。

e. 刻蚀正面 SiO_2。

③ 应用。

压电式 MEMS 加速度传感器已经在地震监测等领域得到了实际应用。一般压电传感器的分辨率和灵敏度都比较低，但是其优点是便于传感器进行自

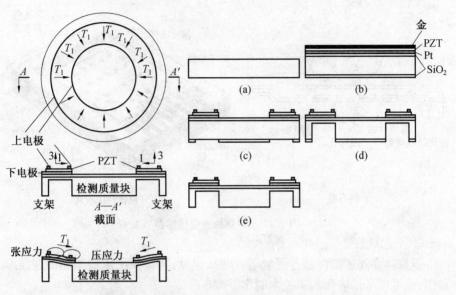

图 7.16　PZT 膜结构压电加速度传感器及工艺流程

检。原因在于压电材料具有正逆压电效应,既可以作为传感器检测加速度,也能够作为驱动器产生运动和加速度。例如,梁上的一个压电薄膜作为驱动器,驱动梁和质量块产生加速度;另一个压电薄膜作为传感器,即可以监测该压电薄膜是否处于正常状态。依次轮换作为传感器的压电薄膜,可以监测所有的压电薄膜是否正常。

（5）隧穿 MEMS 加速度传感器。

传统的传感器在微型化的同时往往会引起灵敏度的降低,这样就限制了其应用范围。隧穿 MEMS 加速度传感器是利用电子隧穿效应制作的加速度传感器。基于电子隧穿原理的传感器不仅具有非常高的灵敏度,而且传感器的灵敏度不随器件尺寸的缩小而降低。

① 原理。

最早隧穿 MEMS 加速度传感器结构是在弹性结构支撑的质量块上制造的一个隧道针尖,与另一个固定的隧道针尖形成隧穿电流,通过测量闭环电路维持隧穿电流不变时所需的反馈电压测量加速度。

图 7.17 所示为斯坦福大学研制的隧穿加速度传感器[6],由柔性铰链支撑的质量块和隧道探针组成。质量块下表面的电极与针尖电极之间产生隧穿电流,质量块电极与针尖的距离与加速度有关,而隧穿电流与间距有关,因此隧穿电流反映加速度大小。

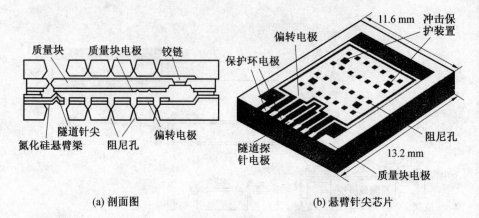

(a) 剖面图   (b) 悬臂针尖芯片

图 7.17   隧穿加速度传感器

② 工艺流程。

多数隧穿加速度传感器测量垂直轴加速度,可以采用体加工和键合技术制作,也可以采用表面加工技术制作。

下面传感器由 3 层芯片键合而成,从上而下分别为上盖、质量块芯片和悬臂针尖芯片,工艺流程[6] 如图 7.18 所示。

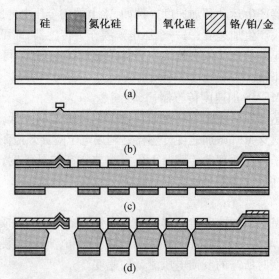

图 7.18   隧穿加速度传感器工艺流程

a. 热氧化 SiO_2 作为保护层。

b. KOH 湿法刻蚀,在探针周围形成 31 μm 深的凹槽;掩膜采用方形图形,KOH 同时实现 Si 针尖的刻蚀。

c. 热氧化使得针尖变得光滑,淀积 2 μm 的 Si₃N₄,光刻形成阻尼孔图形。

d. 采用剥离工艺形成质量块的控制电极和隧道针尖电极金属层;KOH 刻蚀释放悬臂梁,并刻蚀阻尼孔。

③ 特点。

隧穿加速度传感器的优点是具有极高的灵敏度和带宽,可用于高分辨率或是小量程的测量;但是需要反馈控制,对电路要求较高,系统比较复杂。隧道间距大于 1 nm 时,隧穿电流太小难以测量;隧道间距如果太小,探针与质量块电极间的范德华力和静电力会使得针尖碰到质量块。与其他传感器不同,在保持针尖尺寸的条件下,等比例缩小传感器不会降低灵敏度。隧穿传感器的重点在于反馈控制电路、信号处理的噪声,以及制作上的困难。

(6) 热对流 MEMS 加速度传感器。

热对流加速度传感器采用一种全新构造,并具有数字信号处理功能,正在被消费电子产品的设计者所采用,并由此衍生出许多新的应用,很多产品可以因此而简化设计、降低成本并增加很多新的功能。

① 原理。

热对流减速度传感器由一个密封的空气腔、一个加热器和 4 个热电偶温度传感器组成[6],如图 7.19 所示。密封腔的下半部分是刻蚀在硅衬底上的深槽,连接深槽对角线的两根梁交叉悬空在深槽上方,由铝和多晶硅组成的 4 个热电耦温度传感器等距离对称地制作在梁上。梁的交叉点是一个平台,平台上制作一个作为热源的加热器,在加热器上方的腔体中有一个悬浮的气团[6],如图 7.20 所示。在未受到加速度时,加热的气团位于热源的上方,温度的下降梯度以热源为中心完全对称,因此 4 个温度传感器的输出相同。由于自由对流热场的传递性,任何方向的加速度都会扰乱热场的轮廓,导致其不对称。此时,4 个热电耦组的输出电压会出现差异,而这种差异是直接与所感应

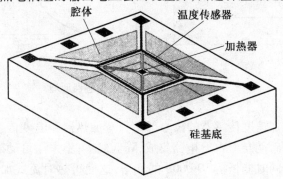

图 7.19　热对流加速度传感器结构示意图

的加速度成比例的。可以将热对流式加速度传感器中的热气团视为质量块,在加速度的作用下产生运动;将气团引起的热场变化视为质量块运动引起的弹性结构的应力或者位移的变化;将温度传感器测量的温度变化视为压阻器件测量的应力或者位移。

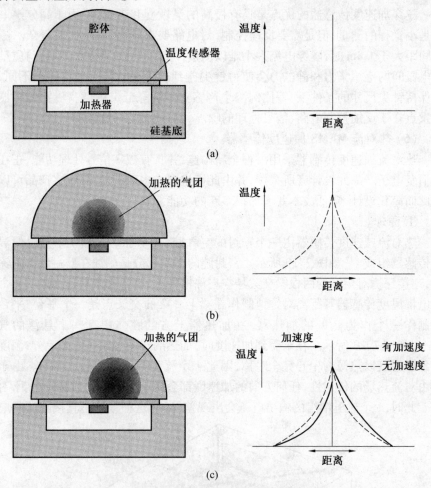

图 7.20　热对流加速度传感器原理

③ 特点。

热对流式加速度传感器的核心部件只有加热器和温度传感器,制备工艺简单,成品率高,能与 CMOS 电路集成,降低成本;不采用可动部件,不存在黏连、应力问题,同时能抵抗 50 000g 的冲击,这使得热对流式加速度传感器的可靠性很高;一个加热器和 4 个温度传感器可以测量平面内双轴的加速度,结构简单。

此种传感器的缺点在于空气团和温度场分布特点的限制,温度测量的空间分辨率不高,因此加速度测量的分辨率也比较低;空气团在密封腔内的运动速度较慢,因此传感器的响应速度和动态范围受到限制;传感器的工作原理决定了它必定对环境温度变化比较敏感,主要表现为零点漂移和灵敏度漂移,这是它的主要弱点。

④ 应用。

热对流结构除了可以作为加速度传感器外,还可以作为倾角传感器和陀螺,都是利用了惯性力改变气流运动方向,从而改变热场分布,通过测量热场中温度点的变化进行测量。

双轴热对流式加速度传感器在手机上的应用将会成为手机新增功能的热点,如应用它能感知手机的左右摇晃,可通过 MCU 控制手机上的 LED 发光次序,在摇晃的瞬间,出现由光点组成的文字,即所谓"闪信"功能,通过挥动手机实现在空中显示文字,用户可自己编写想显示的文字。

(7) 谐振式 MEMS 加速度传感器。

谐振原理作为传统的传感器中常用的敏感调制方式,可以将被测量直接转换为振动频率信号,而频率信号具有很高的抗干扰能力和稳定性,且在传输过程中不容易产生失真误差,信号处理时也不需要经过 A/D 转换,从而可使处理电路简化并降低了检测难度。目前,谐振式 MEMS 加速度传感器已成为 MEMS 硅加速度计发展的新趋势。

① 原理。

常用的微谐振梁加速度计有悬臂梁式和双音叉式两种。建立在谐振效应硅梁式 MEMS 加速度传感器的工作原理是:将被测加速度转换成载荷,作用于悬挂在硅梁上的敏感质量,导致硅梁产生拉伸或压缩应变,使硅梁的谐振频率发生变化。

图 7.21 所示为真空密封的静电驱动、压阻监测式谐振梁加速度传感器[6]。传感器包括质量块、上下密封盖、支撑弹性梁、两个同轴的谐振梁和用来检测谐振梁应变的压阻,该传感器由体加工工艺制作。传感器的质量块和支撑梁为对称结构,以降低交叉轴的干扰;上下密封盖用来限制质量块的运动幅度,起到限位保护的作用,并且产生压膜阻尼。在密封外壳上施加直流偏压,谐振梁的驱动电极上施加小幅交流电压,产生的静电力就会驱动谐振梁上下振动。谐振梁末端的电阻用于测量谐振梁振动引起的应变,放大后反馈到驱动电极,使谐振梁在谐振频率产生振动。两个谐振梁在差动模式下工作,加速度使其中一个谐振梁的频率增加,而另一个频率降低,从而提高灵敏度并对

共模信号进行抑制。当有加速度作用时,质量块产生惯性力支撑梁弯曲,谐振梁的应变发生变化,引起谐振频率的变化,通过测量谐振频率来测量加速度。

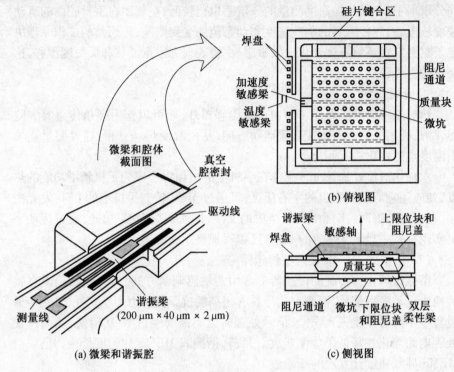

图 7.21　谐振式加速度传感器

② 工艺流程。

如图 7.22 所示为音叉式谐振加速度传感器制作的工艺流程,选用 n 型 (100) 面单晶硅片,采用体加工方法。

a. 光刻,扩散压阻区,结深 3 μm,薄层电阻为 100 Ω。

b. 双面氧化 SiO₂1 μm。

c. 下表面 LPCVD 法淀积 Si₃N₄1 μm;下表面光刻,RIE 刻蚀 SiO₂ 和 Si₃N₄;上表面光刻,RIE 刻蚀 SiO₂ 形成电极接触区。

d. 上表面光刻,溅射 Al,剥离形成金属电极。

e. 下表面各向异性刻蚀,膜厚留 15 ~ 17 μm。

f. 玻璃面光刻,RIE 刻蚀玻璃浅槽;溅射金属金,剥离形成电极。

g. HCl 去除下表面的 SiO₂ 和 Si₃N₄;硅 - 玻璃键合。

h. 上片硅片光刻,ICP 深槽刻蚀释放结构。

③ 应用特点。

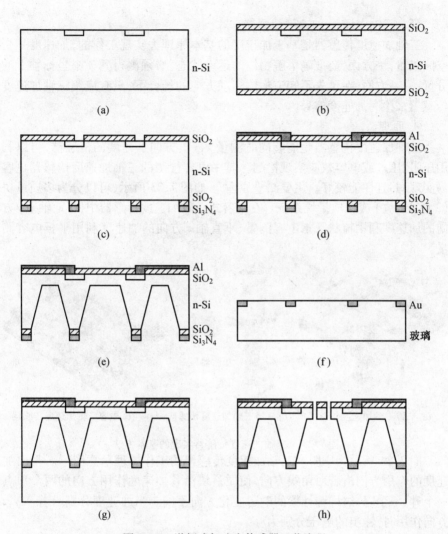

图 7.22 谐振式加速度传感器工艺流程

谐振式 MEMS 加速度传感器的优点是动态范围宽、灵敏度高、分辨率高、稳定性好。常用的悬臂梁式和双音叉式两者具有各自的特点。悬臂梁式制作简单,利用弯曲应力放大原理,惯性力 - 轴向应力转化效率高,但对称性差,存在交叉干扰,而且不易实现差动输出结构以抑制共模信号及温度等外界因素造成的误差;双音叉式,从石英振梁加速计中借鉴过来,采用差分输出结构,但通过杠杆原理来放大轴向应力,惯性力 - 轴向应力转化效率低,灵敏度不高。

(8) 三轴 MEMS 加速度传感器。

三轴加速度传感器是基于加速度的基本原理去实现工作的,加速度是个空间矢量,一方面,要准确了解物体的运动状态,必须测得其 3 个坐标轴上的分量;另一方面,在预先不知道物体运动方向的场合下,只有应用三轴加速度传感器来检测加速度信号。

① 原理。

三轴加速度传感器是能够同时测量 x,y,z 方向加速度的传感器,可以利用压阻、压电或电容效应实现检测。其中电容检测的三轴加速度传感器更容易实现,并且性能较好。主要测量原理[6]如图 7.23 所示,可以分为多质量块(3块或4块)或单质量块系统。在电容式三轴加速度传感器中,平面轴 x,y 方向的加速度利用梳状叉指电容测量,垂直轴 z 方向的加速度利用平板电容测量。

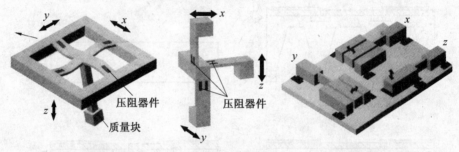

(a) 二维三轴加速度传感器　(b) 三维三轴加速度传感器　(c) 电容三轴加速度传感器

图 7.23　三轴加速度传感器实现的基本方法

图 7.24 所示为压阻式三轴加速度传感器的工作原理示意图[6]。平面加速度的作用方向沿着对角线方向,使质量块沿着加速度作用方向的两个顶点一个升、一个降,这样弹性梁的电阻变化方向不同。当加速度分别沿着 x,y,z 方向作用时,输出的电压分别为

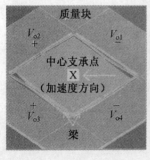  

图 7.24　压阻式三轴加速度传感器工作原理

$$V_x = (V_{o2} + V_{o3}) - (V_{o1} + V_{o4}) \tag{7.1}$$

$$V_y = (V_{o3} + V_{o4}) - (V_{o1} + V_{o2}) \tag{7.2}$$

$$V_z = V_{o1} + V_{o2} + V_{o3} + V_{o4} \tag{7.3}$$

可以利用质量块与玻璃键合板上的四个电容组合测量三轴加速度[6]，如图 7.25 所示。

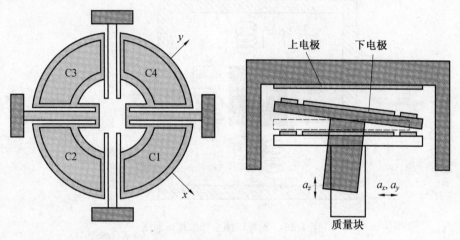

图 7.25 电容式三轴加速度传感器

② 应用特点。

对于多数的传感器应用来看，两轴的加速度传感器已经能满足多数应用。但是有些方面的应用还是集中在三轴加速度传感器中，例如在数据采集设备、贵重资产监测、碰撞监测，测量建筑物振动、风机、风力涡轮机和其他敏感的大型结构振动。三轴加速度传感器的优点是在预先不知道物体运动方向的场合下，应用三维加速度传感器来检测加速度信号。三维加速度传感器具有体积小和重量轻的特点，可以测量空间加速度，能够全面准确反映物体的运动性质。

3. MEMS 角速度传感器

MEMS 角速度传感器又称微陀螺，是敏感角运动的一种装置，用来测量物体旋转快慢的传感器。应用 MEMS 技术的陀螺基本都是谐振式陀螺，其核心部件是谐振子，谐振子在激励回路驱动下保持谐振状态，在谐振状态下，感受旋转柯氏力，检测角运动。

（1）MEMS 谐振陀螺的工作原理。

谐振陀螺是一种单轴角速度陀螺，利用旋转坐标系的柯氏加速度或柯氏力来敏感角速度。模型[2] 如图 7.26 所示，图中谐振子 M 悬挂在弹簧和阻尼系统上,弹簧和阻尼的另一端固定在框架上,其振动频率取决于弹簧、质量及阻尼。用激振器驱动谐振子在 x 方向等幅振动,称为主振动,振动频率表示为 ω_m。如果固定在框架上的旋转坐标系绕 z 轴以角速度 ω_z 旋转,那么谐振子 M 在 y 轴方向必定受到交变的柯氏力 F_c 的作用,可表示为

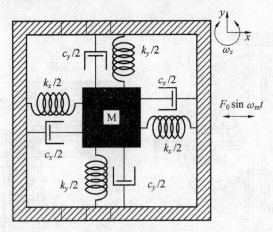

图 7.26　谐振陀螺工作原理示意图

$$F_\mathrm{c} = -2m(\omega_z \times v_\mathrm{c}) \tag{7.4}$$

式中,m 和 v_c 分别代表谐振子的质量和速度。

此时,谐振子不仅在 x 方向保持频率为 ω_m 的谐振动,而且在 y 方向产生一个同频率的振动 $y(t)$,称为检测振动或辅振动,幅值与 ω_z 的大小成正比,相位与 ω_z 的方向有关。如果检测到 $y(t)$,就可以确定 ω_z 的大小和方向。即利用柯氏力传递能量,将谐振器的一种振动模式激励到另一种振动模式,后一种振动模式的振幅与输入角速度成正比,通过测量振幅实现角速度的测量。

(2) 音叉式陀螺。

① 结构原理。

音叉式陀螺[6] 由如图 7.27 所示的音叉构成,音叉的两个叉指振动在反相弯曲模式。当音叉旋转时,柯氏加速度使音叉产生垂直于初始振动模式的振动位移,音叉的实际运动轨迹是椭圆形。Daimler Benz 公司生产的谐振音叉式陀螺[6] 如图 7.28 所示。该陀螺由两片经过 MEMS 加工的硅片键合构成,音叉前部在上下两片 AlN 压电薄膜驱动器的驱动下产生垂直主平面的运动。当音叉旋转时,作用在音叉前部的柯氏力使音叉受到扭矩作用,使得音叉前部相对于音叉根部产生扭转,根部的压阻传感器产生输出电压,实现对角速度的测量。

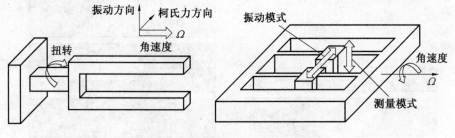

图 7.27 单端和双端音叉原理

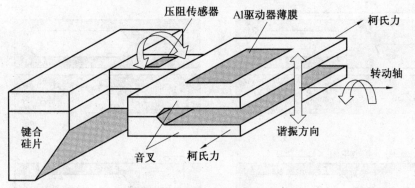

图 7.28 音叉式谐振陀螺结构示意图

② 工艺流程。

上述音叉式陀螺采用 SOI 硅片制作,过程[6] 如图 7.29 所示。SOI 硅片的厚度由音叉厚度决定,一般为 20 ~ 200 μm。

a. 采用 TMAH 刻蚀深度为半个音叉的两个硅杯。

b. 将两个刻蚀了硅杯的 SOI 硅片熔融键合,形成内部腔体,腔体高度为叉指距离。

c. 采用 TMAH 再次刻蚀将上部 SOI 硅片的衬底全部去掉。

d. 刻蚀去掉 SiO₂。

e. 注入扩散电阻,溅射 Al;溅射压电 AlN 薄膜并刻蚀,形成压电驱动器;淀积 Al 并刻蚀,形成电极。

f. 背面刻蚀到 SiO₂ 停止,形成音叉的另一半,采用深层等离子刻蚀(DRIE)释放结构。

(3)圆形谐振器陀螺。

圆形谐振器包括圆盘、圆环、酒杯等几种形状的谐振器。

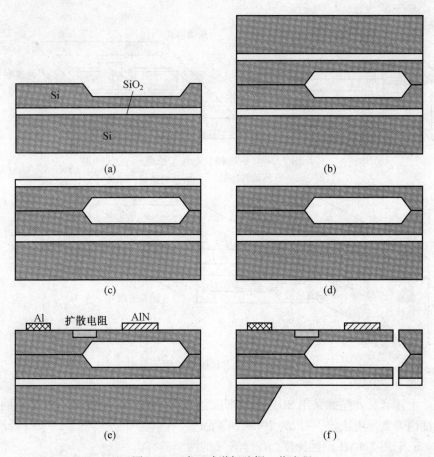

图 7.29　音叉式谐振陀螺工艺流程

① 结构原理。

图 7.30 所示为圆环谐振陀螺的原理示意图[6]。谐振环在驱动单元的激励下按照一阶振动模式振动,圆环依次变为椭圆－圆－旋转90°的椭圆－圆,来完成一个周期。第一次椭圆的长轴为竖直轴,相当于圆环在水平方向上被挤压;第二次椭圆长轴为水平轴,相当于圆环在竖直方向上被挤压,于是振动节点出现在 45°,135°,225° 和 315°。二阶振动模式与一阶振动模式的频率相同,只是长轴旋转了45°,即振动节点为 0°,90°,180° 和 270°。振动过程中位移波腹和节点周期性出现,形成驻波。在驱动电压的激励下,谐振环只出现一阶振动模式;当谐振环旋转时,柯氏力激励谐振环的二阶振动模式,能量在两个模式间转换。因此,合成的振动模式是一阶和二阶振动模式的线性叠加,新的节点和波腹形成了新的振动模式,相当于一阶振动模式旋转了一个角度。

在开环系统中,节点和波腹的转角正比于角速度。在闭环系统中,测量电极的电压反馈到驱动电极使谐振环保持圆形不变,反馈电压的大小正比于角速度。

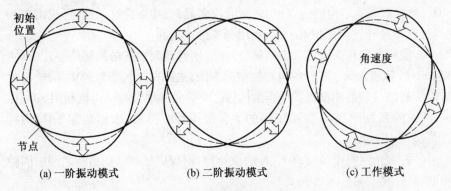

(a) 一阶振动模式　　　(b) 二阶振动模式　　　(c) 工作模式

图 7.30　圆环谐振陀螺原理示意图

② 工艺流程。

图 7.31 所示为高深宽比多晶硅结构(HARPSS)工艺制作谐振环[6]。

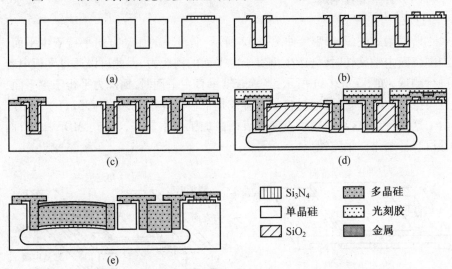

▦ Si₃N₄	▨ 多晶硅
□ 单晶硅	⋮ 光刻胶
▧ SiO₂	▤ 金属

图 7.31　采用 HARPSS 工艺制作的谐振环陀螺

a. 淀积 1 μm 厚的 SiO_2 以增加介质层的厚度,来减小电极和衬底之间的寄生电容;LPCVD 淀积厚度为 250 nm 的 Si_3N_4,刻蚀形成后续释放过程的阻挡层和绝缘层。利用厚光刻胶掩膜,DRIE 刻蚀 6 μm 宽的深槽,深度要超过谐振器结构的高度。

b. LPCVD 淀积 SiO_2 牺牲层,刻蚀 SiO_2,开出 Si_3N_4 窗口。在 1 050 ℃ 条件

下对 SiO$_2$ 牺牲层掺硼 1 h,使硼均匀地分布在 SiO$_2$ 的表面。

c. 淀积 4 μm 厚的多晶硅,使深槽内部的 SiO$_2$ 上均匀覆盖多晶硅,然后高温推进 2 h,使 SiO$_2$ 表面的硼进入多晶硅;去除表面的多晶硅并刻蚀下面的 SiO$_2$,形成多晶硅结构的锚点;在表面淀积多晶硅,掺杂并且刻蚀,形成需要的形状;在多晶硅表面淀积 Cr/Au,利用剥离形成电联。

d. 使用厚胶作为掩膜 DRIE 刻蚀,深度比前面刻蚀的结构深度要深 10 ~ 20 μm;然后通入 SF$_6$ 进行各向异性横向刻蚀;去除微结构下面的单晶硅,释放结构。刻蚀区域的侧壁由 SiO$_2$ 限制而成,而单晶硅单极和结构也利用 SiO$_2$ 保护;图中的弧线形 SiO$_2$ 表示陀螺的半圆形柔性支撑梁,表面覆盖 SiO$_2$ 牺牲层。

e. 去除光刻胶掩膜和 SiO$_2$,释放微结构,形成电极和谐振结构之间的间隙和电容。

采用 HARPSS 工艺制作的谐振环陀螺利用了单晶硅的优良的机械性能,实现了高分辨率和稳定性。

(4)谐振梁式陀螺。

①结构原理。

谐振梁式陀螺原理[6] 如图 7.32 所示,质量块的振动方向平行于主平面,当围绕面内轴旋转时,会产生垂直于主平面的柯氏力,因此可以通过平板电容进行测量,如图 7.32(a) 所示;当旋转轴垂直主平面时,柯氏力平行于主平面,且与振动方向垂直,可通过梳状电容或是平板电容检测,如图 7.32(b) 所示。由于这些特点,这种陀螺可以使用表面微加工技术制作,可与 CMOS 兼容,而且很容易制作三轴陀螺。

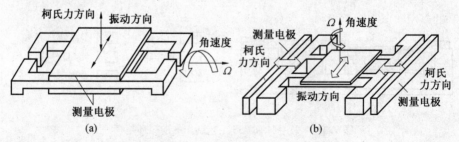

图 7.32　谐振梁式陀螺的工作原理示意图

(5)MEMS 陀螺应用。

微机械陀螺仪用于测量汽车的旋转速度(转弯或者打滚),它与低加速度计一起构成主动控制系统。所谓主动控制系统就是一旦发现汽车的状态异常,系统在车祸尚未发生时及时纠正这个异常状态或者正确应对这个异常状态以阻止车祸的发生。比如在转弯时,系统通过陀螺仪测量角速度就知道方向盘打得过多还是不够,主动在内侧或者外侧车轮上加上适当的刹车以防止汽车脱离车道。还可以用于摄像机的防抖动、医用器械、军事武器、运动器械、甚至用于玩具中。

4. MEMS 流量传感器

MEMS 流量传感器主要用来检测流体(包括气体和液体)的流量,是过程控制中的重要传感器之一。MEMS 流量传感器不仅外形尺寸小,能达到很低的测量量级,而且响应时间短,适合于流量流体的精密控制。

(1)机械式 MEMS 流量传感器。

① 工作原理。

流体在 MEMS 流量传感器结构上会产生升举力、拖曳力(水流力)或惯性矩,引起微结构的应力或变形,机械式 MEMS 流量传感器通过测量微结构应力或变形实现对流量的测量。

如图 7.33 所示为压阻流量剪切应力传感器结构示意图[1],悬浮单元剪切应力传感器包含一个平板和 4 个铰链。铰链作为平板和电阻的机械支撑,在悬浮单元上并平行于铰链长度方向的流动会在悬浮板的上方产生剪切应力。

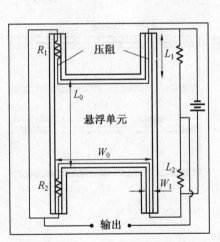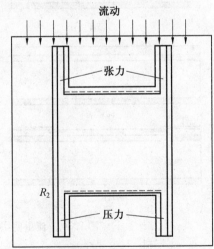

图 7.33 压阻流量剪切应力传感器结构示意图

假设平板向刚性物体那样移动。流动方向应该平行于铰链。剪切应力在沿着铰链的纵向方向引入拖曳力。两个铰链承受张应力而另外两个承受压应力。电阻的变化来源于单晶硅的压阻特性。

② 工艺流程。

上述的流量剪切应力传感器采用硅片键合技术制作。平板和铰链由 5 μm 厚的轻掺杂 n 型硅制作而成,它们悬浮在另一个硅片表面上方 1.4 μm 处。工艺过程[1] 如图 7.34 所示。

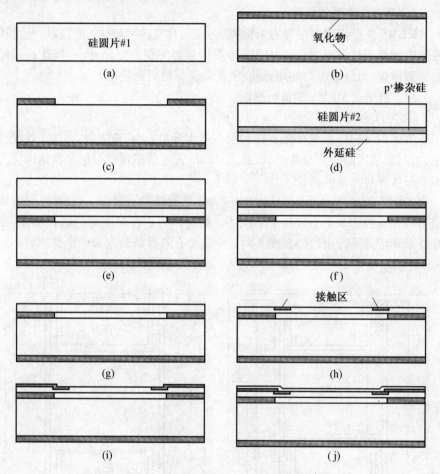

图 7.34　流量剪切应力传感器工艺流程

a. 选择硅片。

b. 在圆片 1 上生长 1.4 μm 厚的 SiO_2。

c. 将位于悬浮单元下面的 SiO_2 图形化后进行等离子刻蚀。氧化物的厚度决定了悬浮单元下侧与衬底之间的距离。

d. 圆片 2 重掺杂 $10^{20} \cdot cm^{-3}$ 硼,上方轻掺杂 5 μm 厚 n 型外延。

e. 圆片 1 与圆片 2 键合。

f. 将硅衬底浸入 KOH 溶液中进行各向异性刻蚀,绝缘片减薄至重掺杂层。

g. 采用8:3:1的CH_3COOH,HNO_3,HF 混合溶液选择性刻蚀重掺杂层至外延层。

h. 扩散方法掺杂,形成重掺杂区域。

i. 淀积薄金属薄膜并图形化形成电接触。

j. 硅片上方淀积钝化氧化层,防止导通或隔离刻蚀环境。

(2) 热式 MEMS 流量传感器。

① 工作原理。

热式 MEMS 流量传感器利用流体改变热场的参数进行测量,可以分为风速计式、量热器式和流动时间式等3种。

热线式风速计是用来测量液体流动速度的一种成熟技术。它利用了热元件,该元件既作为热电阻加热器,又作为温度传感器。热电阻器工作时偏置在自加热区,其温度和阻值随着液体流动的速度而改变。图 7.35 所示为新型离面风速计的原理图[1]。热元件从衬底提升到预定高度,与支撑脚的长度一致。通过将热元件从速度边界层底部提升上来,热元件经受到更大的流体速度并有更高的灵敏度。热元件通过支撑插脚将电引线连接到衬底上。热线由温度敏感金属薄膜制成。用聚酰亚胺层来做支撑,因为它可以在不增加截面积和热导率的情况下,给热线提供必需的机构硬度。

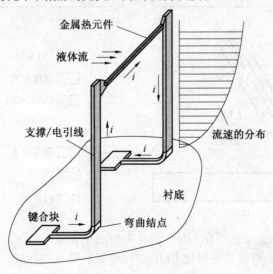

图 7.35　单个离面风速计原理示意图

② 工艺流程。

热线风速计的制作工艺流程[1] 如图 7.36 所示。采用表面微机械加工工艺,衬底为硅片。

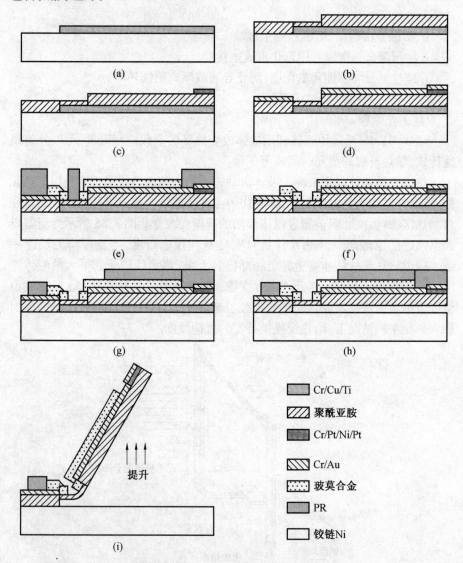

图 7.36　热线风速计工艺流程

a. 在硅片上蒸镀并图形化 Cr/Cu/Ti 金属层形成牺牲层。

b. 旋涂2.7 μm厚的可光刻聚酰亚胺,光刻图形化,在350 ℃下固化2 h。聚酰亚胺形成支撑插脚和热线的一部分。

c. 蒸发 Cr/Pt/Ni/Pt 薄膜并图形化,形成热元件。

d. 蒸发 Cr/Au 薄膜作为机械弯曲单元和热线的电引线。

e. 在悬臂梁支撑插脚部分电镀 4 μm 厚的玻莫合金薄膜。

f. 去除掩膜,得玻莫合金结构膜。

g. 部分电镀金属 PR。

h. 用 CH_3COOH 和 H_2O_2 溶液释放牺牲层,选择性去除 Cu 薄膜。

i. 在衬底底部放置永久磁铁,将整个传感器提升到平面外。

(3)MEMS 流量传感器的应用。

MEMS 流量传感器应用于生物医学、环境监测、汽车工业和工艺控制。对于生物医学领域,应用流量传感器测量在血管中流动的血液,检测在主动脉中血液流动的状况,并能监测心脏血管系统和肺部系统。环境检测,从观察液体水到空气调节已经开发出一种测试风速的流量传感器与其他自动装置组装一起成为环境监测十分有用的设备。在汽车工业中,汽车发动机中要用流量传感器监测汽油、空气混合状态。另外,也可以使用流量传感器,利用液体流动测量芯片的大小和形状。

7.1.2 MEMS 光学量传感器

MEMS 光学量传感器在军用和民用上都得到了广泛应用。其中,红外线传感器由于其在军事上的大量应用格外受到重视;而光纤传感器是近年来发展极为迅速的新型光传感器。

1. 红外传感器

MEMS 红外(IR) 探测器是红外传感器的重要应用,是许多军用和民用器件的关键技术,包括夜视、环境监控、生物医学诊断和非破坏性测试。红外辐射探测器主要分为光子型和热型。光子型的小能带隙使得这些器件很容易受到热噪声的影响,这里着重介绍热型红外辐射探测器。

① 工作原理。

红外热型传感器是基于光热加热原理,通常用热量吸收器将红外辐射转化为热量。吸收的热量提升了吸收器及其载体的温度。如图 7.37 所示为热双金属梁电容式红外传感器原理图[1],能量引起了温度变换,从而引起热双金属梁弯曲,由吸收热量引起的弯曲可用多种方法测定。

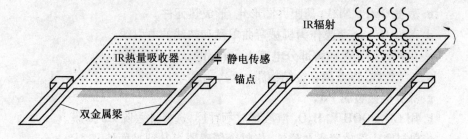

图 7.37　基于电容敏感的红外传感器,吸收 IR

有独特光读出器的微光机械红外接收器包含焦平面阵列(FPA),阵列中的每个像素都由双层材料悬臂梁和大平板构成[1],如图 7.37 所示。每个悬臂梁吸收了入射的红外辐射后,温度会上升,导致了双金属梁的弯曲。光学系统可同时测量 FPA 中所有悬臂梁的弯曲,并投影出因为反射弯曲平面形成的可视图像。采用这样的阵列,红外景象可直接转换为可见光谱中的投影图像。直观地光学读出消除了对电路和金属引线的需要。

②工艺流程。

上述结构的每个像素包含的平板由两层制成[1]:Si_3N_4 和 Au。Si_3N_4 的吸收峰值范围为 8 ~ 14 μm,热导率和热膨胀系数都比 Au 小得多。

制作过程从 Si 圆片开始,Si 片掺硼,其电阻率为 10 ~ 20 Ω·cm,工艺流程如图 7.38 所示。

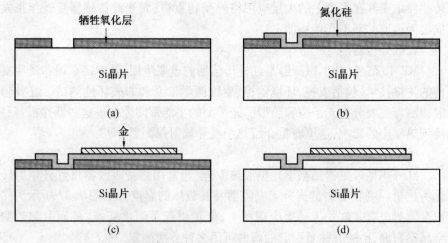

图 7.38　红外传感器制作工艺流程

a. 淀积 5 μm 厚的磷硅玻璃薄膜作为牺牲层。

b. 刻蚀牺牲层并图形化,淀积应力 Si_3N_4 并光刻。

c. 热蒸发一层 0.5 μm 厚的 Au 薄膜,在 Si_3N_4 和 Au 之间淀积 10 nm 厚的

Cr 以增加黏附。

d.除去磷硅玻璃释放梁结构。

2.光纤传感器

① 工作原理。

光纤传感器是近年来发展极为迅速的新型光传感器。光纤传感器的基本工作原理是将来自光源的光经过光纤送入调制器,使待测参数与进入调制区的光相互作用后,导致光的光学性质(如光的强度、波长、频率、相位、偏正态等)发生变化,称为被调制的信号光,再利用被测量物理量对光的传输特性施加的影响,完成测量。

光纤传感器分为物性型和结构型两类。物性型光纤传感器是利用光纤对环境变化的敏感性,将输入物理量变换为调制的光信号。其工作原理基于光纤的光调制效应,如图 7.39(a) 所示,即光纤在外界环境因素,如温度、压力、电场、磁场等改变时,其传光特性,如相位与光强,会发生变化的现象。因此,如果能测出通过光纤的光相位、光强变化,就可以知道被测物理量的变化。这类传感器又被称为敏感元件型或功能型光纤传感器。

结构型光纤传感器是由光检测元件与光纤传输回路及测量电路所组成的测量系统。如图 7.39(b) 所示,图中光检测元件感受被测物理量的变化,使透射光或反射光强度随之发生变化;而光纤仅作为光的传播媒质,所以又称为传光型或非功能型光纤传感器。

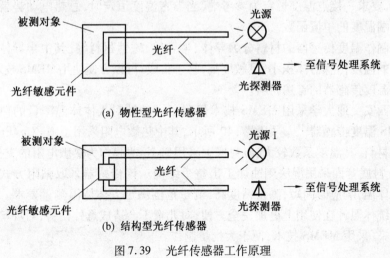

(a) 物性型光纤传感器

(b) 结构型光纤传感器

图 7.39 光纤传感器工作原理

② 应用特点。

光纤传感器具有抗电磁和原子辐射干扰的性能,径细、质软、重量轻的机械性能,绝缘、无感应的电气性能,耐水、耐高温、耐刻蚀的化学性能等。它能够在人达不到的地方(如高温区),或者对人有害的地区(如核辐射区),起到人的耳目的作用,而且还能超越人的生理界限,接收人的感官所感受不到的外界信息。因此,它的应用相当广泛。

光纤传感器在航天(飞机及航天器各部位压力测量、温度测量、陀螺等)、航海(声呐等)、石油开采(液面高度、流量测量、二相流中空隙度的测量)、电力传输(高压输电网的电流测量、电压测量)、核工业(放射剂量测量、原子能发电站泄漏剂量监测)、医疗(血液流速测量、血压及心音测量)、科学研究(地球自转)等众多领域都得到了广泛应用。在石油测井技术中,可以利用光纤传感器实现井下石油流量、温度、压力和含水率等物理量的测量。光纤传感技术是伴随光通信的迅速发展而形成的新技术。在光通信系统中,光纤是光波信号长距离传输的媒质。使用光纤传感器还可以分析许多化学或生物医学材料。

7.1.3　MEMS热学量传感器

热学量传感器主要是指温度传感器,其应用十分广泛。最为人们所熟悉的热传感器是热敏电阻和热电偶。热敏电阻用于温度测量的原理在于热敏电阻的电阻率是温度的指数函数。热电偶用于温度测量的原理是两种不同材料的导体接成一个闭合回路,当两个接点的温度不同时,在回路中就会产生热电动势,要求一接点温度恒定为参考端,当参考温度恒定时,总热电动势就变成测量端温度的单值函数。

制作温度传感器的材料分为导体、半导体、磁性材料等,其中半导体材料制作的温度传感器体积小、灵敏度高,易于集成,可以方便使用MEMS技术,是制作温度传感器的首选材料。

西安交通大学采用MEMS技术研制了一种针对人体体温测量的热阻式MEMS温度传感器[11]。如图7.40所示,其中热敏电阻采用了Ni/Cu/Pt复合金属材料,其温度系数较大,Si衬底上采用Si_3N_4薄膜作为热敏电阻的支撑层,对Si衬底背面采用湿法刻蚀加工出整个结构。该传感器采取帖附方式测量人体体温,响应时间短,测量精度高,测量范围满足人体体温测量要求。而且比传统体温计在使用上更加安全方便,对儿童不会造成意外伤害,对环境无化学污染,采用MEMS技术,便于大批量制作。

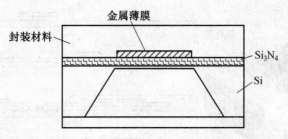

图 7.40　热阻式温度传感器结构示意图

7.1.4　MEMS 声学量传感器

MEMS 技术在声学量传感器中的典型应用是微型麦克风的研制。麦克风也称传声器，是把声压信号转换为电信号的高灵敏度压力传感器。基于敏感机理的不同，硅基微麦克风分为压电式、压阻式、驻极体式和电容式等多种类型。其中，电容式灵敏度较大、频率响应平坦、噪声小，一直以来成为研究的重点。

1. 工作原理

如图 7.41 所示为电容压缩式麦克风的工作原理图[6]。在膜片和背板形成的电容上施加直流偏压，由于声压远远小于大气压力，为了实现较高的灵敏度，对麦克风的膜片要求面积大、厚度小，但是这种膜片结构的残余应力相对较大。实现膜片残余应力的控制方法有两种：一是控制薄膜淀积时的工艺参数，如膜片的张应力和厚度。因为 Si_3N_4 可以较为精确地控制残余应力，而且不受各向异性的刻蚀剂的影响，所以膜片材料多为 LPCVD 淀积的 Si_3N_4。二是利用特殊的结构实现低应力，如波纹膜片和可自由变形的膜片等。

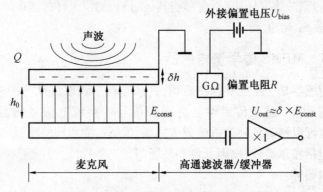

图 7.41　电容式麦克风工作原理

2. 工艺流程

单片式 Si_3N_4 振膜麦克风结构和制作流程[6]如图 7.42 所示。

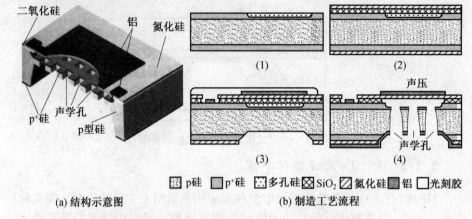

(a) 结构示意图　　　　　　　　(b) 制造工艺流程

图 7.42　氮化硅薄膜麦克风的结构和工艺流程

（1）在硅片双面掺杂 p$^+$ 层，LPCVD 淀积 350 nm 的低应力 Si$_3$N$_4$ 作为制备多孔 Si 的掩膜层，刻蚀 Si$_3$N$_4$ 形成窗口，在 HF 中刻蚀形成 0.5 μm 厚的多孔硅。

（2）去掉 Si$_3$N$_4$ 保护层，在形成多孔硅的一面淀积 0.8 μm 的 SiO$_2$，与多孔硅作为空气间隙的牺牲层，LPCVD 淀积作为振膜材料的 Si$_3$N$_4$，高温退火消除 Si$_3$N$_4$ 残余应力，使其保持 25 MPa 的拉应力。

（3）正面刻蚀 Si$_3$N$_4$ 和 SiO$_2$，形成金属接触孔，刻蚀背面的 Si$_3$N$_4$ 掩膜，正面淀积并刻蚀 Al 作为金属互连，背面 KOH 刻蚀单晶硅深度为 20 μm。

（4）背面淀积 Al 作为 DRIE 刻蚀的掩膜，光刻 Al 并刻蚀形成声学孔，DRIE 背面刻蚀，直到正面的牺牲层停止，用 KOH 刻蚀背面的多孔硅，多孔硅在 KOH 中的刻蚀速度极快，不会影响其他材料，加快了释放速度。最后 HF 刻蚀 SiO$_2$ 释放 Si$_3$N$_4$ 振膜。

7.1.5　MEMS 磁学量传感器

磁微传感器是一种能够探测磁场，并从磁场中获取信息的传感器。在大部分实际应用中，磁微传感器是将磁场信号转换成电信号的器件。利用 MEMS 技术可以制造各种微机械磁传感器，根据检测原理的不同，MEMS 磁传感器主要包括霍尔器件、磁阻元件和磁通门传感器等。

1. 霍尔器件

霍尔效应的原理图[12]如图 7.43 所示，在 n 型半导体单晶薄片的长度方向上通一电流 I，在薄片的垂直方向上施加磁感应强度为 B 的磁场，将使得半导体内的载流子在洛伦兹力的作用下，向垂直于电流和磁场的某一侧面（图中虚线所示）偏转,并使该侧面形成了电子积累而带负电,从而使其相对侧面带正电,这样,在两侧面形成了电场。使得随后的电子运动在受洛伦兹力作用的同时,又受到了和它相反的电场力的作用,当两力相等时,电子的积累就达到了动态平衡。在两侧面之间建立的电场称为霍尔电场,相应的电势称为霍尔电势,大小与电流和磁感应强度乘积成正比,这种效应称为霍尔效应。

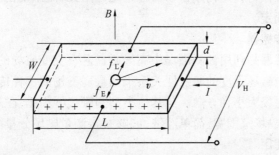

图 7.43　霍尔效应原理示意图

　　利用霍尔效应制作的器件称为霍尔器件。如图 7.44 所示为用集成电路工艺制备的埋入式霍尔器件示意图[2]。n 表示 n 型有源区,p⁻ 表示基板,p 表示深扩散隔离墙,SP 是薄 p 层,DL 是耗尽层,CC 是电流接触点,SC 是探测点。该器件可用于测量垂直于芯片方向的磁分量。其中的小插图表示 p 层对 SiO_2 界面与霍尔器件有源区之间的屏蔽作用。为提高效率,薄 p 层不能完全耗尽。

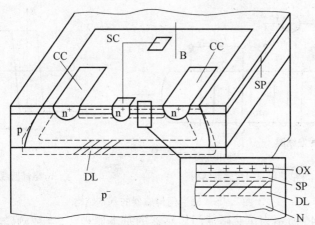

图 7.44　集成电路工艺制备的埋入式霍尔器件示意图

霍尔器件在磁测量方面的应用方面取决于灵敏度的提高和漂移的降低。

2. 磁阻元件

位于磁场中的半导体薄片,由于外加磁场的作用,它具有的电阻也会随之变化,这种现象称为磁阻效应。半导体的磁阻效应由两部分组成,分别为物理磁阻效应和几何磁阻效应。半导体的电阻率随外加磁感应强度的变化而变化的现象称为物理磁阻效应;由于半导体材料的形状不同而影响磁阻效应强弱的现象称为几何磁阻效应。利用磁阻效应构成的磁敏感元件称为磁阻元件。

同一种半导体材料是构成霍尔器件还是磁阻元件,主要由它构成器件时的形状和结构而定。

3. 磁通门传感器

磁通门传感器是利用被测磁场中高导磁铁芯在交变磁场的饱和激励下,其磁感应强度与磁场强度的非线性关系来测量弱磁场的一种传感器,用于测量直流或低频磁场大小和方向。与其他类型测磁仪器相比,磁通门传感器分辨率高、测量弱磁场范围宽、简单经济,能够直接测量磁场分量并适用于在高速运动系统中使用。

（1）工作原理。

磁通门传感器的基本结构[10] 如图 7.45 所示,激发线圈受外加电压 U_{exc} 激发,在读出线圈中得到感应电压 U_{ind},H_o 为被测磁场强度,μ_r 为磁芯的有效相对磁导率。当激发线圈中通一交流电流时,在它产生的交变磁场和待测磁场的共同作用下磁芯达到饱和,并在读出线圈中产生感应电流,通过测量感应电流来测量待测磁场。

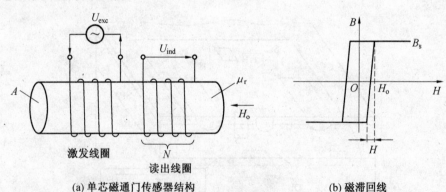

(a) 单芯磁通门传感器结构   (b) 磁滞回线

图 7.45   磁通门传感器的基本结构

如图 7.46 所示为单芯磁通门传感器的基本原理[2],当被测磁场为零时,磁芯在激发线圈所载的三角波 H_m 的激励下达到饱和,并在读出线圈中感应出周期性的脉冲电压,当沿磁芯的轴向有被测的直流或微小变化的交流磁场 H_o 作用时,磁芯的饱和情况会发生变化,从而导致感应电压脉冲的变化,测量感应电压的变化就可确定被测磁场。

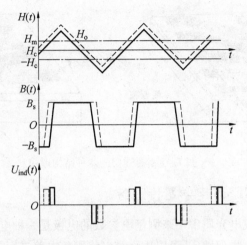

图 7.46 磁通门的二次谐波工作原理图

当被测（外加）磁场为 H_o 时，感应脉冲的相位发生变化，如图 7.46 中虚线所示，通过分析脉冲的相位变化，可测量外加磁场的大小。当施加外磁场时，在读出（感应）线圈中将产生偶次谐波，特别是二次谐波，由傅里叶分析，其二次谐波电压为

$$U_2 = \frac{8NA\mu_o\mu_r H_m f}{\pi}\sin\frac{\pi\Delta H}{H_m}\sin\frac{\pi H_o}{H_m} \tag{7.5}$$

式中，N 为读出（感应）线圈的圈数；A 为磁芯截面积；f 为激励频率；μ_o 为真空磁导率；μ_r 为磁芯的有效相对磁导率；$\Delta H = \dfrac{2B_s}{\mu_o\mu_r}$，式中 B_s 为饱和磁通密度；H_o 为外加磁场，H_m 为激励磁场峰值，若 $H_o \ll H_m$，则磁灵敏度（$S_B(V/T)$ 为

$$S_B = 8NA\mu_r f\sin\frac{\pi\Delta H}{H_m} \tag{7.6}$$

当激励磁场峰值 H_m 等于饱和磁场的两倍（$H_m = 2\Delta H$）时，为最佳激发条件，磁通门的灵敏度达到 $8NA\mu_r f$。

（2）结构。

上述磁通门传感器有两种类型结构[10] 如图 7.47(a) 和图 7.47(b) 所示。图 7.47(a) 中，先采用各向异性刻蚀法在硅片上刻蚀出一个 U 形槽，然后在槽的上面形成金属线圈的下半部分，，在制备一层绝缘膜后，制备坡莫合金磁芯。制备第二层绝缘之后，再制备金属线圈的上半部分。线圈的上下部分合在一起形成一个绕在坡莫合金磁芯外部的完整线圈。图 7.47(b) 所示的制作方法与图 7.47(a) 所示的相同，但是不需要开 U 形槽。

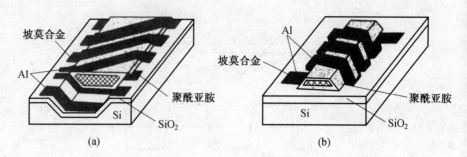

坡莫合金

Al

聚酰亚胺

Si

SiO₂

(a)

Al

坡莫合金

Si

聚酰亚胺

SiO₂

(b)

图 7.47　磁通门的两种结构形式

7.1.6　MEMS 电学量传感器

在电解质或电介质中用来测量电参数的电极是一种电传感器。这类电极接近界面表层的物理性质,可以用阻容网络等效电路进行模拟,常用的描述电极性能的一种方法是做出阻抗实部和虚部的关系图。在实际应用中,重要的是了解电极的 RC 等效电路、接触中两种材料之间的接触电势以及两种材料的热电效应。采用计算程序分析电极的等效电路。

表面涂有各种材料的贵金属,可以测量电解质中的电势或是测量电解质的离子浓度;微电极可测量细胞组织、细胞和其他材料表面电势;振动式微电极可测量表面电势或电荷,而不需要直接与表面接触。

7.2　MEMS 化学量传感器

化学量传感器在工农业生产、家庭生活、环境检测、能源和医疗等领域都具有十分广泛的应用,是一类极其重要、必不可少的传感器。半导体化学传感器就检测对象来说主要分为 3 类,包括对环境中某种气体敏感的气敏传感器,和对湿度敏感的湿敏传感器以及对溶液中的离子种类和浓度敏感的离子敏传感器。

7.2.1　MEMS 气敏微传感器

由于 ZnO 和 SnO₂ 一类的氧化物半导体表面的导电性会受到环境气体的影响,此类材料可用于制备气敏半导体传感器。其中,MEMS SnO₂ 基气体传感器是应用最广泛的一种,可以检测低浓度可燃气体或 CO,H₂,CH₄ 等还原性气体,可用于对可燃气体和有毒气体的检漏,或是燃烧控制,甚至于检测气体异味。

1. 原理

SnO_2 基气体作为气体传感器活性检测部件，SnO_2 是一种非计量化材料并且缺乏氧原子，其中存在大量的 Sn^{2+}，而不是 Sn^{4+}，在传感过程中 Sn^{2+} 离子是电子施主，因此氧化物活性材料是一种 n 型半导体。较高温度时，SnO_2 薄膜表面吸附空气中的氧，而氧又接受由 n 型 SnO_2 薄膜提供的电子进而形成 O_2^-，O^-，O^{2-} 阴离子。假如再吸附还原性气体，那么还原性气体将与先吸附的氧阴离子发生反应而带正电，或者还原性气体与吸附的氧原子发生反应而释放束缚电子。例如，CO 在 SnO_2 薄膜上发生反应如下：

$$2e^- + O_2 \Longrightarrow 2O^- \tag{7.7}$$

$$O^- + CO \Longrightarrow CO_2 + e^- \tag{7.8}$$

不存在还原性气体时，由于氧分子的还原使电子离开导带而成为 O^- 阴离子，从而使 SnO_2 薄膜的导电性降低，而引入 CO 后，由于 SnO_2 薄膜表面氧阴离子的作用使 CO 氧化成为 CO_2，而电子又重新回到导带使得 SnO_2 薄膜的导电性提高。

2. 结构制作

（1）厚膜技术。

SnO_2 薄膜是用粉末烧结而成的多孔厚膜，将锡酸胶在 500 ℃ 加热 1 h，制成 SnO_2 粉末。加入一定比例的 Pd 和 Al_2O_3 得到比例为 2∶1 的 Al_2O_3 和 SnO_2，再加入蒸馏水形成糊状，将此糊状混合物涂到表面已经制备电极的 Al_2O_3 管子的表面，SiO_2 粉末作为黏结剂覆盖在该糊状物上，最后低温烘烤形成多孔的烧结厚膜。

近年来厚膜气体 MEMS 传感器中使用丝网印刷技术，可使得气敏层多孔、传感器设计简单并且传感元件几何形状多样。其主要的制备工艺为：厚膜金电极的丝网印刷，将气敏膜印刷到 Al_2O_3 基板上。用于印刷的气敏膜是一种糊状混合物，该混合物的主要成分是 SnO_2 粉末、有机媒液及玻璃黏结剂，有时还包括催化剂。通常活性层的厚度约在几个 μm 至几十个 μm 之间。

（2）薄膜技术。

薄膜技术是制备 SnO_2 基 MEMS 气体传感器的另一种有效的方法，其中 SnO_2 薄膜可以采用化学气相淀积法，也可采用蒸发或是溅射的方法制备。如图 7.48 所示是一种典型的 MEMS 方法制备的 SnO_2 气体传感器[2]，SnO_2 薄膜位于 Si 薄膜区上部，这样有利于当薄膜加热到工作温度时降低功耗。

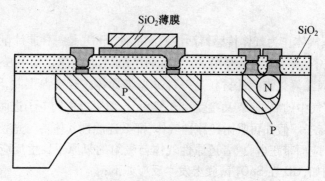

图 7.48 MEMS 加工制备的 SnO_2 气体传感器

7.2.2 MEMS 湿度传感器

湿度传感器是一种检测环境中水汽含量的传感器。水分子是一种极性分子,水解后会产生 OH^- 和 H_3O^+,具有一定的导电性能。利用水分子的这种特性,制作出一种 MOS 型湿度传感器。如图 7.49 所示,这是一种电容式湿度传感器[11]。首先在单晶硅上热生长一层厚度为 80 nm 的 SiO_2 层;再采用蒸发和阳极氧化方法在 SiO_2 层上制备一层多孔 Al_2O_3 作为感湿膜,要求孔径大于100 nm,厚度小于 1 μm;Al_2O_3 上再淀积一层厚度为 30 nm 的多孔 Au 膜,使感湿膜具有良好的导电性和足够的透水性;最后,在硅片背面蒸发一层 Al 作为下电极。

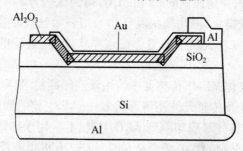

图 7.49 硅 MOS 型 Al_2O_3 湿度传感器

当环境湿度改变时,这种多孔 Al_2O_3 结构所吸附的水分子数量也随之改变,从而引起 Al_2O_3 感湿膜的电学特性发生改变。当环境湿度增加时,感湿膜吸附的水分子数增多,使每个孔表面电阻降低,这等效于传感器上下电极之间的隔离间距大大缩小,因而使其电容增大。

该传感器响应速度快、化学稳定性好并且耐高低温冲击,采用硅衬底,便于与温度传感器集成。

7.2.3　MEMS 离子敏传感器

与传统的离子敏化学电极相比,离子敏场效应晶体管(ISFET) 具有尺寸小、输入阻抗高、响应速度快和易于集成化等优点,在分析、检测和生物医学研究中得到了广泛应用。

离子敏场效应管的结构与 MOS 管类似,把 MOS 管的金属栅去掉,使 SiO_2 暴露出来与待测溶液接触,在源漏电压一定的条件下,源漏电流就与溶液中的离子种类及其浓度有关,因此可以通过测量源漏电流来确定溶液中离子的种类和浓度。制作 ISFET 时往往在 SiO_2 膜上再制备一层离子敏感膜以增强选择性和提高灵敏度。

图 7.50 所示为典型的 ISFET 结构[2]。此结构为一个 n 沟道无栅场效应管,通过在 p 型衬底上扩散 n^- 区作为场效应管的源区和漏区。为避免源区和漏区在测量溶液时短路,源区和漏区的电极必须进行绝缘封装,同时要把栅极暴露出来。另外还设有参考电极,作用与普通 MOSFET 类似。综合灵敏度、稳定性和对 pH 值的线性相应范围等因素,离子敏感膜一般都采用 Si_3N_4 材料。

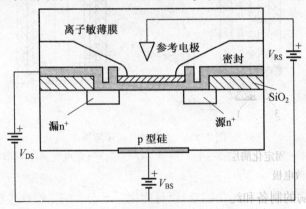

图 7.50　离子敏场效应管的结构

7.3　MEMS 生物量传感器

生物传感器是用生物活性材料与物理、化学换能器有机结合的一门交叉学科,这些生物活性材料也称为生物分子识别组件,它们具有分子识别功能,能与被测物质分子发生特异性的相互作用,这些相互作用能通过适当的换能器件转换成可检测的信号。生物传感器中的换能器与物理和化学传感器中的信号转换器本质是一样的,一般都是采用电化学电极、场效应管、热敏器件、压电器件、光电器件等作为生物传感器中的换能器。

生物传感器按照所采用的生物分子识别组件(即生物敏感介质)的不同,分为酶传感器、免疫传感器、微生物传感器、细胞传感器、组织传感器和 DNA 传感器等。

7.3.1　酶传感器

酶是一种蛋白质,它在生物体内起到催化剂的作用。酶的催化作用有很高的选择性,一种酶只对应于一种特定的反应。如果把某种酶固定在功能膜上,在酶的作用下,被检测物质会发生某种化学反应。反应中消耗掉某种物质或生成某种物质均会引起电化学变化,进而引起敏感器件的输出变化,这样就可以实现对某种生物反应的检测。酶电极的结构[13] 如图 7.51 所示。

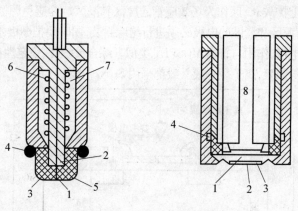

图 7.51　酶电极结构示意图

1— 渗析膜;2— 固定化酶层;3— 透气膜;4— O 形环;5— 铂电极;6— 银电极;7— 内电解质;8— 气敏电极

大多数酶的制备和纯化困难,而且固化技术会对酶活性产生很大影响,这就限制了酶传感器的研究和应用。

目前一些酶传感器已经达到了实用化水平,表 7.1 列出了酶传感器及其主要特性[11]。

表 7.1　一些酶传感器及其主要特性

被测物	酶	固定方法	换能装置	稳定性/日	响应时间/min	测定范围/(mg·L^{-1})
葡萄糖	葡萄糖氧化酶	共价结合	氧电极	100	1/6	$1 \sim 5 \times 10^2$
麦芽糖	葡萄糖淀粉酶	共价结合	铂电极	—	6.7	$10^{-2} \sim 10^3$

续表 7.1

被测物	酶	固定方法	换能装置	稳定性/日	响应时间/min	测定范围/(mg·L^{-1})
半乳糖	半乳糖氧化酶	吸附法	铂电极	20 ~ 40	—	10 ~ 10^3
乙醇	乙醇氧化酶	交联法	氧电极	120	1/2	5 ~ 10^3
酚	酪氨酸酶	包埋法	铂电极	—	5 ~ 10	5 × 10^{-2} ~ 10
儿茶酚	儿茶酚氧化酶	交联法	氧电极	30	0.5	5 ~ 2 × 10^3
丙酮酸	丙酮酸氧化酶	吸附法	氧电极	10	2	10 ~ 10^3
尿酸	尿酸酶	交联法	氧电极	120	0.5	10 ~ 10^3
L - 氨基酸	L - 氨基酸氧化酶	共价结合	氨气敏电极	70	—	5 ~ 10^3
D - 氨基酸	D - 氨基酸氧化酶	包埋法	氨气敏电极	30	1	5 ~ 10^3
L - 谷酰胺	谷氨酰胺酶	吸附法	氨气敏电极	2	1	10 ~ 10^4
L - 谷氨酰胺酸	谷氨酸脱氧酶	吸附法	氨气敏电极	2	1	10 ~ 10^4
天冬酰胺	天冬酰胺酶	包埋法	氨气敏电极	30	1	5 ~ 10^3
L - 酪氨酸	酪氨酸脱羧酶	吸附法	CO_2 气敏电极	20	1 ~ 2	10 ~ 10^4
L - 赖氨酸	赖氨酸脱羧酶 + 氨基氧化酶	交联法	氧电极	20	1 ~ 2	10^3 ~ 10^4
L - 精氨酸	精氨酸脱羧酶 + 氨基氧化酶	交联法	氧电极	—	1 ~ 2	10^3 ~ 10^4
L - 苯基丙氨酸	L - 苯基丙氨酸氨解酶	—	氨气敏电极	—	10	5 ~ 10^2
L - 蛋氨酸	L - 蛋氨酸氨解酶	交联法	氨气敏电极	90	1 ~ 2	1 ~ 10^3

续表7.1

被测物	酶	固定方法	换能装置	稳定性/日	响应时间/min	测定范围/(mg·L⁻¹)
尿素	脲酶	交联法	氨气敏电极	60	1~2	$10 \sim 10^3$
胆甾醇	胆甾醇脂酶	共价法	铂电极	30	3	$10 \sim 5 \times 10^2$
中性脂质	脂酶	共价结合	pH电极	14	1	$5 \sim 5 \times 10$
磷脂	磷脂酶	共价结合	铂电极	30	2	$10^2 \sim 5 \times 10$
一元胺	一元胺氧化酶	包埋法	氧电极	>7	4	$10 \sim 10^2$
青霉素	青霉素酶	包埋法	pH电极	7~14	0.5~2.0	$10 \sim 10^3$
扁桃苷	糖苷酶	吸附法	氰离子电极	3	10~20	$1 \sim 10^1$
肌酸酐	肌酸酐酶	吸附法	氨气敏电极	—	2~10	$1 \sim 5 \times 10^3$
过氧化氢	过氧化氢酶	包埋法	氧电极	30	1	$10 \sim 10^2$
磷酸根离子	磷酸脂酶+葡萄糖氧化酶	交联法	氧电极	120	1	$10 \sim 10^3$
硝酸根离子	硝酸还原酶+亚硝酸还原酶	—	氨气敏电极	—	2.3	$5 \sim 5 \times 10^3$
亚硝酸离子	亚硝酸还原酶	交联法	氨气敏电极	120	2~3	$5 \sim 5 \times 10^3$
硫酸根离子	芳基硫酸脂酶	交联法	铂电极	30	1	$5 \sim 5 \times 10^3$
汞离子	脲酶	共价结合	氨气敏电极	—	3~4	$1 \sim 10^2$
5-单磷酸脲苷	兔肌肉丙酮粉末	—	氨气敏电极	25	2.5~8.5	3.3×10^{-4} $1.3 \times 10^{-4} mol/L$
H_2O_2	过氧化氢酶	共价结合	氧电极	1.25	0.2	$10^{-5} \sim 10^{-3}(M)$
NADH(辅酶)或丙酮酸盐	乳酸脱氢酶	修饰法	碳纤维电极	150 h	—	$10^{-3} \sim 2.5 \times 10^{-4} mol/L$

续表 7.1

被测物	酶	固定方法	换能装置	稳定性/日	响应时间/min	测定范围/(mg·L⁻¹)
胆碱卵磷脂	胆碱氧化酶	吸附法	氧电极	60	2	$2.5 \times 10^{-3} \sim 2.0 \times 10^{-4}$ mol/L
抗坏血酸	抗坏血酸酶	共价结合	氧电极	30	0.1 s	$3 \times 10^{-2} \sim 5 \times 10^{-4}$ mol/L
总白清蛋白	酪氨酸酶	交联法	氧电极	15~20	2~3	$4.0 \sim 10$ g/dL

7.3.2 免疫传感器

免疫传感器是指用于检测抗体与抗原之间反应的传感器。一旦有病原菌或其他异种蛋白(抗原)侵入某些动物体内,体内会很快产生能识别这些异物并把它们清除出体内的抗体。抗原和抗体结合就发生了免疫反应。如果这种具有高度选择性的免疫反应在某些特定的电极上发生,将会引起电极电位的变化。利用这一现象可制成各种抗体膜和抗原膜,从而制作出相应的免疫传感器。

根据免疫反应类型的不同,免疫传感器可分为非标记免疫传感器和酶标记免疫传感器。非标记免疫传感器的原理,通过直接测量抗体和抗原之间的复合反应引起的电极电位的变化可得到被测物的浓度。酶标记免疫传感器的原理要复杂一些,它是在免疫反应的基础上,再利用酶的催化作用使化学反应信号放大,从而提高检测的灵敏度。免疫电极结构[13]示意图如图 7.52 和图 7.53 所示。

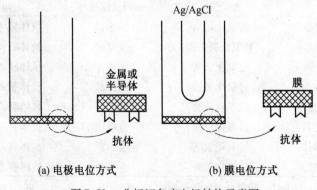

(a) 电极电位方式　　　　(b) 膜电位方式

图 7.52　非标记免疫电极结构示意图

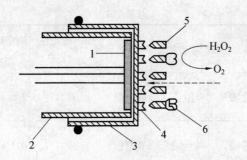

图 7.53 酶标记免疫电极结构示意图

1— 铂电极;2— 多孔聚四氟乙烯膜;3— 聚合物
膜;4— 抗体;5— 抗原(待测物);6— 酶标记抗原

表 7.2 列出了一些非标记免疫传感器和酶标记免疫传感器的基本情况[11]。

表 7.2 一些免疫传感器的基本情况

非标记免疫传感器		
名称	构成	测定方式
糖传感器	刀豆球蛋白 A(ConA)/PVC/ 铂电机	测定电极电位
梅毒传感器	心磷脂抗原 / 乙酰纤维素膜	测定膜电位
白蛋白传感器	抗白蛋白抗体 / 乙酰纤维素膜	测定膜电位
血型传感器	血型物质 / 乙酰纤维素膜	测定膜电位
HCG 传感器	抗 HCG 抗体 /TiO_2 电极	测定电极电位
二硝基苯酚抗体传感器	苯并 16 - 皇冠 – 6/PVC 膜电极	测定膜电位
四烷基胺脂体传感器	四烷基胺脂质体 / 四烷基胺离子电极	测定电极电位
葡萄糖脂质体传感器	葡萄糖脂质体 / 葡萄糖电极	测定电极电位

酶标免疫传感器		
名称	标记酶	抗原抗体反应	构成
IgG 传感器	过氧化氢酶	竞争法	抗体膜 / 氧电极
IgG 传感器	葡萄糖氧化酶	交错法	抗体膜 / 氧电极
IgA 传感器	过氧化氢酶	交错法	抗体膜 / 氧电极
IgM 传感器	过氧化氢酶	交错法	抗体膜 / 氧电极
白蛋白传感器	过氧化氢酶	交错法	抗体膜 / 氧电极
HCG 传感器	过氧化氢酶	竞争法	抗体膜 / 氧电极
AFP 传感器	过氧化氢酶	竞争法	抗体膜 / 氧电极
胰岛素传感器	过氧化氢酶	竞争法	抗体膜 / 氧电极

免疫传感器能够实时监测抗体抗原反应,减少了非特异性干扰,提高了

检测的准确性,扩大了检测的范围。免疫传感器不仅可推动免疫测试系统的发展,而且还将影响临床和环境监控的应用化研究。

7.3.3 微生物传感器

微生物传感器是以活的微生物作为敏感材料,利用其体内的各种酶系及代谢系统来测定和识别检测对象。微生物细胞中的酶在检测时仍处于自然环境中,因而稳定性和活性较好,而且免除了酶纯化的步骤。此外,传感器的生物学成分可以通过浸入生长基使之再生,可有效延长传感器的使用期限。

微生物传感器由固定化微生物膜和换能器紧密结合组成。常用的微生物有细菌和酵母菌。微生物的固定方法主要有吸附法、包埋法和共价交联法等,包埋法用得最多。转换器件有电化学电极和场效应晶体管等,以电化学电极为转换器的称为微生物电极。

微生物传感器的敏感机理有两种:一是通过微生物与被检测样品作用,在同化样品中有机物的同时,微生物细胞的呼吸活性有所提高,依据反应中 O_2 的消耗量或是 CO_2 的生成量来检测被微生物同化的有机物浓度,称为呼吸活性测定型;二是微生物与样品作用后生成一些代谢产物,利用对代谢产物敏感的电极来检测待测样品的浓度,称为代谢物质测定型。微生物传感器工作原理[13] 如图 7.54 所示。

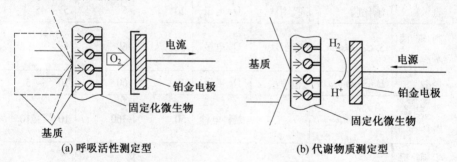

(a) 呼吸活性测定型　　　　　　(b) 代谢物质测定型

图 7.54　微生物传感器工作原理示意图

表 7.3 列出了一些常见的微生物传感器及其主要特性[11]。

表 7.3　一些微生物传感器及其主要特性

传感器检测对象	微生物	固定方法	电化学器件	稳定性/d	响应时间/min	测量范围/(mg·L^{-1})
葡萄糖	*P. fluorescens*	包埋法	O_2 电极	> 14	10	5 ~ 20

续表 7.3

传感器检测对象	微生物	固定方法	电化学器件	稳定性/d	响应时间/min	测量范围/(mg·L^{-1})
脂化糖	*B. lacto fermentern*	吸附法	O_2 电极	20	10	20 ~ 200
甲醇	未鉴定菌	吸附法	O_2 电极	30	10	5 ~ 20
乙醇	*T. brassicae*	吸附法	O_2 电极	30	10	5 ~ 30
醋酸	*T. brassicae*	吸附法	O_2 电极	20	10	10 ~ 100
蚁酸	*C. butyricum*	包埋法	燃料电池	30	30	1 ~ 300
谷酰胺酸	*E. Coli*	吸附法	CO_2 电极	20	5	10 ~ 800
己胺酸	*E. Coli*	吸附法	CO_2 电极	> 14	5	10 ~ 100
精氨酸	*S. faerium*	吸附法	氨气电极	20	1	10 ~ 170
天门冬酰胺	*B. Cadavaris*	吸附法	氨气电极胺	10	5	5×10^{-9} ~ 90
氨	硝化菌	吸附法	O_2 电极	20	5	5 ~ 45
制霉菌素	*S. Cerevisiae*	吸附法	O_2 电极		60	1 ~ 800
烃酸	*L. arabinosus*	包埋法	O_2 电极	30	60	10^{-2} ~ 5
维生素 B_1	*L. fennenti*		燃料电池	50	360	10^{-3} ~ 10^{-2}
头孢霉菌素	*G. freumdil*	包埋法	pH 电极	> 7	10	10^{-2} ~ 500
生物耗氧量	*T. Cutaneum*	包埋法	O_2 电极	30	10	5 ~ 30

相对于酶传感器,微生物传感器的选择性不强,响应时间要长一些。

7.3.4 细胞传感器

细胞传感器是利用微生物本身直接在电极上放电的特性来检测微生物,

可以实现微生物活细胞的技术(菌数传感器)和细胞种类的识别(细胞识别传感器)。

细胞传感器由固定或未固定的活细胞与电极或其他信号转化组件组合而成。其检测机理是,活细胞在呼吸代谢过程中会产生电子,这些电子可以在阳极上放电,也可通过电子传递介质间接在电极上放电,产生可检测的电信号,从而实现细胞种类的识别和计数。

按照工作原理细胞传感器可分为燃料电池型细胞传感器和伏安型细胞传感器。前者工作机理与燃料电池类似,通过测定得到电流的大小来检测被测物质的含量;后者利用在一定电压下细胞中电活性物质电解时,相应的电压和电流关系来分析细胞种类和数量。

在临床医学、食品检测、发酵工业、环境检测和生物工程等领域细胞传感器都具有非常重要的应用价值。

7.3.5 组织传感器

组织传感器是将动物或植物的组织切片作为生物敏感膜,与适当的换能器结合起来的传感器,主要用于临床医学分析。其机理是,许多动物和植物组织中含有相当高的催化氨基酸脱氨或是脱羧的酶,并且具有良好的生物活性和专一性,与电极组合可制成专用的生物传感器。

组织传感器一般可视为酶传感器的衍生物,其基本原理仍是酶催化反应。但是组织传感器是直接利用了组织膜,因此组织传感器中酶的活性、稳定性、酶促反应的辅助因素、传质过程、响应时间等与酶传感器并不完全相同。由于省去了酶传感器中酶的分离,组织传感器制作简单、价格低廉、寿命较长、线性范围较宽。

表7.4 列出了一些组织传感器的具体应用[11]。

表7.4 一些组织传感器的具有应用

底物	生物催化材料	基础电极	底物	生物催化材料	基础电极
谷氨酰胺	猪肾	NH_3	谷氨酸	南瓜	CO_2
腺苷	鼠肠黏膜	NH_3	多巴胺	香蕉肉	O_2
5-AMP	兔肉	NH_3	丙酮酸	玉米仁	CO_2
鸟嘌呤	兔肝	NH_3	尿素	刀豆浆	NH_3
酪氨酸	甜菜	O_2	H_2O_2	牛肝	O_2
胱氨酸	黄瓜叶	NH_3	L-抗坏血酸	花椰菜	O_2

7.3.6　DNA 传感器

DNA 传感器也称基因传感器,利用 DNA 分子间的特异性互补配对规律,实现对特定核酸序列(基因片段)的快速检测。

DNA 传感器的工作原理是,先在换能器探头上固定含有十几到上千个核苷酸的单链 DNA,通过 DNA 分子杂交,与另一条含有一段互补碱基序列的 DNA 识别,形成双链 DNA。杂交反应在敏感组件上直接完成,换能器将杂交过程所产生的变化转变成电信号,根据杂交前后电信号的变化,推断出被检测 DNA 含量。DNA 传感器在结构上与其他生物传感器一样,也包括分子识别组件和换能器两个部分。其中,分子识别组件是 DNA 单链(也称 DNA 探针);换能器通常是电极、压电石英晶体或光纤等。

作为目前生物传感器中起步最晚的一类传感器,DNA 传感器吸收了其他生物传感器中的一些先进技术,发展速度较快。DNA 传感器可用于医学临床上对疾病的诊断,在环境检测、药物筛选、食品卫生检验方面都将得到广泛的应用。

第8章　MEMS执行器

执行器,也称驱动器或致动器,是将控制信号和能量转换为可控运动和功率输出的器件,使 MEMS 在控制信号的作用下对外做功。微执行器是一种重要的 MEMS 器件,在光学、通信、生物医学、微流体等领域有着广泛的应用。

MEMS 执行器常用的驱动方式包括静电、电磁、电热、压电、记忆合金、电致伸缩和磁致伸缩等。不同工作原理的执行器具有不同的特性和优缺点,使用的范围不同,表8.1列出了几种常用执行器的典型特点[6]。

表8.1　不同驱动式微执行器的比较

驱动方式	能量密度 /(J·cm^{-3})	力	速度	幅度	能源	兼容性	重复性	应用
压电驱动	$\frac{1}{2}(d_{31}E_y)^2$ (~ 0.2)	大	快	小	电压:几十 ~ 几百 V 电流:nA ~ μA	差	好	连续动作,微泵、微阀、硬盘伺服系统
磁驱动	$\frac{1}{2}\frac{B^2}{\mu_0}$ (~ 4)	大	慢	大	电压:约 1 V 电流: 几百 mA	差	好	连续动作,微中继器、微泵、微阀
热驱动	$\frac{1}{2}E_0(\alpha\Delta T)^2$ (~ 5)	大	慢	大	电压:几 ~ 几十 V 电流:几 ~ 几十 mA	好	差	连续／组装,微泵、微阀、微镊子、喷头、开关
静电驱动	$\frac{1}{2}\varepsilon_0 E^2$ (~ 0.1)	小	快	较小	电压:几十 ~ 几百伏 电流:nA ~ μA	好	好	连续／组装,微马达、微镜、微扫描器、开关

在种类众多的 MEMS 执行器中,占主导地位的是微马达、微电机、微阀和微泵等。

8.1　MEMS 执行器的材料

　　金属具有良好的机械强度、延展性及导电性,是 MEMS 执行器的极其重要的材料。除了 Ni,Cu,Au 等金属外,还有其他一些材料,如压电材料、磁致伸缩材料、形状记忆合金等在 MEMS 执行器中也被应用。

8.1.1　压电材料

　　某些电介质在沿一定方向上受到外力的作用而变形时,其内部会产生极化现象,同时在它的两个相对表面上出现正负相反的电荷。当外力去掉后,它又会恢复到不带电的状态,这种现象称为正压电效应。相反,当在电介质的极化方向上施加电场时,这些电介质也会发生变形,电场去掉后,电介质的变形随之消失,这种现象称为逆压电效应。具有压电效应的材料称为压电材料。执行器利用的是逆压电效应,将电能转变为机械能或机械运动。

　　压电材料作为执行元件,具有价廉、质轻、小巧、易于与基体结合、响应速度快等优点。此外,它对结构的动力学特性的影响小,并且通过分布排列可实现大规模的结构驱动,因而具有较强的驱动能力和控制作用。

　　应用在 MEMS 执行器中的典型的压电材料是 PZT 陶瓷(锆钛酸铅 $PbZrO_3$ – $PbTiO_3$),其弹性模量为 63 000 MPa,应变为 0.001 量级。压电材料是高精度、高速驱动器所必须的材料,目前的典型产品包括微阀、微泵、超声微马达和微声器件等。

8.1.2　磁致伸缩材料

　　磁致伸缩材料是一种同时兼有正逆磁机械耦合特性的功能材料。当受到外加磁场作用时,便会产生弹性形变;若对其施加作用力,则其形成的磁场将会发生相应的变化。磁致伸缩材料在 MEMS 中常用作传感器和执行器材料。

　　早期典型的磁致伸缩材料是合金镍、镍 – 钴、铁 – 钴、镍铁氧体,其磁致伸缩系数可达 $(100 \sim 1\ 000) \times 10^{-6}$,称为巨磁致伸缩材料。这类材料一般都含有铽、钐、镝等稀土元素,如 $TbFe_2$,$SmFe_2$ 等。特点是:在磁场的作用下,其长度、应力、弹性模量与声在其中传播的速度均会发生变化,同时,因其磁畴呈直线,可承受 1 400 $\mu\varepsilon$ 的应变,比压电陶瓷高一个数量级,并且具有高的机电耦合系数和宽的工作温区。

　　利用磁致伸缩材料的逆磁致伸缩效应产生形变可获得非常精密的微米级位移控制。这种位移控制在精密仪器与精密机械、光学仪器、微电子技术、光纤技术以及生物工程方面都有重要的应用。磁致伸缩驱动器的另一个重要应用是产生直线和旋转运动的超声马达,它以超声波振动为动力源,通过接触摩擦转换能量,形成旋转或位移输出,具有结构简单,快速低转矩等特点,在机器人、摄像机或照相机的自动变焦距系统及航天航空领域有良好的应用前景,也是近年的研究热点之一。

8.1.3 形状记忆合金材料

形状记忆合金利用应力和温度诱发相变的机理来实现形状记忆功能,即将已在高温下定型的形状记忆合金放置在低温和常温下使其产生塑性变形,当环境温度升高到临界温度(相变温度)时,合金变形消失并可回复到定型时的原始状态。在此回复过程中,合金能产生与温度呈函数关系的位移或力,或者二者兼备。合金的这种升温后变形消失,形状复原的现象称为形状记忆效应,此类合金称为形状记忆合金(SMA)。

形状记忆合金是集"感知"与"驱动"于一体的功能材料,若与其他材料复合,便可构成智能材料。

目前最常见的形状记忆合金为铜基合金,它不仅成本低,而且由于热导率极高,对环境温度反应时间短,对热敏元件而言是极为有利的。性能最佳的形状记忆合金是钛－镍合金,这种合金可靠性最好,在强度、稳定性、记忆重复性和寿命等方面均优于铜合金,但是其加工成本高、加工困难,而且热导率比铜合金要低几倍甚至十几倍。此外,许多铁基合金也具有形状记忆效应,铁基合金成本低、刚性好、易加工。因此也受到人们的重视。目前,形状记忆合金材料的研究主要集中在铁－锰－硅合金的研究上,同时还有 FePt,FePd,FeNiC,FeNiTiCo 等。尽管形状记忆合金的种类不少,但目前已实用化的只有钛－镍(如 NiTi,NiTiCu,NiTiFe 等)和铜基合金(如 CuAlNi,CuZnAl 等)。表8.2 列出了几种有代表性的形状记忆合金的成分与性能[14]。

表8.2 几种有代表性的形状记忆合金的成分与性能

项目	量纲	Ni－Ti	Cu－Zn－Al	Cu－Al－Ni	Fe－Mn－Si
熔点	℃	1 240 ~ 1 310	950 ~ 1 020	1 000 ~ 1 050	1 320
密度	kg/m³	6 400 ~ 6 500	7 800 ~ 8 000	7 100 ~ 7 200	7 200
比电阻	$10^{-6}\Omega \cdot m$	0.5 ~ 1.10	0.07 ~ 0.12	0.1 ~ 0.14	1.1 ~ 1.2

续表 8.2

项目	量纲	Ni – Ti	Cu – Zn – Al	Cu – Al – Ni	Fe – Mn – Si
热导率	W/(m·℃)	10 ~ 18	120(20 ℃)	75	—
热膨胀系数	$10^{-6} \cdot ℃^{-1}$	10(奥氏体) 6.6(马氏体)	— 16 ~ 18 (马氏体)	— 16 ~ 18 (马氏体)	15 ~ 16.5
比热容	$J \cdot kg^{-1} \cdot ℃^{-1}$	470 ~ 620	390	400 ~ 480	540
热电势	10^{-6} V/ ℃	9 ~ 13 (马氏体)	—	—	—
热膨胀系数		5 ~ 8 (奥氏体)	—	—	
相变热	J/kg	3 200	7 000 ~ 9 000	7 000 ~ 9 000	—
E – 模数	GPa	98	70 ~ 100	80 ~ 100	—
屈服强度	MPa	150 ~ 300 (马氏体) 200 ~ 800 (奥氏体)	150 ~ 300 —	150 ~ 300 —	$35(\sigma_{0.2})$ —
抗拉强度 (马氏体)	MPa	800 ~ 1 100	700 ~ 800	1 000 ~ 1 200	700
延伸率(马氏体)	% 应变	40 ~ 50	10 ~ 15	8 ~ 10	25
疲劳极限	MPa	350	270	350	—
晶粒大小	μm	1 ~ 10	50 ~ 100	25 ~ 60	—
转变温度	℃	– 50 ~ + 100	– 200 ~ + 170	– 200 ~ + 170	– 20 ~ + 230

续表8.2

项目	量纲	Ni – Ti	Cu – Zn – Al	Cu – Al – Ni	Fe – Mn – Si
滞后大小 $(A_a - A_f)$	℃	30	10 ~ 20	20 ~ 30	80 ~ 100
最大单向形状记忆	% 应变	8	5	6	5
最大双向形状记忆	% 应变				
$N = 10^2$		6	1	1.2	—
$N = 10^5$		2	0.8	0.8	—
$N = 10^7$		0.5	0.5	0.5	—
上限加热温度 (1 h)	℃	400	160 ~ 200	300	
阻尼比	SDC – %	15	30	10	
最大伪弹性 应变(单晶)	% 应变	10	10	10	
最大伪弹性 应变(多晶)	% 应变	4	2	2	—
回复应力	MPa	400	200	—	190

近年来,由于 MEMS 的发展对新型执行器的要求日益迫切,加上溅射工艺技术的不断发展,形状记忆合金薄膜作为新型驱动材料的优点已受到广泛的关注。形状记忆合金薄膜除了具有形状记忆合金材料的优点外,还由于其表面积加大,增强了散热能力,从而提高了响应速度;因为电阻率提高,所以增强了温度、应力检测的灵敏度,并且易于集成化制造。

形状记忆合金的应用主要集中在以下几个方面:机械器具、汽车部件、能源开发、电子仪器、医疗器械、空间技术等。

8.1.4　凝　胶

凝胶是一种在一定条件下可产生膨胀和收缩效应的聚合物。凝胶至少由两种成分组成:一种是液体;另一种是由长聚合物分子组成的网状结构。网状结构与液体化合,可重新分开。

在 MEMS 中,可利用凝胶来制造执行器和传感器,它具有很高的机械转换效率。

当凝胶与溶解物化合时,体积膨胀变大,当溶解物被释放出来时,凝胶的体积收缩变小。溶解物的吸收和释放过程可以通过各种效应来加速和扩大。如果把单个的聚合物分子放入溶液中,它既可以扩展(膨胀),也可以互相卷成团(收缩)。有些聚合物链具有亲水性,因此如果把它放在水溶液中,水分子与它化合,使它扩展(膨胀)。而如果聚合物链是疏水的,则在水溶液里,这些链相互卷成卷,或者说,作为整体的凝胶会在有水时收缩。

凝胶也可以响应磁场,将铁磁性材料置于凝胶内部,凝胶受到磁场作用,铁磁性物质产生热效应,凝胶温度升高,触发凝胶溶胀或收缩。当磁场消失时,温度回复,凝胶也回复原来的形状。所研究的聚合物链也可以含有带电的团,这样的聚合物链在绝缘的溶液中,会产生膨胀。而在绝缘溶液中加入电解液,就会使凝胶再一次收缩。

具有可收缩和可膨胀特性的凝胶有:聚苯乙烯(膨胀性较差)、聚乙烯醇及其衍生物(膨胀性较好)、聚丙烯酸盐(膨胀性很好)。凝胶的活性是可以改变的,方法如下:改变溶液的 pH、热效应、光作用、静电相互作用等。

利用凝胶在外界刺激下的变形、膨胀、收缩产生机械能,可实现化学能与机械能的直接转换,从而可开发出以凝胶为主题的执行器。其特点具有很高的机械转换效率、无摩擦、可作为柔性体使用。

8.1.5　电流变体

电流变体(ERF)是一种人工合成的材料,它是集固体属性与液体的流动性于一体的胶体分散体。它其实是微米尺寸的介电颗粒均匀弥散地悬浮在另一种互不相溶的绝缘载液所形成的悬浮液体。在外加电场作用下,胶体粒子将被极化并沿电场方向呈链状排列,从而使其流变特性如黏性、塑性、弹性等发生巨大的变化,或者由黏性液体转变成固态凝胶,或者其流体阻力发生难以预料的变化(剧增)。当电场减弱或消失时,它又可以快速地恢复到原始状态。由于电流变体的特殊性能,使它有望制成原理全新的电流变体阀门、执行器、伺服减震装置、无极调速装置等,在交通、计算机控制、能源、化工、国防、航空、机器人等领域或部门得到应用。

电流变体的组成一般包括如下几种成分:

(1)连续介质(或称溶剂、载体):低黏度液体,如硅油、石蜡油、橄榄油等矿物质,还包括辛烷、甲苯、汞、聚苯醚等。要求这些液体具有高密度、高沸点、高燃点、低冻点、低黏度、疏水性,同时具有电阻大、介电强度高、化学稳定性好、无毒、价格低廉等特点。通常,冻点为 − 40 ℃ 左右,黏度在 0.01 ~ 10 Pa·s 之间,介电常数为 2 ~ 15。

(2) 粒子介质(或称溶质、介电微粒)主要有 3 类:金属类(铁、钴、镍、铜、铁氧体、氧化铁、四氧化三铁等)、陶瓷类(压电陶瓷、高岭土、硅藻土、硅石、沸石等)和半导体高分子材料类(明胶、淀粉等)。粒子介质通常具有亲水性和多孔性。在稀流体中,在电场作用下呈分立的球形颗粒,各向异性。粒子的直径一般为 0.01 ~ 10 μm,每克表面积约为 400 m²。由介电粒子及其表面包覆层所构成的分散相,其介电常数多数在 2 ~ 40 的范围内取值。一般情况下,粒子介质的体积约占连续介质的 15% ~ 45%。

(3) 稳定剂:主要有油酸、亚油酸等不饱和脂肪酸铵、酒精、胺、聚胺类、磷酸衍生物、盐类、皂类、长链状高聚物等。其作用是增加悬浮粒子的稳定性或产生粒子间的胶态分子团桥,让粒子既不产生沉淀又不出现絮凝,从而使流体始终处于溶胶或凝胶态。也就是说,稳定剂的存在,使得分散粒子与连续介质之间形成许多亚微粒群,且这些群体的空隙中含有大量的流体。无论对何种流变体而言,稳定剂的适量使用都是非常关键的,量少则粒子产生沉淀,量多则流体呈糨糊状,一般用量为粒子质量的 0.03% ~ 0.05%。

(4) 添加剂:指有机活性化合物、非离子表面活化剂和水等,通常也是电流变体的重要组成部分。对于电流变体而言,在许多场合下,用水作为添加剂。由于添加剂的含量直接并且显著影响电流变效应,添加剂含量太高或太低都会使电流变效应明显减弱,所以必须严格控制其含量,一般应占固体粒子质量的 5% ~ 10%。此外,甘油、油酸、洗涤剂等有时也可用作添加剂。

由于它的集固体属性与液体的流动性于一体、高机械转换效率、无摩擦和柔性体等特点,在 MEMS 执行器中,电流变体主要用于制造微阀、微泵、微开关和其他没有机械运动的微执行器。

8.1.6　磁流变体

在外加磁场的作用下,某些流体的黏度会迅速发生显著变化,流体的流动屈服应力增大,从而改变其流变特性,当去掉外加磁场时,流体又恢复到原来的状态,其响应时间仅为几毫秒,这种现象称为磁流变效应,能产生磁流变效应的流体称为磁流变体(MRF)。

磁流变体由 3 部分组成,可在磁场中产生极化的离散微粒、载体液和稳定剂。可极化微粒是铁磁性和顺磁性的球形微粒(如铁、镍、钴、铁氧体和石榴石等),其直径一般为 1 ~ 10 μm;载体液要求具有良好的温度稳定性、阻燃性且不易产生污染,一般采用硅油、煤油和合成油等;稳定剂的作用是确保磁流变体良好的沉降稳定性和凝聚稳定性,因为磁流变体是分散相,直径为微米级的粗分散体系,在重力和离心力的作用下容易产生沉降现象,磁性微粒由于化学和物理作用易发生凝聚现象。当磁流变体处于外加磁场中时,其黏滞系数明显增加,其主要原因是结构元的变化。

MRF 与 ERF 都属于致流变体,两者的功能类似,MRF 的强度比 ERF 高 1 ~ 2 数量级,从而可以缩小容载器的体积;MRF 工作的温度范围为 - 40 ~ 150 ℃,ERF 工作的温度范围为 - 25 ~ 125 ℃,MRF 温度范围更宽;MRF 不受杂质影响,化学稳定性优于 ERF;就用电安全方面考虑,ERF 采用高电压(1 ~ 5 kV),MRF 采用低电压(12 ~ 24 V)。可以说 MRF 比 ERF 更加实用。

由于磁流变体具有优良的可控性能,因此在工程上具有广阔的应用前景,主要应用在以下几个技术领域:汽车制造行业、液压控制领域、机械制造行业、机器人领域、建筑结构领域和军事控制领域。

8.2　MEMS 电动机

无论是 MEMS 系统的加工、制作和装配所必须的工具、装置,还是应用在各个领域的微机器人、微机械手,对微小物体的操作是其最重要的任务之一。能够灵活、精确、多方位地操作微小物体是评价微电机系统或微操作装置优劣的重要性能指标。因此作为动力元件的微电机是其中最为核心的部件,也一直是 MEMS 领域研究的焦点之一。

微电机的结构形式和种类极为多样,目前已出现的微电机的主要类型有:静电式、电磁式、超磁致伸缩式、压电式及形状记忆合金式等。其中,静电式和电磁式的转子 / 定子间为非接触驱动;形状记忆合金式为直接驱动;压电式和超磁致伸缩式为接触式驱动,并具有保持力。

8.2.1　静电型 MEMS 电动机

当对两个导体施加电压的时候,会产生静电力。静电力的大小与尺寸的平方成正比。静电力很少用于驱动宏观机械,但是微型器件通常有较大的表面积体积比和非常小的质量,使得静电力成为一种很有吸引力的微执行驱动源。

1. 基本原理与分类

静电电动机的运行原理有两种:一种是利用介电弛豫原理;一种是利用电容可变原理。

利用介电弛豫原理的静电电动机一般称为静电感应电动机或是异步介电

感应电动机。其具体原理如下:如果将一个介电转子置于旋转电场中,那么就会在转子表面感应出电荷,由于介电弛豫,这些电荷滞后于旋转电场,这些感应电荷与旋转电场之间的偏移就产生了一个作用在转子上的转矩。如果转子由多种介质构成,那么不同的介电弛豫过程就会叠加,在不同的频率下起作用。由于电动机运行时,转子的角速度小于旋转电场的角速度,因此这种电动机称为"异步",电动机的转矩与效率都取决于转子角速度与旋转电场角速度之比。如图 8.1 所示为异步介电感应静电电动机的结构示意图[10]。电极静止排放,相差 90° 相位角的两个电压用来产生旋转电场。

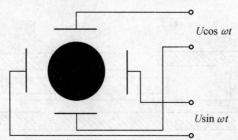

图 8.1   异步介电感应静电电动机的结构示意图

利用电容可变原理的静电电动机是指利用带电极板间基于静电能的能量变化趋势产生机械位移,这种作用力使两个电极趋于互相接近,并达到一个能量最小的稳定位置。电动机的定子为静止电极,转子为移动位移,通过限制转子向定子方向移动的自由度,就可以使转子获得一个单一方向的位移。

目前以电容可变型静电电动机的研究最为普遍,电容可变型静电电动机分为直线型和旋转型两类。

如图 8.2 所示为矩形波驱动直线型静电电动机的结构示意图[10],定子和动子上都制备有电极,通过对定子与动子间施加一系列电压可以使动子产生一步步的直线运动,可以通过调节电极上施加的电压大小来控制运动速度,此电动机采用矩形波电压驱动,动子电极分为四相,定子电极分为 3 组。

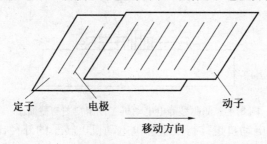

图 8.2   矩形波驱动直线型静电电动机的结构示意图

　　旋转型静电电动机一般以多晶硅材料制成。对一组定子电极施加偏压,则该组中任一给定电极与其相邻的转子轮齿之间会产生面内电场,并在它们之间产生静电引力,从而使轮齿与定子对准,通过分组连续激励定子电极,转子可以实现持续的运动。

　　旋转型静电电动机可以分为3种:顶驱动型、侧驱动型和摆动型。顶驱动型旋转静电电动机的结构是定子在转子的上面,定子电极与转子电极之间形成电容,电容中电场变化产生一个相对轴承为切向的静电力,直接驱动电动机旋转。图8.3所示是一个顶驱动型静电电动机的部分截面图[10]。

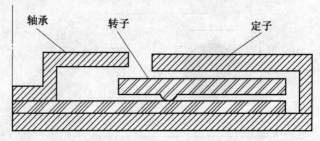

图8.3　顶驱型静电电动机的部分截面图

　　侧驱动型静电电动机转子在定子里面,电能储存在定转子电极间的空气间隙里,产生的静电力的方向相对轴承也为切向。图8.4所示为侧驱动型电动机的俯视图与截面图[10]。

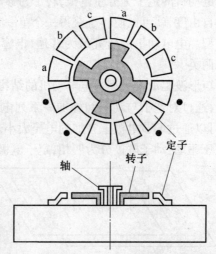

图8.4　侧驱型静电电动机工作俯视图与截面图

　　摆动型静电电动机也称行波型静电电动机。转子的外径比定子的内径小一些,电动机的运行依靠径向静电力吸引转子向被激励的定子电极方向运动,当按照一定顺序激励定子电极时,就可以实现转子在定子直径内滚动。图8.5所示为带有中心轴承的摆动型静电电动机的结构简图[6]。

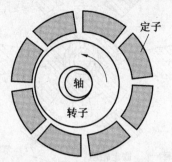

图 8.5 摆动型静电电动机结构简图

对于可变电容式 MEMS 电机,主要问题是进一步提高转子的稳定性,增大输出转矩以及使制作工艺不断简单化,一般要达到前两个目的都是以牺牲后一个目的为代价。

2. 变电容式步进 MEMS 电动机

图 8.6 所示为静电驱动变电容步进 MEMS 电动机的剖面图[2]。变电容式步进 MEMS 电动机主要由转子和定子组成。转子和定子常用厚度为 $1.0 \sim 1.5\ \mu m$ 的多晶硅片制成。转子直径多为 $60 \sim 120\ \mu m$,转子的静电极数一般为 4 个或 8 个;定子的静电极数为 6 个、12 个或 24 个。具体根据电极旋转状态设定。转子和定子电极之间的空隙为 $1 \sim 2\ \mu m$,或者稍大一些。静电场加在转子和定子之间。

变电容式 MEMS 电动机的作用原理是基于转子电极和定子电极之间变化电容产生的储蓄电能为

$$W = \frac{1}{2}CU^2 \qquad (8.1)$$

式中,U 是加在转子和定子之间的偏置电压,对于如此微小尺寸的装置,偏置电压 U 通常在 $10 \sim 100\ V$ 之间;C 为驱动电极间的变电容。

由此可得相对于转角 θ 的转矩为

$$T(\theta) = \frac{1}{2}\frac{\partial C(\theta)}{\partial \theta}V^2 \qquad (8.2)$$

为了确保转子启动运转,转矩必须克服摩擦力矩。

为了确保转子相对定子的步进转动时序,在前一对电极产生步进后,相邻的下一对电极的相对位置必须在转矩的最大位置上,才能使转子继续启动。因此,转子的电极数和定子的电极数不是随意的。若转子电极数选取 4 或

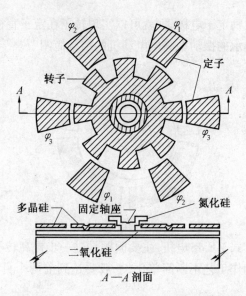

图 8.6   静电驱动变电容式步进 MEMS 电动机剖视图

8 个,则定子电极数应为 6,12 或 24 个。此外,还需设计外部驱动电路,保证偏置电压的施加时序。

MEMS 电动机的转动步幅是定子电极数 n_s 和转子电极数 n_r 的函数,即

$$\phi = 2\pi\left(\frac{1}{n_s} - \frac{1}{n_r}\right)(\text{rad}) \tag{8.3}$$

图 8.6 所示的转子电极数为 8 个,定子电极数为 6 个,由式(8.3)计算得 ϕ 为 15°,也就是说旋转 1 周 360° 需要走 24 步,这种电动机称为步进 MEMS 电动机。

在 MEMS 电动机当中,工作中的摩擦和表面吸附力对其输出力矩和器件稳定性都有很大影响,为了降低工作中的摩擦和表面吸附力,可以采取如下措施:相对运动的接触表面采用两种不同材料匹配,如采用 Si_3N_4 和多晶硅接触的摩擦系数远小于两层多晶硅材料相接触间的摩擦系数;转子表面和衬底表面间由于间隙大小必然存在吸附力,可以通过在结构上采用微小球面接触支撑和悬浮力的方法来减小吸附力。

图 8.7 所示为对于图 8.6 所示的电动机结构的 A—A 剖面的局部放大部分[2]。

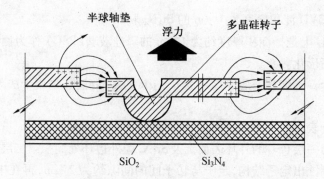

图 8.7　静电驱动变电容式步进 MEMS 电动机克服摩擦和表
面吸附力的局部结构

解决吸附效应的方法,一部分是依靠在转子的底平面设计一半球形衬垫,
与 Si_3N_4 衬底形成小球面接触,来支撑转子与 Si_3N_4 衬底不会因为吸附而接
触;另一部分是将转子设计得比定子平面略低一些,这样,静电场力将产生一
个垂直于衬底的分力,该分力将产生使转子向上的悬浮力,进一步使得转子不
会与衬底吸附。

上述的静电驱动变电容式 MEMS 电动机,采用表面微加工技术制作,其工
艺流程[2] 如图 8.8 所示。

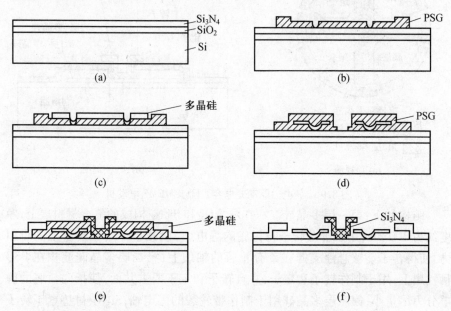

图 8.8　静电驱动变电容式步进 MEMS 电动机制作工艺流程

a. 硅衬底厚度选取 300 μm,其上热生长厚度为 300 ~ 500 nm 的 SiO_2 膜,

SiO$_2$ 上 LPCVD 淀积厚度为 1 μm 的 Si$_3$N$_4$ 膜。

b. Si$_3$N$_4$ 上选择淀积厚度约为 1 μm 的磷硅玻璃(PSG)作为牺牲层,采用干法刻蚀图形化。

c. 在 PSG 上淀积一层厚度约为 1.5 μm 的多晶硅膜,采用干法刻蚀出转子结构。

d. 转子表面淀积第二层 PSG,同时刻蚀出中心轴窗口。

e. 在第一层 PSG 的外环表面上及 Si$_3$N$_4$ 膜外边环处淀积第二层多晶硅膜,并用干法刻蚀出定子结构,定子与转子间的间隙约为 2 μm,再在中间部位填充 Si$_3$N$_4$,并刻蚀出带轮毂的固定轴。

f. 去除 PSG。

3. 变电容式 MEMS 同步电动机

图 8.9 所示为连续运转的变电容式 MEMS 同步电动机[2]。定子电极常选 12 个,转子电极为 4 个,采用 3 层多晶硅结构,尽量减小作用在转子上的摩擦力。

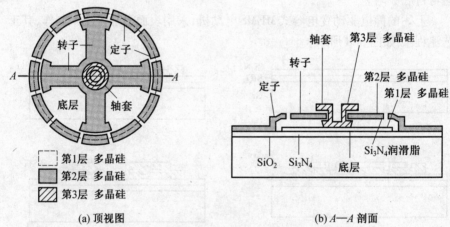

(a) 顶视图   (b) A—A 剖面

图 8.9　静电力驱动变电容式同步 MEMS 电动机

结构如下:第一层多晶硅淀积在由 SiO$_2$ 和 Si$_3$N$_4$ 构成的复合材料层上,厚度约为 300 nm,用来屏蔽转子与衬底的静电力,以减小作用在转子上的吸引力,使得转子能够悬浮支撑在带有轮毂的轴颈上;第二层多晶硅淀积在 PSG 牺牲层上,用于制作转子和定子,并且转子和定子要求共面,使指向衬底的静电分力尽量小;第三层多晶硅用于制作带轮毂的固定轴;Si$_3$N$_4$ 衬垫置于转子和轴颈、转子和定子之间,用来减小摩擦。

MEMS 同步电动机的制作流程[2] 如图 8.10 所示。

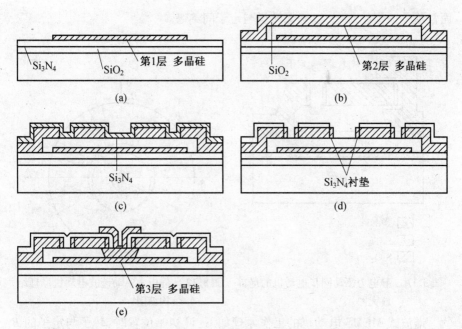

图 8.10　静电力驱动变电容式同步电动机制作工艺流程

　　a. 制备 SiO_2 和 Si_3N_4 构成的复合膜,在其上淀积一层厚度约为 300 nm 的多晶硅膜,作为基础平面。

　　b. 在多晶硅上制备厚度约为 2.2 μm 的 PSG 膜,作为牺牲层,PSG 膜上淀积第二层多晶硅膜,厚度约为 1.5 μm;多晶硅膜上再生长一层厚度约为 0.1 μm 的 SiO_2,用于保护多晶硅。

　　c. SiO_2 层上淀积一层厚度约为 340 nm 的 Si_3N_4,并采用干法刻蚀出窗口。

　　d. 刻蚀出 Si_3N_4 衬垫、转子及定子。

　　e. 再淀积 PSG 膜,并刻蚀出带有轮毂的轴颈;用 HF 去除所有的 PSG 牺牲层,释放出结构。

　　得到的 MEMS 同步电动机局部放大[2] 如图 8.11 所示。

4. 谐波式 MEMS 电动机

　　静电驱动谐波式 MEMS 电动机的结构原理[2] 如图 8.12 所示。其中定子由彼此分开并且绝缘的 4 节或 8 节同心圆弧段形成的圆柱套构成,圆柱套的长度可长可短。转子半径小于定子孔半径,套在定子内圆柱孔内,而且转子与定子孔不同心,转子轴心为 O_r,定子轴心为 O_s,偏心距表示为 H。由于有偏心距,转子在电场力的作用下,自转的同时,还会沿着定子内圆周公转。转子表面常覆盖一层绝缘层,以确保转子与定子间绝缘。

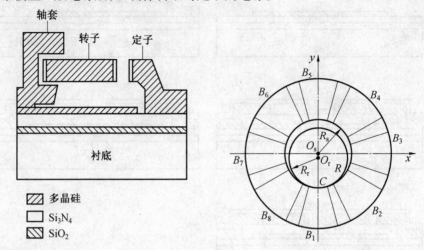

图 8.11 静电力驱动同步电动机的局部 图 8.12 静电力驱动谐波电动机原理结
放大图 构简图

谐波式 MEMS 电动机的工作原理如下:设初始位置时,转子与定子的 B_1 节接触,当电压施加在转子和定子 B_2 节之间时,电动势将使得转子沿着定子内圆周以滚动运转方式运行到 B_2 节上接触;然后,电压施加在转子和定子 B_3 节之间时,转子将从 B_2 节滚向 B_3 节;以此类推,电压施加到 B_4,B_5,$\cdots$,B_8,B_1,$\cdots$,便可维持转子连续运转。

由相对运动原理得出转子输出角频率为

$$\omega_r = \omega_H\left(\frac{R_s - R_r}{R_r}\right) \tag{8.4}$$

式中,R_s 为定子孔半径;R_r 为转子轴半径;ω_H 为偏心距 H 的角频率,即转子轴心的角频率;ω_r 为转子自转的角频率。

由上式可知,转子角频率 ω_r 取决于定子孔半径 R_s 和转子轴半径 R_r 之差,差值越小,ω_r 比 ω_H 越小。

谐波式 MEMS 电动机具有如下特点:转子与定子之间为滚动摩擦,有利于降低磨损、减小功耗;在转子和定子圆表面均匀分布微小凹槽,使得转子和定子之间的相对运动类似齿轮转动,避免了滑转;结构可靠,可获得大减速比,直接实现小转速、大力矩;不存在因空隙过小而产生的吸附效应。但是制作比较复杂。

5. 电悬浮 MEMS 电动机

前面介绍的 MEMS 电动机,因为有接触摩擦存在,运转中克服摩擦要消耗很大一部分电能。为了降低或是更进一步消除摩擦力的影响,有效改善 MEMS 电动机的动态性能,出现了电悬浮 MEMS 电动机。

电悬浮是一种电场力悬浮支撑。在电悬浮支撑下的转子,能够绕某一轴在悬浮平衡的位置上运转。但是这样的自由悬浮平衡,如果不外加控制,通常是不稳定的,稍有扰动,转子就会偏离平衡失去稳定。一般使转子自动稳定采用交流电源频率比驱动的谐振电路,通过调整谐振电路参数,实现转子位置的自动稳定。

图 8.13 所示为电悬浮 MEMS 电动机的原理结构[2]。转子在垂直方向会出现一个平衡位置,但是不稳定。如果在导电极板上施加一个直流电压,在电场力的作用下,转子会立即靠向定子平面。

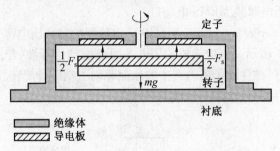

图 8.13　静电力电悬浮电动机原理结构图

图 8.13 所示系统是不稳定的,一旦有扰动,转子就会失去平衡。为了使转子能够自动稳定在平衡位置上,改接的 RLC 串联谐振系统[2] 如图 8.14 所示。此电路利用交流电源驱动 LC 谐振电路,通过调节电容可实现转子自动稳定在平衡位置。转子保持稳定的条件为:LC 电路的固有频率 ω_{or} 必须小于电源频率 ω_s,即

$$\omega_o^- = \frac{\omega_{or}}{\omega_s} < 1 \tag{8.5}$$

此条件是电悬浮 MEMS 电动机设计的理论依据。

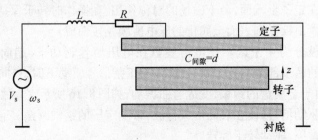

图 8.14　静电力电悬浮电动机电路系统

8.2.2　压电型 MEMS 电动机

压电型 MEMS 电动机按结构可分为行波压电电动机、驻波压电电动机和复合压电电动机;按照电动机激励部分的材料分为压电薄膜电动机和压电陶瓷电动机。

压电驱动的工作原理是基于压电体具有逆压电效应,当压电体受电场作用时会产生形变。与其他形式的驱动相比,压电驱动具有结构简单、输出转矩大、无电磁干扰、响应速度快、控制方便、微小位移输出稳定、不发热、无噪声等优点,所以,压电驱动已成为一种理想的微位移驱动技术。

1. 压电薄膜 MEMS 电动机

(1)行波压电薄膜 MEMS 电动机。

意大利 RiccardoCarotenuto 等人 1997 年研制的行波压电薄膜 MEMS 电动机[10] 如图 8.15 所示。该电动机的压电薄膜表面产生行波,经过面上金属杆的放大作用,通过磁性转子磁力产生的摩擦驱动上端转子旋转。

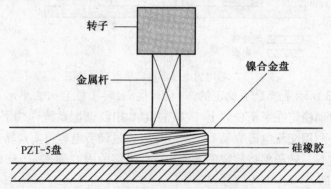

图 8.15　行波压电薄膜电动机结构

电动机的定子由一个圆形压电薄膜和固定在它中心上面的柱状钢轴构成,轴的上端面光滑,通过下面的硅树脂弹性作用约束。转子是永磁铁柱体,通过磁力压在定子上端面,由于磁场的对称作用,在操作时转子保持在定子上端中心。圆盘由镍盘和表面金属化的压电薄膜黏接而成。

盘面电极分为 4 个区。压电薄膜盘在电压信号驱动下,趋向于径向振动。当对角的两个部分在有 180° 相位差的正弦信号驱动下时,径向振动方向相反,同时由于金属盘的约束,变成弯曲振动,如图 8.16 所示[10]。如果给 4 个部分合适的驱动信号,便在表面形成行波,带动定子的钢轴圆摆。通过定子和转子之间的摩擦,驱动转子旋转。

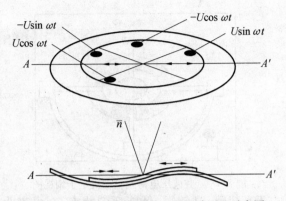

图 8.16　行波压电薄膜电动机的驱动原理示意图

（2）驻波压电薄膜 MEMS 电动机。

瑞士 P. Muralt 等人 1999 年研发出一种驻波压电薄膜 MEMS 电动机。该电动机利用鳞片结构,将薄膜的表面振动转化为电机的旋转运动,其结构[10]如图 8.17 所示。当薄膜向弹性鳞片移动时,鳞片压缩弯曲。转子旋转以释放压力,当薄膜背向鳞片移动时,摩擦力减小,鳞片跟随转子向前移动。钢轴由中心轮固定,顶端与齿轮相连。图 8.18 所示为定子表面电极分布图[10]。黑色部分表示电极,空心部分表示连线,左下角是下端面电极引线。电机驱动电压是在环电极上加一个简单的交流电和分别在环电极与中心电极加 180° 相位差的交流电。这两种方式均可激励沿厚度方向的驻波振动模式,从而驱动转子旋转。

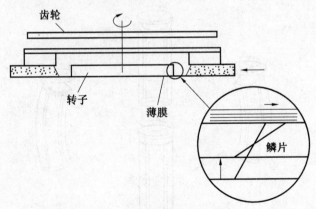

图 8.17　驻波压电薄膜电动机及"弹性鳞片"结构

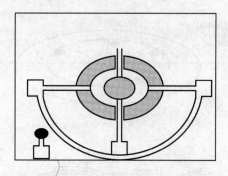

图 8.18　驻波压电薄膜电动机定子俯视图

该类电机由于其超薄、高转矩、低能耗的特点,在手表业中具有应用潜力。

2. 压电陶瓷 MEMS 电动机

压电陶瓷 MEMS 电动机主要是利用多层、复合的结构,将压电陶瓷的振动模式转换为 MEMS 电动机的旋转或直线运动。

(1) 行波压电陶瓷 MEMS 电动机。

此类电动机利用上端面的行波驱动转子旋转。具有一个柱状定子换能器和一到两个转子。定子换能器的振动[10] 如图 8.19 所示。极化方向沿壁厚方向,即由壁外侧指向壁内侧。筒外表面均匀分布 4 个电极,内表面为地电极。定子换能器使用 90° 相位差的交流电源驱动。上下表面的行波通过与定子的摩擦力来驱动物体。

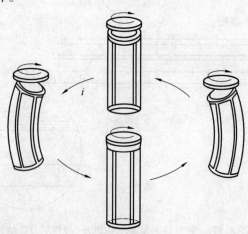

图 8.19　行波压电陶瓷电动机定子转动原理

(2) 驻波压电陶瓷 MEMS 电动机。

美国 BurhanettinKoc 等人 2000 年研发出一种具有金属 – 陶瓷复合结构的

MEMS 电动机,该电机利用压电陶瓷的径向振动模式,通过金属的 4 个悬臂梁,转换为电机的圆周旋转。电机由 4 部分组成:定子、转子、轴承和腔体。其中定子的构造是核心,由陶瓷和金属复合而成。压电部分是一个陶瓷环,沿厚度方向极化,如图 8.20 所示[10]。金属环使用电火花加工而成。沿着内圆周方向,90°放置内向臂。金属陶瓷结合在一起,但内臂是自由的。臂尺寸设计合适,它的第二次振动模式与陶瓷环的径向谐振频率相同。臂与定子接触面为锥形,以确保接触良好。

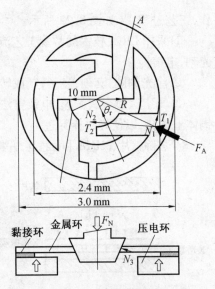

图 8.20 驻波压电陶瓷电动机定子结构及受力示意图

该电机工作原理为:在陶瓷振动一个周期内,当陶瓷环向内收缩时,4 个内臂夹住转子使其沿切向运动,由于臂的弯曲振动与陶瓷振动同频,因此,在压力的作用下臂弯曲。当陶瓷膨胀时,臂离开转子,沿相反的方向运动,形成椭圆运动,就是这种椭圆运动推动转子旋转。

8.2.3 电磁型 MEMS 电动机

电磁型 MEMS 电动机采用无刷电机结构。考虑到 MEMS 电动机的一些制造特点,电机的转子采用软磁材料。该电机为步进电动机,其工作原理[10]如图 8.21 所示。电机采用 4 极,转子为 50 个齿,每个定子为 5 个齿,4 对定子电极角度分布相差 1/4 齿距。在一对定子与转子磁力吸合时,其相邻的定子对的齿将与转子齿保持 1/4 齿的角间距,这样在下一步改变定子的磁力时,通过不断改变 4 对定子齿的磁力,转子就会每次以 1/4 齿距的角度转动,实现步进的效果。

上述电极可以采用 LIGA 技术制

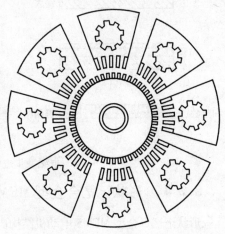

图 8.21 电磁型步进电动机原理图

作,工艺过程[10] 如图 8.22 所示。

①采用 LIGA 技术的常规工艺流程,在钛片上涂 PMMA 光刻胶,同步辐射光刻,电铸镍。

②涂光刻胶,套刻,显影,制成转子所需的牺牲层。

③真空蒸镀金属铜膜,电镀方法将铜膜加厚到 0.5 mm,采用机械方法在铜体上钻孔,以使导磁棒穿过。

④去除钛片、PMMA 和牺牲层,并将带有线圈的导磁棒安插到定子的插孔内。

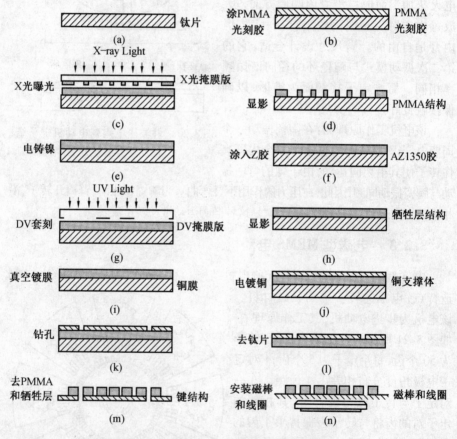

图 8.22　电磁型步进电动机制作工艺流程

8.2.4　形状记忆合金型 MEMS 电动机

形状记忆合金型 MEMS 电动机结构比较简单,有偏置式和推挽式两种,按照电动机的运动形式,其基本结构可分为直线位移型(图 8.23)和旋转位移型(图 8.24)。

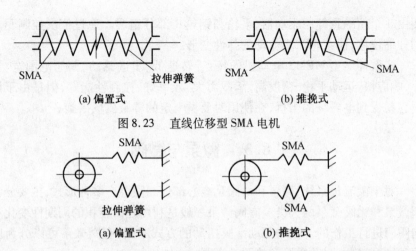

图 8.23 直线位移型 SMA 电机

图 8.24 旋转位移型 SMA 电机

对于偏置式而言,加热 SMA 弹簧,相变发生,形状回复力克服弹簧拉力,产生动作。冷却时,SMA 发生逆相变,此时,SMA 弹簧很软,在拉伸弹簧的作用下,执行器恢复到原来的位置。如此反复可使电机输出位移。推挽式原理是,加热一侧 SMA 的同时,冷却另一侧的 SMA,电机具有双向做功的能力。

形状记忆合金 MEMS 电动机的优点是:驱动电压低、结构简单、电场干扰小、无振动噪声、无污染。缺点是:记忆形状具有一定不稳定性,材料特性的变化会改变驱动频率,连接元件容易损耗。

8.2.5 磁致伸缩型 MEMS 电动机

磁致伸缩型 MEMS 电动机是利用磁致伸缩效应,在磁场激励源下,通过磁致伸缩型驱动器实现能量转换。

如图 8.25 所示为超磁致伸缩型谐波 MEMS 电动结构原理图。该结构主

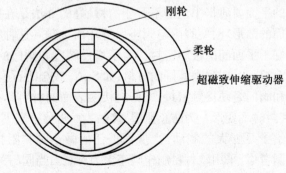

图 8.25 超磁致伸缩谐波 MEMS 电动机结构原理图

要由 8 个超磁致伸缩驱动器、柔轮和钢轮 3 部分组成。通过依次控制驱动器的伸缩位移,使柔轮产生流动的弹性变形。

磁致伸缩型 MEMS 电动机的特点:转速低、步进驱动、调速范围宽、惯量小、响应快、运动平稳、精度高、承载力大、效率好、控制性能好,但是由于该材料容易受到电磁场的干扰,在使用时要做一定的屏蔽磁场措施。

8.3　微泵与微阀

对于微流量系统,微泵和微阀是核心部件。微泵有多种形式,主要分为有阀微泵和无阀微泵两大类。有阀微泵一般是利用腔体容积的周期性变化和单向阀门进行工作的。根据驱动薄膜振动的方式不同,有阀微泵可以分为压电驱动微泵、静电驱动微泵和热驱动微泵。

8.3.1　有阀微泵

1. 阀座、阀门及驱动器

有阀微泵主要由制动器、阀门及阀座组成。阀座和阀门是泵的基础,与泵室连通,控制泵室流量的入口和出口。阀座制作在硅或玻璃衬底上;阀门多利用柔性体悬挂的硬中心凸台面,在泵中与阀座配对对准,如图 8.26 所示[2]。其中,图 8.26(a)所示为带硬中心的柔性硅平膜片式;图 8.26(b)为带硬中心的柔性硅波纹膜片式;图 8.26(c)为柔性硅梁悬挂式;图 8.26(d)为双稳态膜片式。这些微阀结构在泵中对流量流入和流出起着单向阀门的作用。

微阀结构设计的要求是,当阀门常闭时,在不同外界环境下,均要达到极低的流量泄漏率,为此,阀座和阀门的接触平面要非常平坦,在预紧力作用下能达到挤压密封。

相互接触的平面要研得平坦是不可能的,最好的办法是在阀座平面上制作出稍高于平面的凸形环,使阀门与阀座保持环面接触。这种窄环结构的密封性能要远远好于平面间的接触密封。为了增强阀座和阀门的耐磨性,可以在其接触表面上淀积一层耐磨性好的材料,如 Si_3N_4 或金刚石膜。

上述阀座和阀门是硬接触密封,即密封接触表面的材料具有极高的弹性模量,在接触密封时不变形。为防止泄漏,接触表面需要极端平坦、光滑,同时制动器还必须给予足够大的制动力,从而把任何微小颗粒阻挡在密封面之外。从防止泄漏考虑,采用软材料制作阀座更为有利。当阀门关闭时,阀座将产生轻微变形,借此可以补偿导致泄漏的任何缺陷。

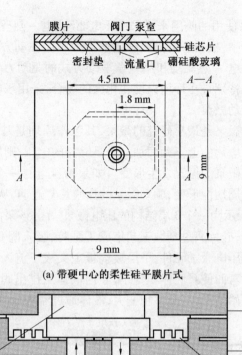

(a) 带硬中心的柔性硅平膜片式

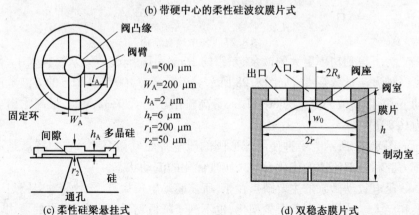

(b) 带硬中心的柔性硅波纹膜片式

(c) 柔性硅梁悬挂式

l_A=500 μm
W_A=200 μm
h_A=2 μm
h_r=6 μm
r_1=200 μm
r_2=50 μm

(d) 双稳态膜片式

图 8.26 几种微泵使用的阀门结构

对于微泵使用的阀门来说采用压电驱动、电 – 热驱动和热 – 气驱动比较好。实际设计中,根据系统需要确定适当的阀门驱动方式。压电驱动方式产生的驱动力比电 – 热驱动和热 – 气驱动方式的驱动力要大很多,更能可靠地保证泄漏率。特别是在环境温度变化大的场合,采用压电驱动更有优势。

2. 压电驱动微泵

压电驱动微泵是最早研究的微泵,其工作原理是基于压电晶体的压电特性。如果在压电片的上下两面加一个足够高的电压,则压电片就会产生形变,这个形变驱动微泵的振膜发生形变。如果给压电片一个连续的方波电压,则压电片就产生周期性形变,驱动微泵的振膜往复运动,从而驱动整个泵工作。

图 8.27 所示为一个 3 层结构的压电微泵[11]。该泵由上、下两层玻璃和中间的硅片构成,硅片通过刻蚀工艺集成了泵腔、吸入阀和排出阀,上层玻璃板上集成了一个压电激励元件,下层玻璃板上集成了流入和流出口。当施加电压时膜片向下弯曲使泵腔体积变小,腔内液体从排出阀流出。当电压撤销后膜片恢复到原始位置,泵腔体积变大,液体通过流入口吸入。

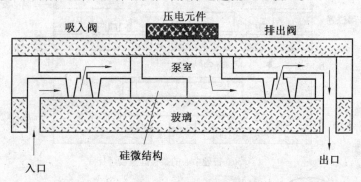

图 8.27   压电微泵结构

为了得到功率更大的微泵,东京的 Jung – HoPark 等人从结构入手,研制了一种大流量微泵[10],如图 8.28 所示。该微泵在 100 V,2 kHz 的方波电压驱动下,可得到最大流量为 80 mL/s,最高输出压力为 0.32 MPa,最高输出功率为 0.8 mW。

图 8.29 所示为一种使用球形阀的压电片驱动微泵[10],它的特点是通过压力腔和内部流道的优化设计来实现优化的流动状态。

压电致动微泵的主要缺点在于,所需驱动电压太高,导致驱动电路过于复杂和庞大。这样不利于泵微型化,也不利于降低功耗,限制了微泵的使用。

3. 静电微泵

电荷之间的引力或斥力产生静电力。利用这种静电力可以设计制造微驱

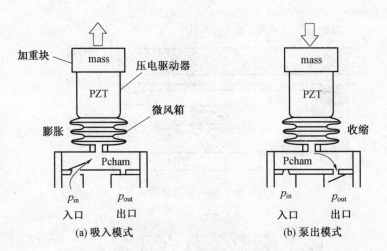

图 8.28   大流量的压电微泵

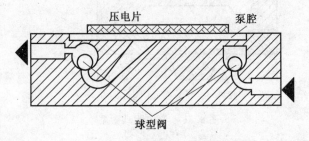

图 8.29   采用球形阀的压电微泵

动器,由于静电力与距离的平方成反比,因此驱动的行程不可能太大。因此它比较适用于微驱动系统。

图 8.30 所示为硅 MEMS 静电驱动薄膜泵的结构简图[10]。该泵由 4 片分两组组合而成,上面一组构成致动单元,下面一组构成阀单元。致动单元的上下两片通过中间的垫片和绝缘层隔离,形成一对电极,其中上片为固定电极,下片既是电极,又是可变形膜片。阀单元中的上下两片构成两个单向阀,阀的运动部件与阀体通过硅 MEMS 加工形成一体。当在两电极间通以交变电流后,膜片上下振动,泵室的体积也随之大小变化。当泵室体积变大时,泵内压力低于外部压力,在压差作用下,进口处单向阀打开,流体吸入泵内;出口处单向阀关闭,使出口端的流体不会倒流入泵室。当泵室体积减小时,进口关闭,泵内流体由出口压出。循环往复,就形成了泵流。

图 8.31 为另一种静电驱动的微泵[10]。其驱动频率范围为 1 ~ 100 Hz,可以实现的最大流量为 350 μL/min。

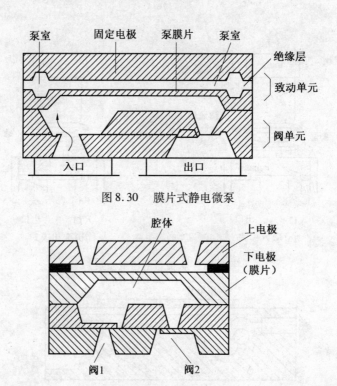

图 8.30   膜片式静电微泵

图 8.31   静电驱动微泵

4. 形状记忆合金微泵

　　形状记忆合金由于其特殊的相变激励,不仅可以有单向或双向形状记忆效应,同时还可以产生大的应变和大的驱动力,长期以来被人们作为智能驱动材料,得到广泛应用。近年来,形状记忆合金薄膜和微细加工技术相结合,制作各种毫米或微米量级的微小型驱动器,不仅满足了小型化的要求,还可与IC工艺兼容,可以实现批量生产。并且形状记忆合金薄膜的驱动功率密度比其他用静电、压电、电磁、热双金属效应等驱动原理制造的驱动器大近两个数量级。

　　图 8.32 所示为由 SMA 驱动的微泵原理结构图[2],微泵主要由泵室和两个阀门组成。泵室体积的变化由钛－镍记忆合金膜片的热弹性相变驱动和控制。热弹性相变取决于相变温度。钛－镍合金的相变温度为 60 ～ 75 ℃。在此温度以上,钛－镍合金组织为奥氏体相(高温状态);此温度以下,钛－镍合金组织由奥氏体相转变为马氏体相(低温状态)。在交变温度作用下,合金内部发生的热弹性相变为严格的周而复始,材料形状变化也为严格的周而复始,应力－应变曲线上无残余变形而呈现出超弹性,即完全弹性,并能产生较

大的应变和内能;因此,由钛－镍合金膜片驱动的泵室在每一循环的变化量不仅是完全重复的,而且可以实现较大的行程和发出较大的力。

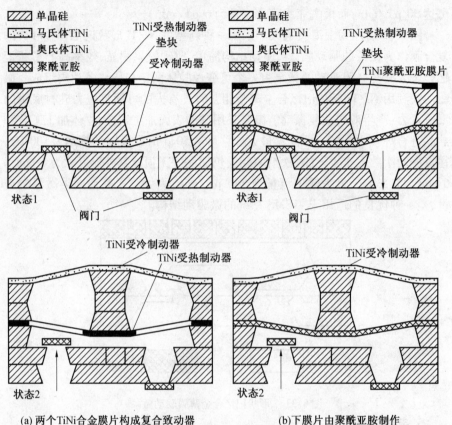

图 8.32　形状记忆合金驱动微泵原理结构图

图 8.32(a) 给出的微泵由两个钛－镍合金膜片致动器组成,中间经硅垫块将它们键合在一起,构成复合致动器。键合后的两个钛－镍合金膜片处于弯曲预紧状态。在图中状态 1 时,上膜片受热为奥氏体相,下膜片受冷为马氏体相。在复合致动下泵室被压缩,出口阀门打开,入口阀门关闭,流体从出口阀排放。状态 2 时,情况刚好相反,上膜片被冷却,转为马氏体相,而下膜片受热,转为奥氏体相,膜片反向致动,泵室膨胀,入口阀门打开,出口阀门关闭,流体从入口被吸入泵室,完成一个泵循环。在连续交变温度作用下,迫使复合致动器循环往复地连续动作,控制流体的流量率。

在图 8.32(b) 中,把与流体接触的下膜片改为聚酰亚胺材料制作,目的是将流体的热效应和化学反应与钛－镍合金膜片隔开。聚酰亚胺材料具有和钛－镍马氏体类同的柔韧性,并与硅材料具有良好的贴附性。不过全合金膜片的驱动性能要好于聚酰亚胺材料合成膜片的性能(全合金膜片的最大流量可达 50 μL/min,而聚酰亚胺膜片流量为 6 μL/min)。

图 8.33 所示为上海交通大学采用一种新型的 Ni/Ti 形状记忆合金和硅的复合膜作为微泵的驱动膜[10],驱动结构简单、驱动效果明显、效率高。形状记忆合金／硅复合膜驱动的微泵由一个可变性腔体两个单向硅薄片阀组成。微驱动膜利用 Ni/Ti 形状记忆合金薄膜相变时具有大的可回复应力硅衬底膜的反偏置力,产生双向往复振动。微泵采用硅的表面加工工艺、立体加工工艺和共晶键合等技术制备。驱动器最大位移可达 50 μm,最高驱动频率为 100 Hz,往复振动次数大于 4×10^7 次后驱动膜仍然完好无损。其外形尺寸为 6 mm × 6 mm × 1.5 mm,最大输出流量为 340 μL/min,大大高于其他同类微泵的流量,是一种优良的适用于 MEMS 系统的微驱动结构。

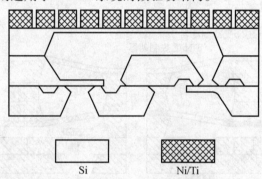

Si   Ni/Ti

图 8.33　形状记忆合金薄膜驱动微泵

5. 电热微泵

热驱动微执行器的优势之一是克服了静电驱动和磁驱动对距离有很大的依赖的弱点,热应力是结构应力,只要保证驱动结构能够获得所需的热能就能产生相应的形变,从而完成驱动。热驱动微执行器的另一个优势是作用力大,所以其应用范围更加广泛。同时,热驱动可以实现在集成电路电压范围内工作。但是最常用的热驱动微执行器是基于热膨胀效应,而一般固体材料的热膨胀系数很小,要让结构的热膨胀性有实用性,必须对结构做一些特别的设计。

(1)热空气加热微泵。

热空气结构[10]如图 8.34 所示,热空气结构由一个充满空气的腔、蛇形加热电阻和膜组成。加热电阻由一块薄的硅板支撑,而硅板由 4 个小的硅梁挂起,硅板同时起到密闭空气腔的作用。电阻发热,腔内空气温度升高,压力增大,推动膜向外膨胀;停止加热,膜回到原来位置。

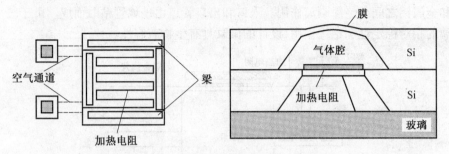

图 8.34 热驱动微泵热空气结构示意图

图 8.35 所示为热空气结构驱动的微泵结构示意图[10]。该结构除了微泵的一般结构外,还有一套气体通路。电阻加热使膜向下膨胀,泵腔中的压力增大,封闭入口阀门,同时推开出口阀门使腔内流体从出口排出,泵腔内压力下降,降至外界大气压时,出口阀门也关闭;停止加热,空气腔中温度下降,膜回到平衡位置,出口阀门关闭,入口阀门打开,吸入流体。基于热空气结构的微泵的优势是采用 MEMS 加工,可以实现精细操作,与其他类型的热驱动的微执行器相比,热空气结构利用的是气体的膨胀,其膨胀率远远大于固体。

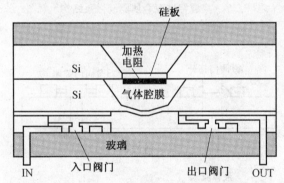

图 8.35 热空气结构驱动的微泵结构示意图

（2）双金属加热膜片微泵。

双金属加热膜片微泵是另一种电热驱动的微泵[10]。如图 8.36 所示,微泵的设计包括入口、泵腔、上下两片双金属加热膜片驱动装置、多晶硅加热电阻、两个被动式微阀、流体沟道和出口。应用铝硅双金属膜片作为驱动膜片。被动式单向阀多采用悬臂梁式结构,使阀膜片容易产生翘曲,导致反向泄漏较大,又容易疲劳和磨损,而且微观状态下的流体离子经常黏附于阀的表面导致泄漏问题。为避免这一问题,采用特殊的被动式微阀 —— 多晶硅圆膜阀片式微止回阀,该阀结构[10] 如图 8.37 所示。泵腔用湿法刻蚀工艺在双面抛光 n

型(110)硅片背面刻蚀获得。隔离材料采用 Si_3N_4 淀积在硅、多晶硅加热电阻和金属铝之间起绝缘隔离作用。入口和出口管道由玻璃管粘贴而成。由于玻璃的相对稳定性和绝缘作用,设计的微泵具有生物兼容性。

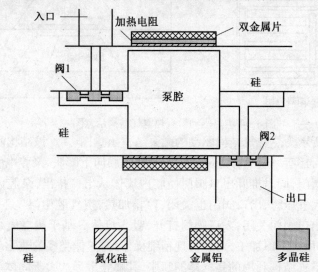

图 8.36　集成铝硅双金属驱动微泵结构示意图

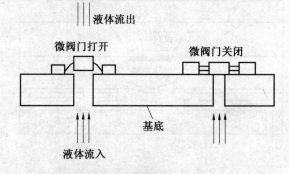

图 8.37　铝硅双金属驱动微泵的微止回阀

双金属膜片驱动集成微泵的工作原理如下:

常温不加热情况下,微阀始终关闭,以防止液体流出。如果给加热电阻施加驱动电压,则驱动膜片被加热。由于铝和硅材料的热膨胀系数的差异,使整个膜片向上弯曲变形,泵腔内部压力降低,这时出口阀门关闭。当泵室内压力及阀片开启压力之和低于泵外压力时,入口阀门打开,泵外物质经入口阀门进入泵腔。随着物质的补充,泵腔内压力开始增加。当泵内压力及入口阀片开启压力之和增加到与泵外压力相等时,物质不再被吸入泵腔,入口阀门关闭。

停止加热驱动膜片,由于散热,膜片将回到其起始位置,泵腔内压力增大,这时入口阀门关闭。当泵腔内压力高于泵外部压力及阀片开启压力之和时,出口阀门打开,物质经出口阀门排除泵腔,到达目的地。泵内压力开始下降,当降至与泵外压力及阀片开启压力之和相等时,物质不再被排除泵腔,出口阀门关闭。这样通过泵腔内压力的变化实现了物质的输送。该泵有望应用于胃病的内植式微药物控释系统的控制。

6. 磁致伸缩微泵

利用磁致伸缩效应制成的驱动器不仅结构简单、位移大、输出力强,而且机械强度高、过载能力强,易于实现微型化并可采用无线控制。近年来,磁致伸缩微驱动器在微流体控制系统、线性超声 MEMS 电动机以及微型行走机械中的应用均有重要进展。

稀土超磁致伸缩材料(GMM)也是一种重要的新型功能材料。在一定磁场作用下,该材料与传统的镍基或铁基磁致伸缩材料相比能够产生大得多的长度或体积变化。

磁致伸缩薄膜型驱动器结构[10] 如图 8.38 所示。其驱动原理是利用非磁性基片(通常为硅、玻璃、聚酰亚胺等),采用溅射或蒸镀方法镀膜,使其在基片上形成具有磁致伸缩特性的薄膜材料。当有外加磁场时,薄膜会产生变形,带动基片进行偏转和变化,从而达到驱动的目的。为增大变形量,通常在基片的一侧镀上具有正磁致伸缩效应的薄膜材料,如 TbDyFe(其磁致伸缩系数 $\lambda > 0$),而在基片的另一侧镀上具有负磁致伸缩效应的薄膜材料,如 SmFe($\lambda < 0$)。

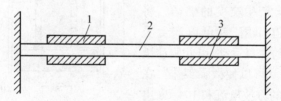

图 8.38　超磁致伸缩执行器原理
1— 磁致伸缩薄膜,$\lambda > 0$;2— 基片;3—GMM,$\lambda < 0$

利用 GMM 薄膜设计的微泵结构[10] 如图 8.39 所示。基片由硅制成,厚度为 10 μm;上侧镀上具有正磁致伸缩效应的厚度为 20 μm 的 TbDyFe;下侧镀上具有负磁致伸缩效应的厚度为 20 μm 的 SmFe。该泵的流量可以通过改变磁场频率来调整,当超磁致伸缩薄膜向上偏转时泵吸液;向下偏转时泵排液。当外磁场变化频率为 2 Hz 时,泵的输出量可达 10 μL/min。

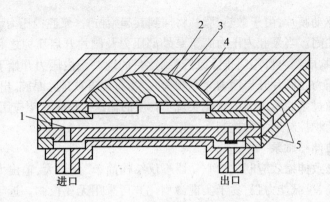

图 8.39　薄膜型磁致伸缩微泵
1—Si;2—TbDyFe 膜;3—Si;4—SmFe 膜;5—Si

7. 电磁致动微泵

将微泵置于正交的磁场和电场之中,借助于洛伦兹力,可以输运电解液为载体的溶液。为了防止表面电解液在电流作用下产生的气泡阻碍液体的输送,导致电极的性能下降,可以采用交流电、磁场的驱动方式。这种微泵根据输送物质的不同,流量从几微升每分钟到十几微升每分钟。这样的电磁驱动方式输送的溶液必须以电解液为载液。如果给一个线圈通以交变的电流,则线圈周围就会产生交变的磁场。将其与永磁体相互作用,就可以产生吸引 - 排斥交替的往复运动,以此驱动微泵的振膜振动,就可以使微泵工作。在 500 mA,10 Hz 的方波电流和 104 Pa 出口压差的条件下,可获得 684 μL/min 的较大流量。其驱动结构的典型结构[10] 如图 8.40 所示,这种驱动结构,原理和结构简单,成本低廉,比较具有实用性。

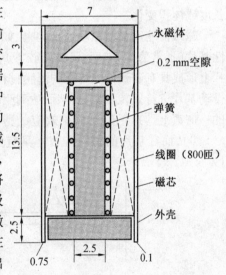

图 8.40　电磁致动微泵驱动部分截面图（单位:mm）

永磁体
0.2 mm空隙
弹簧
线圈（800 匝）
磁芯
外壳

8.3.2　无阀微泵

有阀微泵的工作原理较为简单,易于控制,制造工艺成熟,但由于整个泵体中存在阀片等机械可动部件,必然受到加工工艺和精度的限制,不利于微型化的发展,而且由于阀片的频繁开关,泵体的可靠性和使用寿命也不高。相比之下,无阀微泵可以避免因阀门磨损、疲劳及压降而降低工作寿命和可靠性,同时也适合在高频下工作。无阀微泵通常利用了流体在微尺度下的新特点,因此一般原理非常新颖。

1. 收缩–扩张型微泵

收缩–扩张型微泵是比较典型的无阀微泵。它以收缩和扩张的不同形状通道代替了单向阀,利用因通道不对称引起的压力损失的不对称性来实现流体的泵送,但是这类泵的反向止流性能较差。

图 8.41 所示为收缩–扩张型微泵的工作原理[2],它是基于扩散管和喷管的整流特性设计的,即在同样流速下,扩散管对流体的节流作用小于喷管对流体的节流作用。微泵一个循环包括"供给模式"和"泵激模式"。在供给模式下,膜片向上弯曲,泵室体积增大,如图 8.41(a) 所示,此时入口充当扩散管,出口充当喷管,导致从入口流进泵室的流量 q_i 大于从出口流进泵室的流量 q_o。在泵激模式下,膜片向下弯曲,泵室体积缩小,如图 8.41(b) 所示,此时出口充当扩散管,入口充当喷管,导致从出口流出的流量 q_o 大于从入口流出的流量 q_i。微泵经过一个工作循环,必有一定的净流量靠泵室的振动膜片致动,从入口到达出口输出。驱动频率的限制也是有阀微泵的缺点之一,而上述的无阀微泵的驱动频率可以达到几百赫兹。

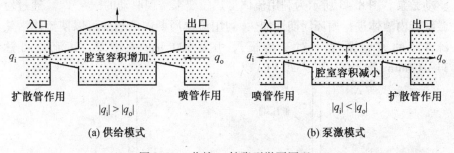

图 8.41　收缩–扩张型微泵原理

单腔室的膜片无阀微泵,工作过程容易产生周期性脉动流。为了减轻这种效应和改善泵的性能,常设计成推挽工作模式的双腔式并联无阀微泵[2],如图 8.42 所示。该方案不仅减轻了流量的脉动性,同时也提高了泵的工作效率。

2. 电液动力微泵

电液动力(EHD)微泵的原理是通过诱导液体中的电荷运动而产生动量,带动流体运动。电液动力微泵按照驱动电压可分为两种:一种是在平行电极间施加直流电压的 EHD 泵;另一种是在电极阵列上施加不同相位行波电压的

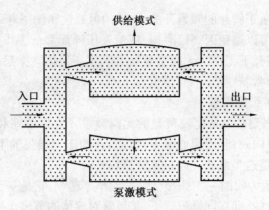

图 8.42 双腔式并联无阀微泵工作原理

EHD 泵。END 泵的原理比较新颖,但是这种泵对液体的导电特性有特殊的要求,往往还需要在液体中注入离子,这使其应用受到很大限制。

3. 热驱动型微泵

热驱动微泵是利用流体的热特性,例如热胀冷缩或相变来驱动工作流体。热气驱动的无阀蠕动泵主要由加热基片、膜基片和管道基片组成。膜片与管道之间的间隙处于常开状态,加热驱动将使间隙关闭,膜片的顺序动作促使流体定向流动。其加热部分也可不用电加热,而改用激光加热,称为激光热驱动微泵。图 8.43 所示为利用流体受热相变来实现驱动的微泵[10]。通过对微细管内液体进行循环周期性加热,利用流体周期内的相变可以使流体沿热源移动的方向泵送。 对于特征尺寸为 200 μm 的微泵,其流量可达 34 μL/min,最大泵压可达 20 kPa 以上。

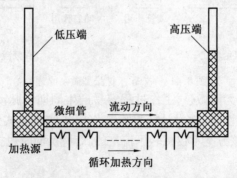

图 8.43 相变型微泵结构

8.4 微 阀

微阀主要用于要求对制造过程中流体进行精密控制的工业系统中,或者生物医学领域中,比如控制动脉中的血液流动。

8.4.1 压电微阀

在外界压力远远大于作用在微阀上的内压时,微阀关闭后可能无法再开启。因此必须使用有较大作用力的微执行器,以克服外部压力。图8.44所示为具有压力补偿功能的微阀[11]。该结构中采用玻璃基板,通过静电键合工艺将硅片固定在基板上,硅片上采用各向异性刻蚀工艺制作阀膜结构,同时在硅片上面连接了驱动膜片,驱动膜片的基底材料是玻璃,基底中央黏结了压电片。当施加电压使驱动膜片向上凸起时,阀膜被带动向上提起,流体可以通过阀膜和基板之间的间隙流出,这时阀门开通。当施加相反电压,驱动膜片向下凹陷时,阀膜也向下压,使阀膜和基板之间密封,流体无法流出,则阀门关闭。该阀门驱动膜片直径为10 mm,厚度为130 μm,压电片厚度为300 μm。当施加50 V电压时,阀膜与基板之间的间隙达到4 μm。

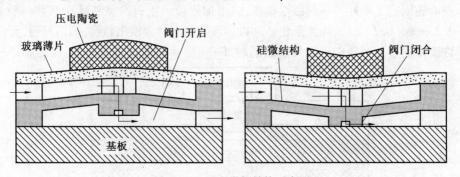

图8.44 压电微阀结构示意图

8.4.2 静电微阀

图8.45所示为采用SiO_2薄膜作为可动电极基底的静电微阀[11]。该阀门利用SiO_2薄膜存在内部应力的现象,使阀门腔体刻蚀成形后得到的SiO_2薄膜自然向上拱曲,而在施加电压后使SiO_2薄膜被吸引到向下拱曲,将阀门入口堵住,从而关闭阀门。该阀门采用体加工和表面加工组合工艺制作。该阀门可以低成本批量制造,具有寿命长、死区小、抗冲击的优点,并可以将多个微阀

集成在一起,构成多路流体控制系统。

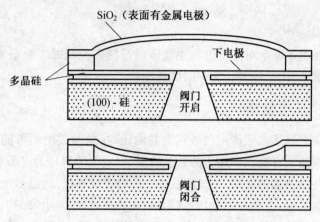

图 8.45　静电微阀结构示意图

8.4.3　电磁微阀

图 8.46 所示为一个尺寸为 6.25 mm × 6.25 mm × 0.5 mm 的电磁微阀[11],该阀由上、下两硅片组成。下面的主动硅片上具有一个 2 mm × 2 mm 的方膜片,该膜片为电镀淀积的 FeNi 合金,通过 4 个角连接在硅片上。膜片中心还固定了一片同样的磁性材料,以增加强度。上面的被动硅片上有一个 0.2 mm × 0.2 mm 的圆锥形出／入口。该阀断电时为输出状态,阀门开通,允许流体通过。当通电产生外加磁场时,FeNi 膜片被磁力吸引向上,被动膜片

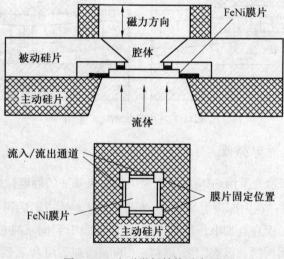

图 8.46　电磁微阀结构示意图

上的出／入口堵住,关闭阀门。

8.4.4 形状记忆合金微阀

图 8.47 所示为采用 SMA 作为热响应执行器的控温水阀[11]。该阀门有热水和冷水两个进水口,热水和冷水在阀体内混合后成为温水,通过出水口流出。通过调节冷、热水入口截面大小比例,可以调节出口水温。SMA 弹簧在混合水温较低时较为柔软,在普通弹簧的作用下被压缩,这时热水入口较大,而冷水入口较小,使混合水温升高。当混合水温超过 SMA 相变温度时,SMA弹簧变硬,伸长,带动滑块向左移动,使热水口变小,冷水口增大,这时混合水温下降。因此该阀的出水温度会被控制在预先设定的温度附近,温度预设是通过旋转螺杆调节冷、热水入口初始位置而实现的。

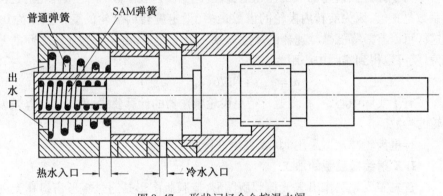

图 8.47　形状记忆合金控温水阀

8.5　微行星齿轮减速器

变速装置在微执行器中用途较广。微行星齿轮减速器可以降低微电机的转速,提高微电机的输出力矩,是 MEMS 系统的重要组成部件。微行星齿轮减速器结构[2] 如图 8.48 所示。太阳轮是输入轮,旋转内齿轮是输出轮,输入输出轮同轴。微行星齿轮减速器有 3 个理论中心距,分别是太阳轮和行星轮的理论中心距 a_{ag},固定内齿轮和行星轮之间的理论中心距 a_{bg},旋转内齿轮和行星轮之间的理论中心距 a_{cg}。3 个理论中心距彼此不同,为了保证啮合,在行星轮 g 和齿轮之间必须有一个共同的实际中心距。显然,实际中心距在最小值 a_{min} 和最大值 a_{max} 之间。

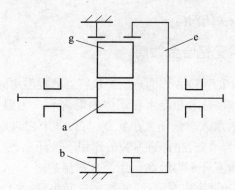

图 8.48　微行星齿轮减速器结构示意图

a— 太阳轮;g— 行星轮;b— 固定内齿轮;e— 旋转内齿轮

为了保证微齿轮的加工性和啮合性,避免微齿轮干涉,设定微齿轮的定位系数是正值,因为旋转内齿轮的齿数最多,设定旋转内齿轮的变位系数为0,这样可以有效降低微减速器的尺寸。基于以上设定,由 a_{max} 和 a_{min} 之间的差值,就可以得到实际中心距为

$$a = a_{min} + 0.76(a_{max} - a_{min}) \qquad (8.6)$$

有了实际中心距,根据通常行星齿轮减速器的计算公式,就可以计算微齿轮的参数。

行星齿轮减速器采用 LIGA 技术进行加工。

1. X 射线掩膜版的加工

首先需要先制作出 X 光掩膜版图形,掩膜版图形是通过矩形窗口在光刻胶上连续曝光而形成的。因此,用 LIGA 技术制备微齿轮的第一步是要把齿轮进行矩形分割,且矩形窗口在 0.1 ~ 150 μm 之间(视掩膜版曝光机技术参数而定),分割要包括所有的区域,只能重叠,不能遗漏,否则,曝光不到的地方将不能显影成图形,齿轮的制作就不会成功。因此,将各个微齿轮图形分割成无数个长方形图形。图 8.49 是太阳轮、外轮齿分割图[2],图 8.50 是内齿轮、内轮齿分割图[2]。

在镀 Cr 玻璃板上用以上的图形进行紫外线曝光,形成制作微齿轮 X 光掩膜版的过渡掩膜版。在硅表面生长 5 μm 的金刚石膜作为 LIGA 掩膜版的支撑膜,在金刚石膜上溅射 Cr 和 FeNi 作为电镀起始层。然后,甩光刻胶、曝光、显影、镀金 10 μm。在硅片背后开窗单面刻蚀至金刚石膜终止可得 LIGA 掩膜版。

2. X 射线深层光刻和微电铸

用以上的微齿轮 LIGA 掩膜版做掩膜,PMMA 作为光刻胶,使用中国科学

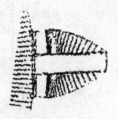

图 8.49　太阳轮、外轮齿分割图

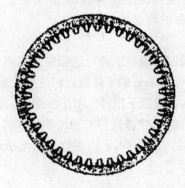
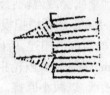

图 8.50　内齿轮、内轮齿分割图

院高能物理研究所同步辐射装置的 X 射线做光源(该同步装置储存环能量为 2.2 GeV,电子束流强度为 80 mA),进行曝光试验。然后显影并电铸镍,为使电铸时电流密度均匀,在设计时对原无孔的行星轮中间加了 $\phi0.15$ mm 小孔,以使铸后结构完整,质地致密,表面光滑。

3. 微复制

微复制可以得到大深宽比的微结构。微复制所需要的塑料材料成本低、种类多。在真空热压系统下进行,设备简单、塑料用量少、对模具的影响小、微结构容易加工。图 8.51 是微复制原理图[2]。在得到金属模具后,微齿轮的微复制工作就可以开展。

模压工艺中,模压温度、模压压力和时间、脱模温度、脱模速率和距离都是决定模压效果好坏的因素。对于非结晶塑料,其模压温度应达到其玻璃化温度(T_g)以上。对于结晶性塑料则其模压温度应达到其融熔温度(T_m)以上,这样,塑料中大分子链的链段运动才能充分发展,塑料相应处于高弹态,在较小的压力下,即可迅速发生较大的形变。在脱模时,为了保证塑料微结构有足够的力学性能而不至于在脱模过程中损坏,脱模温度应低于塑料的 T_g 或 T_m,

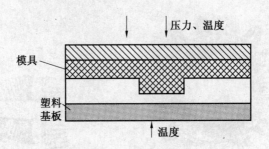

图 8.51　微复制原理图

否则微结构没有足够的强度。但如果脱模温度过低,则增加了不必要的加工周期,而微复制的效果并没有得到明显的改善。

4. 微减速器的微装配

在得到金属镍微齿轮后,经清洗,即可组装成微行星齿轮减速器。由于要在内径 $\phi 1.5$ mm 的孔中把模数仅为 0.03 mm 的 4 种微齿轮进行装配,并且要和 $\phi 2$ mm 的微电机相连,所以必须在显微镜下用特殊的工装进行。微电机通过 $\phi 0.25$ mm 的轴和太阳轮相连作为输入,微减速器的输出轴直径为 0.5 mm,采用宝石轴承,以减小摩擦。这样,减速比为 44.2 的微行星齿轮减速器可和 $\phi 2$ mm 的微电机共同组成一个微驱动器。

第 9 章　MEMS 的封装

　　MEMS 的封装是 MEMS 设计与制造中的一个关键因素,最佳的封装能使 MEMS 产品很好地发挥其应有的功效。然而,往往由于封装问题导致很多的 MEMS 产品失效。

　　MEMS 的封装是由集成电路封装技术发展、演变而来的。但是与集成电路封装相比却有很大的特殊性,不能简单地将集成电路封装技术用来直接封装 MEMS 的产品,两者在很多方面有根本性的不同[9],见表 9.1,这些不同之处使得 MEMS 在封装策略和方法上需要不同的技术处理。

表 9.1　MEMS 封装与 IC 封装的比较

MEMS(基于硅片)	IC
复杂的三维结构	主要为二维结构
很多系统都含有移动的固体结构或液体	固定的膜固体结构
需要将微结构与微电子集成	不需要类似集成
在生物学、化学、光学以及电动机械方面可实现不同的功能	为特定的电子功能实现传输
很多组件需要接触工作介质并处于恶劣环境之下	集成电路模板通过包装与工作介质相隔离
涉及各种不同的材料,如单晶硅、硅化合物、砷化镓、石英、聚合物以及金属等	只涉及少数几种材料,如单晶硅、硅化合物、塑料和陶瓷
很多元件需要组装	少量元件需要组装
基底上的图形相对简单	基底上的图形很复杂且元件密度大
少量的馈电导体和导线	大量的馈电导体和导线
封装技术处于起步阶段	成熟的封装技术
主要采用人工进行组装	具有自动化的组装技术
缺少工程设计的方法和标准	完备的设计方法和标准
缺乏可靠性和性能测试的标准和技术	已有成文的标准和处理过程
多样的制造技术	经过实践检验的成文的加工制作技术
在设计、制造、封装和测试方面没有可参考的工业标准	完善的方法和处理过程

9.1　MEMS 的封装材料

MEMS 封装材料应具备如下性质：

（1）导热性能良好，导热性是 MEMS 封装基片材料的主要性能指标之一。

（2）热膨胀系数匹配(主要与 Si 和 GaAs)，若二者热膨胀系数相差较大，电子器件工作时的快速热循环易引入热应力而导致失效。

（3）高频特性良好，即低的介电常数和低的介质损耗。

另外，MEMS 封装基片还应具有机械性能高、电绝缘性能好、化学性质稳定(对电镀处理液、布线用金属材料的刻蚀而言)和易于加工等特点。当然，在实际应用和大规模工业生产中，价格因素也是一个不可忽视的方面。

很多在 IC 封装中用到的材料都可以用于 MEMS 的封装中。其中包括用于粘贴膜片的黏合剂、用于导线键合的贵金属导线以及用于设备封装的模塑料。还有其他大量的材料可用于 MEMS 的封装[9]，见表 9.2。

表 9.2　MEMS 封装的常用材料

MEMS 元件	可用材料	备注
模片	硅、多晶硅、砷化镓、陶瓷、石英、聚合物	根据反应选择材料
绝缘体	二氧化硅、氮化硅、石英、聚合物	需要考虑质量和成本
基板	玻璃(Pyrex)、石英、氧化铝、碳硅化合物	玻璃(Pyrex)和氧化铝是较常用的材料
膜片键合	焊接合金、环氧树脂、硅橡胶	焊接合金可实现更好的密封，硅橡胶可实现更好的膜片隔离
导线键合	金、银、铜、铝、钨	金和铝是常用选择
互连管脚	铜、铝	
前端和包装	塑料、铝、不锈钢	

从表 9.2 中可以看出，MEMS 的封装使用了大量不同类型的材料。另外，硅化合物和 Ⅲ ~ Ⅷ 族材料已被用在很多微系统的封装当中。具有特殊分子结构的聚合物已被开发用于表面镀膜和微结构的封装中。

9.2　MEMS 的封装工艺

不同的 MEMS 产品之间的差异很大，没有一个适用于所有产品的通用封装流程封装,图 9.1 所示为一个相对常用的工艺流程[9]。下面就其中的主要的表面键合、导线键合、密封工艺加以介绍。

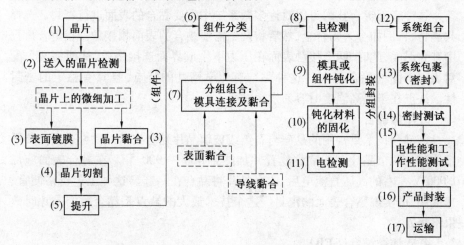

图 9.1 常用封转工艺流程

9.2.1 表面键合

表面键合工艺已经在第 5 章介绍过,这里结合 MEMS 产品的封装做一些介绍。

MEMS 器件和微系统具有三维几何结构,且每层由不同的材料组成,在许多情况下,键合这些不同材质希望可以做到密封,同时为了芯片的隔离在封装面上提供弹性。

1. 黏合剂键合

黏合剂键合是最简单的键合技术,黏合剂的主要用途是将芯片固定在基座上。通常使用的黏合剂有两种:环氧树脂和硅橡胶。

环氧树脂黏结为芯片封装提供了灵活性,而且能够起到密封的作用。但是环氧树脂也容易受到热环境的影响。黏结应该保持在玻璃化转变温度以下,这个温度一般在 150 ~ 175 ℃ 之间。

硅橡胶在室温下固化,其柔软的自然属性使得它最适合做芯片的黏结材料,并且提供最好的芯片绝缘,但是这种材料的防化学刻蚀性不好,当它和空气接触时会剥离和脱落,因而不适合高压应用的场合。

使用黏合剂需要解决的主要问题在于剂量使用的适量和键合后的固化处理。与其他聚合材料一样,黏合剂也有"老化"问题,其寿命通常是有限的。使用黏合剂的另一个问题是,大部分黏合剂在老化过程中会释放出气体,这种释放气体效应使得这种键合技术无法用于需要真空封装的 MEMS 器件。

2. 共晶焊接键合

这种表面键合技术可以对许多微系统中需要黏合的表面进行密封。选择共晶材料,例如金／锡合金,然后将两个需要黏合的表面相接触。在键合过程中升高温度,此时,两个接触表面在压力下生成界面连接物质,从而将两个配对表面牢固地黏合起来。这种黏结有化学惰性的特点,且具有稳定的密封性。缺点在于提高温度时容易发生蠕变。

3. 阳极键合

该键合技术最常用的是硅与石英或玻璃晶片黏合技术。黏合表面需要平整清洁。两个晶片上下重叠放置并加热到 400 ~ 900 ℃。在黏合表面施加 1 000 V 左右的高压直流电后,两个晶片将黏合在一起。这种工艺价格便宜、速度快,可实现黏合表面的密封。这个技术最大的缺点是黏合薄的晶片时效果不尽人意。

4. 硅熔融键合(SFB)

硅熔融键合工艺通常被认为是两个硅晶片或是由硅制作的元件之间的"焊接"。将两个黏合表面清洁、抛光后,在 1 100 ~ 1 400 ℃ 的高温下实现键合。是对两个硅片键合的有效而可靠的技术。

5. 绝缘硅(SOI)

这是一种防止 pn 结中电荷泄漏的工艺。它将硅键合到非结晶质的材料(如 SiO_2)上,可用硅的外延晶体生长法来实现。

6. 低温表面键合与剥离工艺

此项技术在特殊的衬底粘上一层异质结构的薄膜或在衬底上通过外延淀积薄膜,然后通过机械压力把薄膜键合在基底上。用 UV 激光束穿过施主基底,将薄膜通过剥离工艺从基底上分离开来。

9.2.2　导线键合

对于 MEMS 和微系统中各种导电转换系统之间的连接来说,导线键合是必须的。一般导线材料为金或是铝,其他的导线材料还包括铜、银和钯。工业中常用 3 种导线键合技术通常被采用:热压导线键合、楔形－楔形超声波键合和热声键合。

在热压导线键合过程中,需要将导线端头急剧加热使之形成"球"状,并用一种端部为半球形状的毛细工具将导线球形头往下压到电路连接上实现键合。楔形－楔形键合需要一种平头的导线携带工具,它将导线降低并压到电路连接上进行键合。这种键合所需的能量来自超声波,通过引导工具传递给待键合到电路连接上的导线。热声键合所用的工具与楔形－楔形键合方法的基本一样,只是在超声波能量的基础上再进行加热来加强键合的强度。

9.2.3 密封工艺

为了避免敏感的核心元件被外部物质污染或者防止内部的液体泄漏,许多 MEMS 都需要密封起来;还有一些 MEMS 需要将局部的或者整个微结构用高真空密封起来。

1. 微帽密封

微帽密封是用来保护微装置中的精细传感器或执行器元件。微帽是通过表面微加工技术得到的。先在被保护的器件上沉积一层牺牲层,然后在牺牲层上沉积一层密封帽材料,通过刻蚀过程去除牺牲层,在器件和密封帽之间形成一个间隙,就形成了气密性密封[2],如图 9.2 所示,这种工艺形成的间隙最小可达 100 nm。

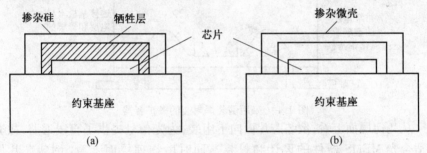

图 9.2 微幅密封示意图

2. 反应密封

反应密封技术是在器件基座间放置一个硅密封帽,两者之间留有一定间隙,在硅帽底部和基座之间生长出 SiO_2,使硅帽和基座紧密连接,对器件起到了有效而可靠的密封作用[2],如图 9.3 所示。这种密封形式也可采用直接将硅密封帽放在基座上,通过晶片键合技术使硅帽和基座黏结,在器件上形成空腔保护体。

3. 倒装焊技术

倒装焊(FCB)是将器件的正面朝下,并与封装基板键合的一种封装方式。焊接时在芯片有源面的铝压焊块上做出凸起的焊点,然后将芯片倒扣,直接与基板连接。由于器件与基板直接相连,倒装焊实现了封装的小型化、轻便化,缩小了封装后器件的体积和质量。由于凸点可以布满整个管芯,所以有效增加了 I/O 互连密度。因连线缩短,引线电感减小,串扰变弱,信号传输时间

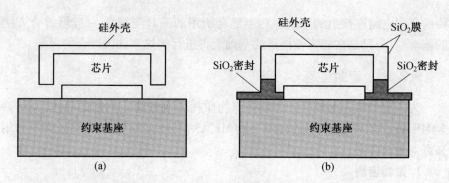

图9.3　反应密封示意图

缩短,所以电性能大为改善。因此,倒装焊技术比引线键合技术更为先进,具有很大的发展潜力。采用倒装焊封装的微扩音器[2]如图9.4所示。

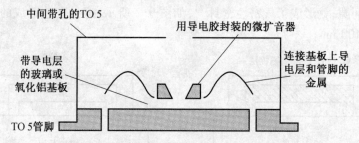

图9.4　采用倒装焊封装的微扩音器

从几何层面上看,倒装芯片面向下组装,为光信号提供了直线通路,故非常适合光 MEMS 器件的设计和封装。同时由物理层面上看,倒装芯片给 MEMS 器件提供了热力载体。此外,因为倒装焊对芯片与基板具有很强的适应性,所以非常适用于 MEMS 器件的热设计中。

4. 多芯片封装

多芯片封装(MCP)是电子封装技术的一大突破,属于系统级封装。MCP是将 MEMS 芯片和信号处理芯片封装在一个管壳里,从而减小整个器件的体积,适应小型化的要求。同时缩短信号从 MEMS 芯片到执行器的距离,减小信号衰减和外界干扰的影响。采用一块陶瓷或玻璃基板,用引线键合或倒装焊技术将芯片安装在一起,再把基板封装起来,完成 MEMS 封装。

MCP 提供了一种诱人的集成和封装 MEMS 器件的途径,它具有在同一衬底上支持多种芯片的能力,而不需要改变 MEMS 和电路的制造工艺,其性能可以优化而无需妥协。事实上,基于 MCP 技术的 MEMS 封装不但完全能够替代传统的单芯片封装结构,而且明显提高了 MEMS 器件的性能和可靠性。

在实际应用中,MEMS 的封装可能是采用多种技术的结合。严格地讲,有些封装技术并无明显的差异和界定,另一些却与微电子封装密切相关或相似。高密度封装、大腔体管壳与气密封装、晶片键合、芯片的隔离与通道、倒装芯片、热学加工、柔性化凸点、准密封封装技术等都备受关注。

第 10 章　MEMS 的应用及检测技术

MEMS 是由微计算控制器、微传感器、微执行器、封装结构和动力源组成的复杂产品。目前,形成实用的产品是一些微传感器、微执行器等微结构装置。MEMS 由于其具有质量轻、体积小、高智能的特点,其应用范围极其广泛,几乎涉及自然及工程科学的所有领域,如通信、航天、生物医学及材料科学等众多领域。

MEMS 的检测技术是检验 MEMS 产品质量水平的重要手段,也是为研究 MEMS 的基础理论提供验证的手段。因此,MEMS 的监测技术成为 MEMS 设计与制造的一个重要的、必不可少的内容。

10.1　MEMS 应用

10.1.1　MEMS 在军事中的应用

保证国家安全和全球稳定的关键是一个国家军事力量的优势,为了掌握现代战争的主动权,大力发展微型飞行器、战场侦察传感器、智能军用机器人,以增加武器效能,武器装备小型化是重要的发展趋势。为了适应这一发展的需要,采用的主要措施是利用 MEMS 技术制造传感器和微系统。

1. MEMS 在惯性器件中的应用

在各种飞行器中,利用陀螺仪测量运动物体的姿态和转动的角速度,利用加速度计测量加速度的变化。陀螺仪的功能是保持对加速度对准的方向进行跟踪,从而能在惯性坐标系中分辨出指示的加速度;对加速度进行两次积分,就可测定出物体的位置,由 3 个正交陀螺、3 个正交加速度和信息处理系统可以构成一种惯性测量组合(IMU),它可以提供物体运动的姿态、位置和速度的信息,惯性测量组合广泛应用于各种航空航天平台及飞行器的制导系统中。

应用 MEMS 技术制造的微惯性测量组合(MIMU),没有转动的部件,在寿命、可靠性、成本、体积和质量等方面都大大优于常规的惯性仪表。1994 年,美国德雷珀实验室用 3 只陀螺仪和 3 只硅微加速计构成了微惯性测量组合,其尺寸为 2 cm × 2 cm × 0.5 cm,质量约为 5 g,陀螺的漂移不稳定性为 10(°)/h,加速度计精度为 250 μg。

2. MEMS 在弹药技术中的应用

由于 MEMS 体积小,可使常规弹药具有简易惯性制导功能,把常规弹药改装成灵巧弹药,与无控弹药相比较,具有简单制导功能的弹药,在达到同样的对目标毁伤概率的条件下,可大大减少弹药的消耗。

(1)发火控制系统。

MEMS 技术在常规弹药中应用的一个重要领域是引信技术,典型应用是侵彻硬目标引信。硬目标侵彻弹药是一种专门用于摧毁坚固目标(如机场跑道、单层或多层钢筋混凝土掩体的地下防御工事等)的弹药,为了能够在合适的侵彻深度或预订的层数起爆,以取得最佳的毁伤效果,要求引信具有识别行程或层数的功能,采用 MEMS 加速度传感器是满足此要求的最佳技术途径。

国外硬目标侵彻引信技术发展很快,并在实战中发挥了重要的作用。美国 20 世纪 90 年代初期开始研究硬目标灵巧引信(ETSF),硬目标灵巧引信采用加速度传感器识别两种不同的目标介质,检测和计算空穴及硬目标层数,该引信可望装备美军摧毁掩体的武器。

弹丸在侵彻硬目标过程中,其减加速度可达到几万 g 到十几万 g。因此,加速度传感器的测量范围应在几万 g 到十几万 g。同时,在攻击多层硬目标介质时,传感器必须具有连续进行高加速度值加速度测量的能力。硅材料在微小尺寸下,内部缺陷减少,材料的强度提高,因此,微结构具有很好的抗高过载能力,大量程的传感器很适合利用 MEMS 工艺来制造。

(2)MIMU 用于子母弹引信开舱点的自适应控制。

子母式弹药引信开舱点对子弹散布区有很大的影响,目前国内外子母弹开舱引信绝大多数采用时间引信,由于诸多随机因素的影响,使得弹道散布很大,预定开舱点偏移很多,从而引起子弹散布中心的明显改变,这将大大降低子弹对目标区的覆盖率和毁伤效能,这种现象在远程多管火箭武器系统中尤为突出。

在引信系统中采用微陀螺和微加速度计组成的微惯性测量组合对弹丸的实际弹道惯性特性和运动姿态进行测量,通过弹道快速解算或查表的方法预报实际开舱点与预定开舱点的偏移量,通过自适应修正控制算法对预定的开舱时间进行修正,可以达到开舱点的精确控制,提高子弹群对目标的覆盖率和毁伤性能。

(3)安全系统。

由于 MEMS 具有微型化、抗冲击能力强的特点,使其在小口径弹药引信安全系统中有着重要的应用。采用 MEMS 技术制作引信环境传感器和定时器可对发射后的弹道环境进行探测,通过信号处理器识别正常发射环境、非发射环境以及非正常发射环境,并通过定时器保证弹药飞离发射平台规定的安全距离后,实现控制保险／解除保险状态的转换。

用于引信安全系统保险／解除保险状态控制的 MEMS 器件目前主要是各种微传感器。如加速度微传感器可用于检测发射时弹的加速度、飞行时弹的减加速度,以及弹的倾角;微陀螺可用于确定弹的顶点或降弧段飞行信息,作为远距离解除保险的信号,这对于非旋转的迫击炮弹引信尤为重要;温度传感器可用于测量弹在飞行时由于与空气摩擦而使引信头部局部范围温度的变化信息;压力微传感器用于测量弹在飞行中引信头部所受的迎面空气压力,也可通过检测水的压力,确定鱼雷的入水深度;磁微传感器通过测量地磁场的变化,确定弹在飞行时的转数。各种微传感器测量的弹在发射以及飞行时的各种环境信息,都可以作为引信保险机构解除保险的信息。

由于采用微传感器探测环境信息,可在不增大体积的情况下,使引信保险／解除保险状态转换可利用的环境信息比传统引信更加丰富,可靠性更高,可大幅度提高引信系统的安全性。

同时,由于微传感器的体积很小,适于制成传感器阵列,可获取的信息更多,通过智能信息处理,可使获取信息的可靠性大大提高。

(4) 应用 MIMU 通信引信的制导弹丸。

利用 MIMU 对弹丸的实际弹道进行测量,并与理想弹道进行比较,根据比较结果,利用鸭舵或推冲器对弹丸的弹道进行修正,以提高弹丸命中率,基于这种原理产生了弹道修正引信概念。

弹道修正引信国外称为"低成本强力弹道",其研制工作分为 3 个阶段,即 GPS 定位引信、一维弹道修正引信、二维弹道修正引信。

GPS 定位引信用于火炮自动试射修正,它是安装有一部微型全球定位系统(GPS)接收机和无线电发射机的引信,能获得落点坐标数据,并将其发送到发射分队,计算出炮弹对预定攻击点的偏差,用于更精确地指示火炮修正射击诸元,以改善随后发射炮弹的射击精度,一次 3 发弹连射就可以为后续发射提供足够的修正数据。在 40 km 的射程上,可将诸元误差减低 50% ~ 67%。

一维弹道修正引信是在 GPS 定位引信的基础上加上小型阻尼器,炮弹发射后,引信不是将全球定位系统获取的弹道数据发送给发射分队,而是由引信计算机计算弹道修正值,控制阻尼器工作,以修正弹道射程,它可以消除大部分的诸元误差和散布误差的距离分量,在 50 km 的射程上,误差减低 80% ~ 83%。

二维弹道修正引信是在射程修正的基础上,在引信中引入惯性传感器、导航系统以及机械随动装置,利用可控鸭舵或小型火药推冲器进行射程和方向修正。对于惯性传感器,既可以使用 MIMU,也可以只使用加速度传感器,采用无陀螺捷联惯性导航方法。装备二维弹道修正引信的弹药可以消除绝大部分距离和方向上的诸元误差和散布误差,圆概率误差(CKP)可望控制在20 m,对于火箭增程弹药,当射程为 100 km 以上时,误差降低 75% ~ 93%。

(5)"蚊子"导弹。

由于纳米器件比半导体器件工作速度快得多,可以大大提高武器控制系统的信息传输、存储和处理能力,可以制造出全新原理的智能化微型导航系统,使制导武器的隐蔽性、机动性和生存能力发生质的变化。利用纳米技术制造的形如蚊子的微型导弹,可以起到神奇的战斗效果。纳米导弹直接受电波遥控,可以神不知鬼不觉地潜入目标内部,对目标进行毁伤。

(6) 纳米炸弹。

美国正在研制一种"纳米炸弹",这种炸弹不会"轰"的一声爆炸。它们是一些分子大小的液滴,其大小只有针尖的 1/5 000,其作用是炸毁危害人类的各种微小"敌人",其中包括含有致命生化武器炭疽的孢子。在测试中,这些纳米炸弹获得了 100% 的成功率。

3. 微型无人飞机

MEMS 在军事上应用的一个典型代表是微型无人驾驶飞机。微型无人飞机的发展得益于 MEMS 技术的不断进步和智能材料的长足发展。微型无人飞机的突出特点是尺寸小、质量轻、成本低、功能强、用途广泛以及携带方便。微型无人机主要用于低空侦察、通信、电子干扰和对地攻击等任务。当战情发生在偏远山区时,信息来源比较困难,微型无人机可将侦察到的图像和信息传递给战士手中的监视器,使战士了解战场及目标的情况。这样不仅可以减少部队在侦察过程中的伤亡,又可以大大提高作战的效率。微型无人机还可以对敌方实施电子干扰,虽然微型无人机施放的干扰信号很小,但当飞机飞近雷达天线附近时,仍然能够有效对敌雷达实施干扰。微型无人机还可以携带高能炸药,主动攻击敌雷达和通信中枢。微型无人机还可用于战场毁伤评估和生化武器的探测。

微型无人机在城市作战中优势尤为突出。它可在建筑群中执行城区侦察和监视任务,还可探测和查找建筑物内部的目标或恐怖分子的活动情况,并可窃听敌方作战计划等。微型无人机也是适合未来城市作战的一种新式武器装备。

在民用方面,微型无人机可以用于交通监控、通信中继、森林及野生动植物勘测、航空摄影、环境监测、气象监测、森林防火监测等。

4. 微型机器人

MEMS技术的发展促进了微型军用机器人的研究,微型军用机器人既可以完成各种侦查任务,又可以对敌方人员进行主动攻击或对关键设备进行破坏。因为微型机器人的微型化和由此产生的特殊功能,它的研究受到世界各国的高度重视。通常它具有6个分系统:传感器系统、信息处理与自主导航系统、机动系统、通信系统、破坏系统与驱动电源。这种MEMS系统具备一定的自主能力,当需要攻击敌方的电子系统装置时,就利用无人飞机将这种MEMS系统散布到目标周围,破坏敌方的各种设施。

微型机器人可以从事大型机器人无法做到的收集信息和智能操作等各项工作,特别是在军事上微型机器人更具有发送方便、结构灵活、易于伪装、可逃避雷达探测、对环境适应性强、制造成本相对低廉、可构成分布式网络系统等优点,因而在星球探测、空中侦察、战场监测、海下监听等方面受到军方的特别关注。

单个的微型机器人效能有限,成群的微型机器人则会使其效能大为增加,因此,提出了分布式控制群机器人的概念。在微型机器人中,分散化的分布式协作多机器人系统能够克服集中控制系统的许多致命缺点(例如,系统复杂、容错性差、制造成本高、易于受攻击等)而成为当前的研究热点。

非常类似于小动物或昆虫的微机器人由于尺寸小、潜在的低价格和便于携带去执行某种危险使命等特点受到青睐。这些机器人在未来战场上将具有独立交战和小规模团队作战的能力。微型机器人通常采用常规设计、生物设计(跳、爬、抓、滑等)同MEMS和智能材料相结合的工艺制造。大量的分布式机器人比单个较复杂的机器人更能以较少的时间、较低的价格去完成某些特殊的任务和使命,可用于空间、海洋、化工、医疗、国防等各个领域。

现今研究者正在研究昆虫微型机器人。这种微型机器人不是指那种由昆虫携带摄像机等传感器,对敌人进行侦查,而是指对昆虫加以改造,控制它去完成侦查任务。日本东京大学利用蟑螂研究生物控制技术,对蟑螂运动时触角发出的微弱信号进行了研究,并根据蟑螂对信号的反应设计了微型电路,该电路可再次产生这种信号。然后将蟑螂的须和翅膀切除,插入电极、微处理器及红外传感器,通过遥控信号产生刺激,使蟑螂沿着特定的方向运动。这样就制成了蟑螂机器人。利用这样的昆虫机器人进行侦查欺骗性更大。

5. 微小卫星

习惯上将小卫星按照质量大小划分为微小卫星、微型卫星、纳米卫星,考虑到技术支承和应用这两个要素,小卫星分类如下:

微小卫星:它是应用新技术和新的设计思想研制出来的一种人造卫星,且有质量轻、体积小、成本低、周期短和性能好等特点，又称现代小卫星。

微型卫星：其所有的系统和分系统都全面体现了 MEMS 技术，并且至少实现一种应用功能。

纳米卫星：这种卫星是尺寸减到最低限度的微卫星（包括采用纳米技术），在应用领域主要依赖分布式星座（编队飞行）来实现其功能。

小于 1 kg 的卫星称为皮卫星。目前皮卫星大部分是用作空间技术试验或功能演示，还没有突破新的技术层次。

发展小卫星是为了降低卫星的研制和发射费用，由于卫星的重量越轻，对发射工具的要求越低，发射费用也越少。现代小卫星，已经在通信、遥感、侦察等领域获得广泛的应用，成为当前航天技术发展的重要方向之一，受到世界发达国家的高度重视。对于军事应用来讲其最大的优点是适应性强，可移动和即时发射，能按需要监视某区域。军事上对卫星利用的第一目的就是通信和侦察，即战术通信、战略侦查、战场摄影、监视导弹发射、搜集战术情报、支援飞机和舰艇作战。

MEMS 可以在 3 个层次上应用于空间技术：一是传统航天器中采用 MEMS，使得其单机和分系统尺寸减小、质量减轻、而功能更强、自主性更高；二是利用 MEMS 及其他微型化技术减小卫星整体尺寸，制造纳卫星；三是发展新概念航天器。可以认为，MEMS 技术是实现"快、好、省"地发展新一代高功能密度航天器的关键技术。

（1）MEMS 传感器。

微型加速度计、微陀螺、微惯性测量组合是空间 MEMS 的重要研究方向，目前对测量加速度和角速度的微惯性传感器的研究也是最深入的。早期开发的加速度计的工作原理，大多是检测由加速度使硅质量块位移所引起的电参量的变化，具有代表性的是美国 Charles Draper 公司开发的一种 MIMU，它由 4 个硅片组成的三轴加速度计和角速度传感器以及电子线路组成，尺寸为 2 cm ×2 cm × 0.5 cm，质量为 20 g，功耗小于 1 mW，其中加速度计是硅悬臂梁式结构[10]，如图 10.1 所示，悬臂梁质量块在加速度作用下发生弯曲，通过质量块与固定电极间构成的差分电容的变化来测量加速度，其测量精度达到 500 μg，量程为 1 000g。

为了对行星的磁场和等离子进行探测，美国的 JPL 研制了电子隧道磁强计，该磁强计由弹性膜和隧道传感器等组成[10]，如图 10.2 所示。在上面弹性膜的内侧镀了金属膜线圈，线圈上通电流后，外界垂直于它的磁场，将产生洛伦兹力，使得弹性膜偏移，再由下面的电子隧道传感器检测。这种磁强计的体

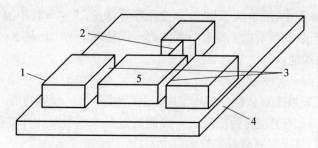

图 10.1　悬臂梁式硅微型加速度计结构原理
1— 硅;2— 悬臂;3— 电容器;4— 玻璃;5— 质量块

积小于 $0.01~\mathrm{cm}^3$,功耗为几毫瓦,灵敏度可达 2.5 nT,带宽为 50 kHz。这种磁强计除可用于探测行星周围的磁场和等离子体外,也可用作航天器的姿态控制传感器。

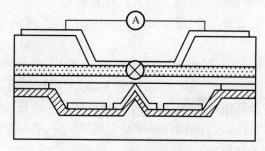

图 10.2　电子隧道磁强计原理图

(2)MEMS 执行器。

用 MEMS 技术虽然不能制造具有大驱动力的执行器,但是可以制造快速控制流体、微波、光和热等物质的微执行器。其中,微推力器、微驱动器和各种微开关,是空间 MEMS 研究的又一个热点。

微推进器具有集成化程度高、体积小、质量轻、响应速度快、推质比高、功率小、可靠性高和易于集成为推进阵列等特点。它主要用于微型航天器的姿态控制、精确定位、位置保持、阻力补偿、轨道提升、重新定位、卫星星座系统的编队飞行以及重力场测量和深空探测等。

基于 MEMS 技术的微型推进系统,可以减小质量、体积,提高推质比,把推进系统小型化提高到空前的水平,从而降低成本,缩短研制周期,是未来微型航天器的最佳选择。

目前,微推进器主要有两种:微电热推力器和微型双组元液体火箭发动机。微电热推力器的工作原理是采用薄膜电阻加热器,通过推进器分子与加热器和壁面的碰撞,将能量传递给推进剂,再经过喷管喷出,产生推力。它的工作压强为 50 ~ 500 Pa,推力器尺寸很小,推力器内以分子状态流动。与其他微推力器相比,微电热推力器用于微航天器的姿态控制和位置保持具有结构简单、质量轻、不容易被堵塞、推质比高、成本低、推力范围大等很多优点。微电热推力器采用 MEMS 技术进行加工,通过光刻、封装和集成技术形成微推力器结构。图 10.3 所示为电阻电热式微推进器结构图[10]。

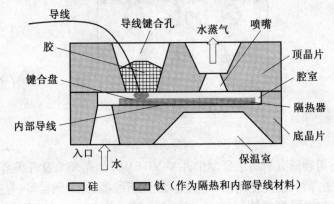

图 10.3 电阻电热式微推进器

微型双组元液体火箭发动机主要集成微型涡轮机、燃烧室、微泵和微阀、传感器、燃料控制系统、信号处理和控制电路、接口、通信以及电源等为一体的,可批量制作的微型器件或系统。发动机方案[10]如图 10.4 所示。基于 MEMS 技术的微型双组元液体火箭发动机具有结构简单、质量轻、无泄漏、推质比高、成本低等优点。其推力范围是目前常规发动机难以实现的,且系统集成,无外接管路、接头。

(3)RF – MEMS。

目前航天器上的射频系统仍然是由分离的机械元器件和集成电路组成的混合系统,这些尺寸大的分离无源元器件已经成为射频系统进一步小型化、高性能化、低功耗化的最大障碍。然而,RF – MEMS 技术的出现和芯片级无源元器件的开发成功,就可以将它们与其他集成电路芯片封装在一起而组成多芯片模块,或者将它们与功能电路集成在一个芯片上,形成新的微小型集成化射频系统。

(4)MOEMS 光通信。

微/纳卫星组网时卫星之间的通信若通过地面站,噪声干扰和低功耗等原因将影响传输质量。解决办法是采用光通信,它传输容量大,传输速率高、带宽宽而且不占用无线电波段。卫星使用光扫描器,因其体积小、转角大、散射小和频率高,可以用来完成卫星网间的捕捉、瞄准和跟踪。目前,国际上重

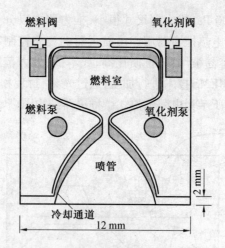

图 10.4 微型双组元发动机

要的通信公司和研究机构已研制出许多 MOEMS,如光开关及开关阵列、可调谐滤波器、光调制器、光复用器、光扫描器、光斩波器、光编码器等,有些已有商品。有可能将微光学器件、微调整器、光源、探测器和处理电路等集成在同一芯片上,组成各种专用自由空间光学平台,从而实现光学平台的微型化,其结构[10] 如图 10.5 所示。

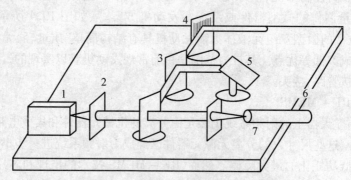

图 10.5 自由空间光学平台结构示意图

1— 半导体激光器;2— 微透镜;3— 旋转分束器;4— 光栅;5—45° 反射镜;6— 光电探测器;7— 光纤

利用传统方法来制造通信卫星已经达到其性价比的极限了,为了进一步实现大幅度降低通信卫星的价格,就必须寻找制造通信卫星的新途径。而纳米技术正是着眼于各种航天系统的微型化。有资料表明,在航天器中,通信系统的有效载荷通常占航天器净质量的 1/4,如果加上航天器的推进剂,这个比例将会变成 1/8。同时,通信系统所消耗的功率也是各个航天器分系统中最大的。因此,一旦把纳米技术应用于通信系统,它的有效载荷将会大大提高。

6. MEMS 的其他军事应用

(1)有害化学战剂报警微传感器。

在特定的 MEMS 产品上加一块计算机芯片,就可构成袖珍质谱仪,用来检测战场上的化学毒剂。目前使用的质谱仪一般质量是 60 ~ 70 kg,价格大约 1 万 ~ 2 万美元。而利用 MEMS 做成的化学试剂传感器系统只有一颗纽扣大小,这个系统可以最大限度地减少价格昂贵的触媒介或生物媒介的用量,需要时还可以配备合适的解毒剂等。当然,这种 MEMS 应该是便于大量生产的,它在使用时应当具有探测迅速、坚固耐用、使用可靠并便于存放等优点。

(2)微型敌我识别装置。

在复杂的战场环境中,及时正确地进行敌我识别是极其重要的。目前的敌我识别装置多数是反射带、有源信号或是识别作战平台的各种信号应答器,它们的信号极易被敌人干扰或截获,实际使用效果很不理想。现在有一种微型敌我识别装置的构想,以安装在天线或作战平台的表面上隅角反射器为基础,设想把微型隅角传感器广泛地散布安装在己方和友方的作战平台上面,通常情况下,是关闭的,只有当"编码询问激光"发出询问信号时,隅角反射器才会开启,调制被反射的激光,形成编码效应,并把被识别的作战平台的种类、型号、归属等信息通知询问系统,全部过程仅需 1 s 左右。这种敌我识别系统的优点是,减少识别误差、自主识别、快速响应及低功耗等。

10.1.2　MEMS 在医学中的应用

MEMS 在医学中的应用,目前主要在体内显微手术、人工器官植入、医疗检测、定点释放药丸等方面。

1. 体内显微手术

传统的外科手术中,人体中的缺陷必须暴露出来。外科手术在医生的视线内要尽可能无障碍地利用传统的仪器和借助于视觉来进行操作,因此由于手术的方式,健康的组织不可避免也要受到损伤。手术后病人经常还要承受相当大的痛苦,其所经历的时间由被切开组织的治愈过程来决定。体内显微手术与传统的外科手术不同,它只需要利用在体内极小地切口或人体天生的入口,就可以在对健康组织最小损伤的情况下进行手术,甚至在手术后伤口都不用缝合。

实现体内显微手术,需要有相应的检测手段和手术器械,微内窥镜是典型的医疗器械,因此体内显微手术又称为医用内窥镜手术。

（1）微内窥镜。

医用无线电内窥镜作为一个典型的 MEMS 应用系统,它结合了微小机器人技术、生物医学技术和 MEMS 技术。微内窥镜的一个重要任务是在外科手术中,为医生提供诊断部位的信息。对此,迫切需要由传感器阵列直接进行信息处理。如在微型手术中,与传统的外科手术相比缺少视觉和触觉信息,这些信息必须由传感器阵列获取的信息来弥补。

从功能上讲,医用无线内窥镜系统可以克服传统的推进式内窥镜的缺点,无创伤、减小患者痛苦,医用无线电式内窥镜可以有效提高病灶的检出率,它可以将现有推进式内窥镜的病灶检出率从70%左右提高到90%以上,符合国际生物医学工程领域所倡导的少创和无创外科手术的发展趋势。

图10.6 所示为日本东北大学研究的血管内自动植入式内窥镜原理图[10],内窥镜采用形状记忆合金作为驱动器。该设计的最终目标是能进入人体血管进行诊疗。该能动性内窥镜由多节可以独立运动的驱动器组成,主要包括:外套管、内套管、连接部分、回复弹簧和形状记忆合金驱动器。每节上有3个形状记忆合金驱动器在圆周上成等边三角形分布,这样每节驱动装置有多个自由度。

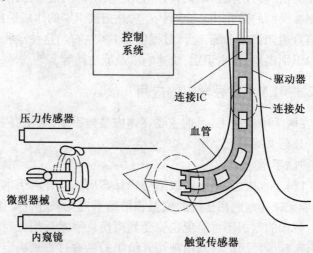

图10.6　一种血管内自动植入式内窥镜结构简图

医护人员可以在人体外面控制内窥镜在体内的运动,通过调节各节形状记忆合金驱动器上通过的电流大小来控制其运动速度,使内窥镜在人体内可以像蛇一样运动,并能自主适应人体内弯曲不平的环境。

（2）微型手术器。

体内手术所需的 MEMS 包括微手术钳[2]（图 10.7）、微手术刀[2]（图

10.8)、和微手术钻[2]（图10.9）等。微手术钳由一对张口时开口约为500 μm 的钳子构成，可以用来夹持单独的细胞，也可当作探针，探测血管内面是否有病变的地方。微手术刀主要是一只带有锋利尖端的曲柄，上面有130 μm 长、20 μm 宽的滑槽。微手术刀可以用来将被微手术钳夹持的疾病组织切除。微手术钻由一系列齿轮构成，最后半露于外的齿轮直径为100 μm，借助于血流速度使齿轮转速高达2 000 rad/s。微手术钻可以用来清除血管内的障碍或动脉里多余的脂肪。

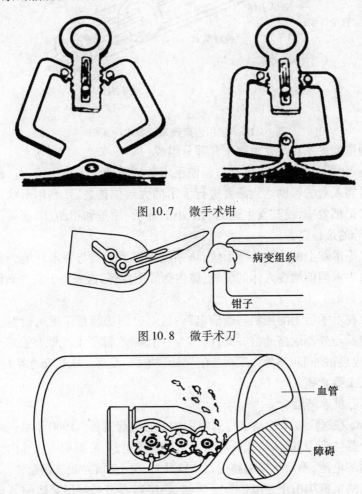

图 10.7　微手术钳

图 10.8　微手术刀

病变组织

钳子

血管

障碍

图 10.9　微手术钻

　　作为智能内窥镜的微系统也要把执行器集成到里面，通过外科医生从外部来控制执行器，并且由所安装的传感器来监测。图 10.10 所示为日本东北大学研究的一种形状记忆合金作为驱动器的自动式医用内窥镜系统[10],适合于人体管道环境如血管中动作的装置是采用MEMS技术研制的。这种微小型驱动机器人能够携带成像照明光学系统、前端物镜黏附物清除装置等自动进入人体内完成体内诊断和体内微细手术。

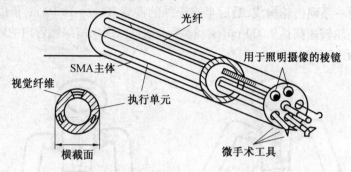

图 10.10　医用内窥镜系统基本构成图

这种微型手术器主要由以下几部分组成:

主体:包括骨架连接支撑物与驱使手术器细微动作的执行机构。微型手术器通过插入器的帮助达到需要进行手术的大致位置之后,利用形状记忆合金的形状记忆效应,使其发生适当的微小的伸长、缩短和扭曲,以获得进行手术、采样等的最佳位置。

附在手术器上的微型传感系统:该系统感知手术器与手术环境的重要信息,例如,手术器前端在人体的位置、体内病灶图像等,这些对于实现微创手术是极为关键的。

集成在手术器上的控制与通信电路:这部分的功能是实现对微型手术器运动控制及与外部电路通信。此外,作为一个系统,除了上述微型手术器本体之外,还应包括外部(体外)控制与信号处理电路、良好的人机交互系统。

2. 人工器官植入

(1)心脏起搏器。

MEMS在医疗技术中最早得到应用的是心脏起搏器。1960年第一个起搏器以两个晶体管为基础,构成双稳态多谐振荡器电路,并被植入人体内。由于缺少合适的电池,不得不将电路通过皮肤从外部用金属导线连接起来。

心脏的泵机构由正弦电信号来控制,心房和心室必须用合适的节拍来刺激,这样心脏就可以把血液循环泵入体内。装入心脏起搏器的病人有时要中断控制信号,或需要中断送入到心房或心室的正弦波信号。早期的起搏器是将均匀频率的刺激脉冲有规律地供给心肌。目前采用的是"阻断"工作方式,即只有当缺少生理上的正弦波脉冲时,起搏器才工作。在其余的时间,起搏器被"阻断"不工作。应尽可能地利用心脏的生理功能,这样就自然延长了植入电池的寿命。起搏器目前还是非常复杂的系统,它能够适应特殊的场合,例如,它们可以对增高的功率要求作出反应,具有对外的通信途径,以便能够提供信息或重新编制程序。此外,目前计量泵已在不同场合得到应用。

(2) 耳蜗植入。

某些耳部的机械成分受到损伤的病人,他们的听觉神经(耳蜗)还正常。利用由电极组成的线与耳蜗连接起来,可以对听觉神经进行电刺激。使用外部微耳机,可以接收声信息,并转换成相应的信号,由植入的接收器传入患者的耳中。脉冲被分配到各个电极上,送给听觉神经,患者感受到像噪声一样的脉冲刺激。根据特殊的训练,患者就可以把这些脉冲刺激转换成听觉信息。有关资料报道,带有耳蜗植入的患者甚至可以打电话。

(3) MEMS 替代有缺陷的视网膜。

MEMS 替代有缺陷的视网膜是采用图像处理的方法,利用盲人眼中或眼附近的 CCD 装置来接收利用电刺激传达给视网膜的神经反射。人们希望像耳蜗植入那样,通过一段训练,患者可以学会把这种信息转换成鲜明的图像。

(4) 人工胰腺。

人工胰腺由一个葡萄糖传感器和胰岛素补充泵组成。由传感器测量血液或组织中的葡萄糖的含量,并启动泵向体内泵入一定剂量的胰岛素。对于上百万的糖尿病患者,这样的系统无疑会带来极大的方便。不过,目前葡萄糖传感器还缺乏长期稳定性,还不适于植入。另外一种方案是采用体外进行葡萄糖含量的测量,通过唾液或眼泪的测量可以得到关键的数据。

3. 医疗检测

在临床中,微传感器可以将所需要的信息,如血压、胃酸、温度、体液内的特定成分等准确、实时地传送给医生。MEMS 器件体积小,可以进入常规仪器所不能到达的人体部位,将病灶周围的情况及时反馈。如药片大小的可测量胃酸的微传感器能够口服下去,内装的无线发射器将胃酸信息发射到体外,使医生及时了解患者胃酸的情况。

第一个实用化的也是技术上较为成熟的 MEMS 器件是硅微压力传感器,在医疗中也有着广泛的应用,其中低阻抗、高灵敏度的贴片式压力传感器可以粘贴在皮肤表面,探测受神经刺激肌肉的收缩,这一方法已经用于研究面部神经、较低级的脑神经和脊神经的活动。

生物传感器也是一种在医疗中有着广泛用途的微传感器,它可以定量或半定量地分析某一特定物质的含量,可以快速连续地分析物质浓度的变化,其分析范围从小相对分子质量物质到大分子、病毒、甚至微生物,是一种有效的临床化验工具。生物传感器在医学中的酶分析和免疫化学分析中应用非常广泛。目前,生物传感器成功地应用在血液中葡萄糖的分析和免疫测定方面,如血液分析仪系统,大小为 45 mm × 27 mm × 5 mm,包括一个生物传感器、一个废液池和校正液体,使用完即可抛弃。

在分析由于基因缺陷导致的遗传病方面,美国德克萨斯州 Ball 半导体公司设计了带球型电路的三维探测传感器,可追踪手术器械和海绵材料。清华大学设计的集成毛细管电泳芯片,可实现对病毒、基因突变等病理进行检测,随着传感器的微型化,在医疗上的用途会越来越多。

医疗和生物技术中生物细胞的典型尺寸为 1 ~ 10 μm,生物大分子的厚度为纳米量级,长为微米量级。MEMS 器件尺寸在这个范围内,因而适合于操作生物细胞和生物大分子,各种微泵、微阀、微镊子、微沟槽、微器皿和微流量计都可以用 MEMS 技术制造。

4. 定点释放药丸

药丸定点释放有两个用途,一是精确实现药剂的定量、定时输送,可直接将药剂注入到病灶部位,既提高药效,又节约药量,减轻药剂的副作用。二是定点释放药丸中携带一定剂量的待研究药物,通过口服进入人体消化道,利用位置检测系统跟踪药丸的位置,当药丸到达感兴趣区域时,遥控释放药物;药物释放以后,按照临床药理学规定获得血液样本,根据血液样本中的药物浓度 – 时间曲线进行药动力学分析。采用 MEMS 技术可以实现药物的定点释放。

图 10.11 所示为一种新型无创体内药物胶囊[10],体积比普通胶囊略大一些。当在体外按下胶囊末端的定时装置下压式开关时,第一级延时装置启动。口服胶囊,胶囊随着胃肠蠕动行进,当行进到病变部位时,预先设置好的第二级定时装置自动顺序启动,电机接通,带动导向螺杆旋转,与之配合的活塞向前运动,推动送药仓中的药剂,从送药孔推出药剂至病变部位,定时结束,电机停转,送药过程结束。胶囊随肠道蠕动排出体外。整个胶囊在体内的行进不需要外部提供驱动动力源,而是靠胃肠自然蠕动前行,减少了控制运行的难度和该装置体积,更不会给患者带来痛苦。

重庆大学研究的一种遥控药丸系统[10]如图 10.12 所示,该系统由遥控药丸与体外遥控装置组成,遥控药丸是系统的核心。该系统设计结构简单、密封可靠性高、释放迅速,而且可以适应多种药物剂型,如溶液、悬浮液和粉末。遥控系统由位于体外的遥控发射装置和位于药丸中的遥控接收单元组成,利用高频电磁波作为遥控信号。其工作原理为:遥控药丸接收到体外发射的高频

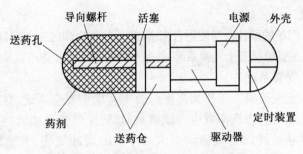

图 10.11　药物释放 MEMS 结构简图

遥控信号时,高频开关模块接通电源而触发驱动机构,驱动机构驱动活塞完成药物释放。遥控发射装置由高频信号源、阻抗匹配系统及发射天线构成;遥控接收单元包括接收天线、高频开关模块及微驱动单元。采用 IC 工艺及深槽刻蚀等 MEMS 技术制作微型驱动单元,减少了控制系统的功能消耗。遥控药丸长度为 30 mm,直径为 10 mm,两端设计为圆滑的曲面结构,遥控药丸具有良好的空间利用率,药物容量能够满足一般药物进行 HAD 研究的容量要求。

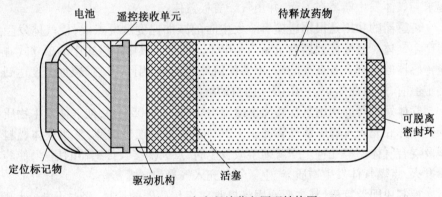

图 10.12　定点释放药丸原理结构图

10.1.3　MEMS 在汽车工业中的应用

在现代化的汽车中,为了提高汽车的安全性和其他性能,急需各种高效、高精度、高可靠性和低成本的传感器,目前一般普通汽车装有几十个传感器,而豪华型汽车所使用的传感器达到上百个。微传感器在汽车工业的发展中起着重要的作用,未来 MEMS 技术的发展将使汽车的各个系统更加智能化、轻量化以及更加便宜可靠。

汽车系统需要的传感器和传感技术,其应用范围可分为 3 个方面:发动机和动力系统、安全性和悬架控制及信息交流。

1. 安全性

安全性对汽车的设计者与使用者来讲,都是首要强调的一个问题。汽车工业中的安全系统主要包括安全气囊系统、轮胎压力检测系统和防抱死系统。

(1)安全气囊系统。

现代汽车安全气囊系统作为高度综合的智能型安全系统,在汽车安全方面的作用非常显著。当汽车发生碰撞事故时,安全气囊系统能在极短的时间内在驾驶员和乘员的前方或侧面形成一个大的缓冲气袋,有效防止人员伤亡。

通常,安全气囊系统由传感器、缓冲气囊、气体发生器及控制块等组成。

缓冲气囊由硅胶尼龙或氯丁胶尼龙制成,其膨胀后的体积为 40 ~ 200 L。根据需要布置在不同位置上,如可以安装在方向盘内、仪表盘内、车门内侧等。当汽车发生不同部位碰撞事故时,分别用于保护驾驶员、驾驶员旁的乘员。另外还有同排两座位之间的竖立式大容积气囊、头枕镶嵌式气囊、驾驶员膝部保护气囊等。不同的车型,其气囊安装数目不同。这些气囊平常折叠起来与气体发生器装在一起,并由气袋盖板盖住。

传感器的功用是根据碰撞事故发生时的减加速度触发点火,使气体发生器产生气体。碰撞传感器有机械式和电子式两种。其中机械式中的独立式碰撞传感器的内部自备点火能源,不需任何外部接线,因此当碰撞减加速度达到一定值时,即可在 0.03 ~ 0.05 s 内自动触发点火。

气体发生器的功用是在碰撞事故发生 0.03 ~ 0.05 s 内,使气体发生物质产生气体并充入气囊中使气囊膨胀。气体发生器有推进剂型、整块柱体燃料型及混合气体型等几种。当碰撞事故发生时,点火器接收传感器的信号,使药粉发火,点燃气体发生物质,产生氮气并充入气囊使气囊膨胀。

控制块即计算机,其主要作用是接收碰撞传感器的信号,经过分析、计算处理后,给气体发生器发出指令信号,从而激发气体发生器产生气体。同时控制块还具有检测功能,能监测汽车的碰撞情况和安全气囊系统的故障情况,并用故障码示出故障位置。

在汽车安全气囊系统和防滑系统中微加速度传感器获得广泛应用,其灵敏度高、噪声低、漂移小、结构简单。安全气囊系统检测碰撞的微加速度计的测量范围为 $30 \sim 50g$,精度为 $100 \times 10^{-3}g$,检测侧面碰撞大约为 $250g$ 或 $500g$,防滑稳定系统的测量范围为 $2g$,精度为 $10mg$。目前已有多家公司开始大批量生产适合安全气囊用的加速度传感器。微加速度传感器伴随着汽车安全气囊系统日趋普及而高速增长。

（2）轮胎压力检测系统。

汽车行驶中，若轮胎气压不足，则会导致轮胎磨损加剧、行驶阻力增加、油耗增加，且在紧急制动时，若某侧轮胎压力偏低，就会造成车身偏转，甚至酿成事故。因此，准确检测汽车轮胎的状况，一方面可以提高安全性，避免因轮胎压力不足引起的车祸；另一方面，驾驶员可以根据轮胎的压力正确使用汽车，延长轮胎的寿命，减少费用，对提高行车安全性和经济性具有十分重要的意义。

轮胎压力检测传感器系统由两部分组成，即传感器模块和接收系统。传感器模块在轮胎制造时就嵌在轮胎里面，用来检测轮胎里的气体压力。它是一个独立的元件，与接收系统没有机械联系。传感器模块由压力传感器、状态检测传感器、信号处理部分、微处理器、无线发射器组成。压力传感器获取轮胎内的压力值，检测传感器获取系统的状态信息，信号处理部分负责对传感器获得的信号进行处理，微处理器控制各部分器件的工作，对信息数据进行相应的编码和处理，并控制无线发射机将有关轮胎压力的数据发射出去。接收系统由接收机、微处理器、显示面板和键盘组成，放在驾驶室内，在微处理器的控制下接收无线发射机传来的数据，由微处理器进行处理后，将轮胎内的压力状况显示在显示面板上。

通常，在轮胎中还安装有温度传感器，同时检测轮胎内温度情况，使驾驶员能够掌握更多的轮胎内的情况。

（3）防抱死系统。

汽车 ABS 系统是防止轮胎抱死、避免发生侧滑、跑偏等各种危险状态的装置。通过大量科学实验，找出了制动效果最佳时制动装置的工作状态就是"将要抱死，又没抱死"的时刻。ABS 系统就是为实现这个想法而发明的。

通常 ABS 由车轮速度传感器、电子控制器和压力调节器 3 部分组成。车轮速度传感器用于检测车轮转速，其输出的电信号传送给电子控制器。电子控制器实质是个计算机，它监测、处理车轮速度传感器输送来的信号，识别车轮的转速。车辆制动时，若电子控制器识别信号为车轮转速急剧下降，则预示车轮将发生抱死，此时，电子控制器发出指令，让压力调节器发挥作用。压力调节器是 ABS 的执行部分，它负责调节制动器中的油压和气压，以确保车轮不发生抱死现象，压力调节器的工作过程大致是"隔断—减压—加压"3 个过程。当它接到电子控制器的指令后，首先"隔断"制动器的油路或气路，使制动器的油压或气压不再增加；然后以允许制动器中的油液少量回流的方式来"减压"；最后是"加压"过程，即接通制动器与主缸压力。压力调节器在 1 s 内将多次重复上述 3 个过程，直到车轮不被抱死为止。

采用MEMS技术制作的磁传感器和霍尔传感器广泛地应用于ABS系统，对汽车铁磁性目标轮进行车速与转动方向的测量。

2. 发动机控制系统

传感器在汽车发动机系统中的应用十分广泛，并且种类繁多。这些传感器是整个车用传感器的核心，利用它们可提高发动机的动力性能、降低油耗、减少废气、反映故障、并实现自动控制。这些传感器的性能指标要求最关键的是测量精度与可靠性。由于传感器工作在发动机震动、燃油蒸气、污泥、水花等恶劣环境中，因此这些传感器的耐恶劣环境技术指标要高于一般的传感器，以避免由传感器检测带来的误差，以及最终导致发动机控制系统失灵或产生故障。

汽车电子控制系统一直被认为是MEMS压力传感器的主要应用领域之一，可用于测量进气歧管压、大气压、油压、轮胎气压等。应用最多的汽车MEMS压力传感器是压阻式和电容式。而压阻式微压力传感器是现在应用传感器中量最大的一种。汽车压力传感器主要用于：检测气缸负压、检测大气压、检测气缸压力、检测发动机油压、检测变速箱油压、检测制动器油压、检测翻斗车油压。

汽车电控燃油喷射系统要使用多重压力传感器，监测发动机进气歧管绝对压力，提高其动力性能，降低油耗，减少废气排放。微型硅压阻式MEMS压力传感器可用于发动机废气循环系统，替代陶瓷电容式压力传感器，汽车空调压缩机中的压力测量也是MEMS传感器的一个很大市场。

3. 其他应用

MEMS陀螺在汽车领域的应用开发备受关注，主要用于汽车导航的GPS信号补偿和汽车底盘控制系统，应用潜力极大。

MEMS陀螺按照材料分为石英和硅振动梁两类。石英材料结构的品质因数Q值高，陀螺特性好，有实用价值，是最早实现产品化的。但是石英加工难度大，成本高，无法满足汽车的低成本要求。

硅材料结构完整、弹性好，比较容易得到高Q值的MEMS结构，随着深反应离子刻蚀技术的出现，体硅微机械加工技术的加工精度显著提高，在硅衬底上用多晶硅进行加工的技术适合批量生产，驱动和检测较为方便，成为当前低成本研发的主流。从硅MEMS陀螺的结构上，常采用振梁结构、双框架结构、平面对称结构、横向音叉结构、梳状音叉结构、梁岛结构等，用来产生参考振动的驱动方式有静电驱动、压电驱动和电磁驱动等，而检测由柯氏力带来的附加振动的检测方式有电容检测、压电检测、电阻检测。静电驱动、电容检测的陀螺最为常见，已有部分产品研制成功。

10.2　MEMS 的检测

MEMS 的检测有 3 个方面：MEMS 的综合性能检测技术，MEMS 的结构特性检测和 MEMS 的材料特性检测。

10.2.1　MEMS 检测的一般方法

MEMS 的性能检测可通过对系统的输入量和输出量的检测来实现，这种方法可以对所测试的试验样机的特性进行量化，如图 10.13 所示[2]。在 MEMS 中，激励和检测对系统性能的影响要远大于对精密机械技术的影响。通过对输入 - 输出量的观测来对不同的功能元件分别进行检测通常是不可能的，也是没有必要的，例如，被动液体元件常常会对力学特性有很大的影响。因此，在对力学性能检测时，要对弹性力学和流体动力学的效应进行总的检测。能量转换器和信号转换器经常与机械元件、热元件相耦合，它们之间有很强的影响。

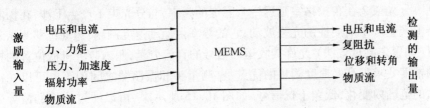

图 10.13　MEMS 的输入量与输出量

就原理上讲，MEMS 作为一种机电装置，其检测原理与一般机电系统没有本质的区别，不同之处在于对于如微泵、微执行器等，由于其输出量极小，因此对测试仪器的灵敏度、分辨力等要求更高。而对于像加速度 MEMS 传感器、压力 MEMS 传感器这样的 MEMS 装置，其灵敏度、线性度、频响等参数的测试可以采用常规的测试仪器和测试方法。

1. 物理输入量 —— 激励

对于检测时所需的物理输入量即激励是根据微系统元件的类型来确定的。例如，加速度传感器通过加速度来激励。在这里，电压和电流、温度和湿度同样都是变化的，或这些因素本身就作为输入量（例如，对于与温度有关的偏差的检测）。测试一般可以分为静态和动态特性测试。在静态特性检测中，要检测输入量和输出量之间的关系，主要有线性度、静态偏差、滞后、环境影响和长期漂移等。在动态检测中，弱信号传输性能、瞬态响应和延迟时间具有重要意义。输入量的时间变化要与检测的类型相匹配,如果测试是以线性系统关系为前提,则在对被测能量转换器(例如,静电或热释电转换器)施加电信号激励时,要考虑传输函数的非线性。例如,静电转换器在所施加的电压和所引起的力之间表现出平方关系。

2. 输出量的检测

通过对压电电压或热电电压、电容、电阻或阻抗等电量的检测,能够对带有能量转换器和信号转换器的微系统部件的特性进行检测。通过对与频率有关的阻抗分析,能够对可逆的电能转换器和信号转换器以及有关的耦合机械元件的性能给出结论。

对 MEMS 元件的运动测量,可根据所定义的监测点(直径 1 ~ 50 μm)、测量对运动状况无反馈作用、单个坐标方向中运动的独立测量和从 0.01 ~ 1 μm 的范围内位移幅度等提出要求。对于位移和速度测量优先选择光学方法。

对于运动表面速度测量,经常利用激光多普勒干涉仪[2],如图 10.14 所示。分光束 1 在运动表面上被反射,根据多普勒效应,由运动速度进行频率调制。分光束 2 在布拉格室延迟一个固定的频率,与分光束 1 产生干涉,在探测器上产生一个周期性的光强波动,它的频率由运动速度调制,运动位移测试装置(如聚焦测试方法)允许接收运动信号的直流分量,测试装置机械位置的控制精度要求很高。速度测量的优点是,测量头和振荡器之间的距离可以在很大的范围内变化,低频干扰信号,如图 10.15 所示[2],可以通过位移的微分来衰减。

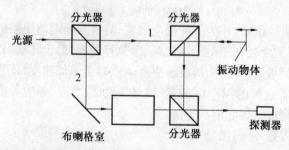

图 10.14　测量振动速度的干涉仪结构

1— 分光束 1;2— 分光束 2

流体元件的性能可以通过流体对元件作用的测量来得到(如热流量传感器中热传输和温度分布的变化,力学传感器中机械振荡器的衰减,压力传感器中膜片的变形)。外部性能的检测途径是通过称重技术或者通过使用测定用

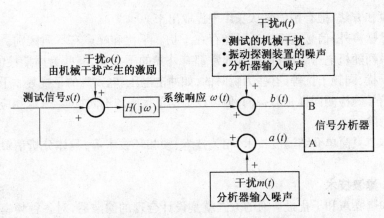

图 10.15 有干扰时测试信号流平面图

吸移管进行体积电流的测量和流动介质压差测量。

3. 识别

频率响应测量是一种电－机械系统的非参数化的识别,因为 MEMS 元件在位移量、速度量和力之间具有很强的非线性关系,而模型经常假定为线性的、不随时间变化的系统,因此应根据对激励幅值变化的检测来确定是否可以保证在弱信号范围内工作。

在 MEMS 元件振动测量中,会出现一些干涉信号源,如壳体振动、由于固定的设备(通风机)引起测量装置的振动、测试信号放大器的噪声、光学振动接收器中的噪声和信号分析仪器输入电缆的噪声,它们的作用有时会比有用信号所占的成分更大。被干扰的测试信号 $a(t) = s(t) + m(t)$ 和严重被干扰的响应信号 $b(t) = s(t) + o(t)h(t) + n(t)$ 对于分析处理来说都会被使用,如图 10.15 所示。通过相关处理可以对不是以线性关系出现的信号进行抑制。

10.2.2 MEMS 中微弱信号检测与处理

微弱信号的检测与处理是 MEMS 检测中的重要问题之一。由于 MEMS 中产生的输出信号微小,任何放大电路在此情况下都存在背景噪声。如何在背景噪声下把微弱的信号检测出来,是设计 MEMS 必须解决的一个关键问题。

微弱信号一般指信号幅度的绝对值非常小,且信噪比很低(＜＜1)的信号。例如电压值在微伏、亚微伏量级,电容值低于皮法量级,远低于噪声电平,并和噪声信号始终混杂在一起。将有用信号从强背景噪声下检测出来的关键是设法抑制噪声。抑制或降低噪声的技术可以分为两类:一是设计低噪声放大器;二是分析噪声产生的原因和规律,以及被测信号的特征,采用适当的技术手段和方法,把有用信号从噪声中提取出来。

除噪声外,信号通道中还可能存在干扰。干扰和噪声有本质区别。噪声由一系列随机电压组成;而干扰通常都有外界的干扰源,有些为周期性的,如工频干扰、同频干扰等,有些为瞬时的,如冲击电压、电或磁的干扰等。干扰对微弱信号的检测同样是有害的,但可以根据干扰源的不同特点,采取相应措施加以消除。

本节只简单介绍滤波技术、相关技术、锁相环技术等,具体分析请参考相关资料。

1. 滤波技术

抑制噪声和干扰最普通的方式就是设计合理的滤波器,对各种频率分量进行不同程度的滤波处理。理想滤波器的响应特征[2] 如图 10.16 所示。

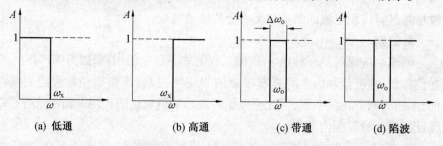

(a) 低通　　　　(b) 高通　　　　(c) 带通　　　　(d) 陷波

图 10.16　理想滤波器的频率响应

理想的低通滤波器允许低于截止频率 ω_x 的所有频率无失真(或无衰减)地通过,而不让高于 ω_x 的频率通过,如图 10.16(a) 所示;高通滤波器则正好相反,如图 10.16(b) 所示;带通滤波器只允许以中心频率 ω_o 的带宽为 $\Delta\omega_o$ 的频率通过,如图 10.16(c) 所示;带阻滤波器(或称陷波器)则与带通滤波器相反,如图 10.16(d) 所示。

2. 频域信号的相关检测技术

带通滤波器只能有限地压缩带宽和抑制噪声,不适用于微弱信号的检测,只能作为辅助电路应用。相关检测方法可以最大限度地压缩带宽和抑制噪声,达到检测微弱信号的目的。

设计一个新的带通滤波器,不仅能跟踪信号的频率,又能锁定信号的相位(成相关现象),那么噪声同时符合与信号既同频又同相的可能性将大大减少,这就是相关检测的基本思想和对噪声抑制的方法。有时被测信号可能是不相关的,则要尽量设法使它获得必要的相关性。

3. 锁相环技术

锁相环技术基于相关检测原理设计而成。由鉴相器(PD)、环路低通滤波器(LPF)和压控振荡器(VCO)组成闭环回路,原理框图[2]如图10.17所示。

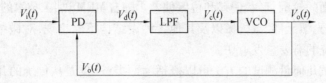

图 10.17　锁相环原理框图

当环路无信号输入时,VCO 工作在自由振荡状态,频率为 f_o;环路有信号输入时,PD 将对输入信号 $V_i(t)$ 和 VCO 输出信号 $V_o(t)$ 进行比较,产生误差电压 $V_{er}(t)$。该误差电压经环路滤波器滤除掉交频分量和噪声后,控制 VCO 的瞬时相位和频率,使两个信号的频率差及相位差逐步减小。如果输入信号的频率 f_i 处于环路的锁定范围内,则锁相环路的相位负反馈特性会使输出与输入信号同步,并进入锁定状态,称为"入锁"。一旦入锁后,由于环路具有自动控制功能,将使输出信号频率自动跟踪输入信号频率,从而完成两个信号相位同步、频率自动跟踪的功能。

锁相环的这种锁定技术具体体现为一个窄带跟踪滤波器,对从背景噪声下提取微弱信号,是一种非常有效的方法。

4. 时域信号的取样平均技术

如果被测微弱信号是一个用时域描述的脉冲波形,用锁相环技术就不方便了。这时,可以采用积累平均的方法降低噪声。

淹没在噪声中的快速时间变化的弱信号的特点是,均为周期重复的短脉冲波形。对其测量的要求主要是波形恢复。解决的方法是:在信号出现的周期内,将时间分为若干个间隔,时间间隔的长短取决于要求恢复信号的精度;然后对这些时间间隔的信号进行多次测量,并加以平均。某一时间间隔的信号幅值通过取样方法获得,而信号的平均则可以通过积分或者利用计算机的数据处理来实现。

取样平均其实是一种频率的压缩技术。它将一个高重复频率的信号,通过逐点取样,将随时间变化的模拟量转变成对时间变化的离散量的集合,这种集合即为信号的低频复制,从而可以测量低频信号的幅值、相位或波形。

10.2.3　MEMS 的几何量测量

微几何测量主要是针对 MEMS 的微小构件的三维尺寸、三维形貌的精密测量。微结构由于是微观结构单元组成的三维复杂结构,其测量一般都需要借助直接的或间接的显微放大,要求有较高的横向分辨率和纵向分辨率。与平滑表面的测量不同,微结构表面的测量不仅要测量表面的粗糙度或瑕疵,还要测量表面的轮廓、形状偏差和位置偏差。随着 MEMS 加工技术的不断进步,微电路、微光学元件、微机械以及其他各种微结构不断出现,对微结构表面形貌测量系统的需要愈发迫切。

三维微几何量测试的方法可以概括为两类:一类是从传统的几何量检测技术发展和改进而来的,如光切法、白光干涉法、光栅投影法、普通触针和光针式三维轮廓仪等,其中包括应用扫描探针显微镜的纳米观测方法以及微视觉测量法;另一类是根据被测的材料和结构特点专门设计的,如硅片厚度测量仪器、MEMS 器件实时刻蚀深度检测仪器等。

1. 机械探针测量方法

机械探针测量方法是开发最早、研究最充分的一种表面轮廓测量方法。测量原理[10]如图 10.18 所示,利用机械探针接触被测表面,当探针沿被测表面移动时,被测表面的微观凸凹不平使探针上下移动,其移动量由与探针组合在一起的位移传感器测量,所测数据经适当的处理就得到了被测表面的轮廓。探针式轮廓仪是高精度的表面轮廓测量仪器,深度测量精度可达 0.1 ~ 0.2 nm;纵向分辨率取决于与之配套的位移传感器,一般可达 0.1 nm 的量级;横向分辨率与针尖半径有关,同时还与被测表面的具体形状有关,一般可达 0.05 ~ 0.25 μm。传感器一般是线性变化的差动转换器(LVDT)或是一个光学干涉传感器,电信号被放大和处理,再通过 A/D 转换为数字信号,用计算机分析。用于 3D 分析的触针法是在现有的 2D 触针法技术上发展起来的,3D 表征通过测量表面来实现。触针保持固定,放置试件的表面通过移动精密 X – Y 平台以栅格扫描,平台的运动通过计算机控制,根据表面面积大小可以选择合适的数据采样间距。

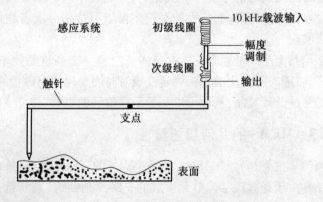

图 10.18　触针法测量

探针式轮廓仪可测量各种形状和各种光学机械性质的表面,被测表面的移动是借助载物台的平动实现的,因此它的测量范围较大。探针式轮廓仪的探针要在一定压力下接触被测表面;而且探针半径一般都很小,这样才能获得较好的测量精度和较高的横向分辨率;如果被测表面较为松软,探针往往会划伤被测表面,因此,探针法一般不宜用于铜、铝等软金属表面或涂有光刻胶等薄膜的表面的测量。

2. 光学探针测量方法

光学探针就是把聚焦光束当作探针,并利用不同的光学原理来检测被测表面形貌相对于聚焦光学系统的微小间距变化。利用像平面位置来检测表面形貌的光学探针称为几何光学探针;利用干涉原理的光学探针称为物理光学探针。几何光学探针有共焦显微镜和离焦误差检测两种;物理光学探针有外差干涉和微分干涉等方法。

光学探针测量方法为非接触测量,不划伤工件表面、操作方便、结构简单、体积小、易于实现微型化、用途广泛,有良好的应用前景。

（1）共焦显微镜。

激光扫描共焦显微镜采用了共轭焦点成像技术,光源、被测件和探测孔3点处于彼此对应的共轭位置,激光聚焦在被测表面后反射,反射光通过共焦针孔被探测器接收。由于共焦针孔的屏蔽作用,只有来自物镜焦平面的光信号被接收,通过扫描聚焦点在被测件上的位置可对被测件进行三维成像。

光学共焦显微镜的原理[10] 如图10.19所示,激光经过一个长焦距透镜后形成发散光束,进入一个短焦距物镜投射到被测物体表面,继而反射回短焦距物镜,通过一个小孔光阑后进入光电接收器,小孔光阑的位置正好在长焦透镜的焦点上,因此称为共焦显微镜。如果测量点正好位于物镜焦点上,从光电接收器可以得到最大信号,如果测量点偏离焦点,信号相应变小。垂直反向的分辨率取决于物镜的焦距与光阑小孔的直径,一般可以达到纳米量级,水平方向的分辨率依赖于测量波长和系统数值孔径,通常小于 $0.5\ \mu m$。

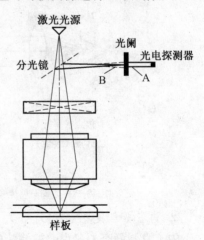

图 10.19　光学共焦显微镜原理图
A— 焦面;B— 离焦

共焦显微镜结构简单、技术成熟,对样品材质要求不高,不过它的水平分辨率较低限制了其在纳米计量中的应用。

(2)离焦误差检测方法。

根据聚焦物镜在检测过程中的状态,离焦误差测量法可以分为静态离焦误差检测法和动态离焦误差检测法。

① 静态离焦误差检测法。

静态离焦误差检测法是指物镜在测量过程中固定不动,直接测量被测表面偏离物镜焦点而产生的聚焦误差信号的方法。这种方法系统结构简单,垂直分辨率高,不足之处在于线性测量范围较窄,而且光电探测器对被测表面的反射率和微观斜率变化较为敏感。1987 年日本研制出基于临界角法的高精度光学表面传感器,原理[10] 如图 10.20 所示。如果物体表面处在焦点 B 处,偏振光通过物镜后变成平行光,临界角棱镜配置在能反射临界角光束的位置,从而使两个光电探测器接收到相同的光强。如果表面处在位置 A 处,靠近透镜,则通过透镜的光束略有发散,位于光轴上侧的光束以小于临界角的角度入射到棱镜上而折射出去,光轴下侧的光束因为较大的入射角而被全部反射,根据两个探测器的输出即可得到表面位移。如果表面处在位置 C 处,远离透镜,则情况刚好相反。为了避免光源及表面的反射率变化对测量的影响,采用了双光路,利用差动技术消去信号的畸变分量。该传感器适于测量反射率高于 10% 的表面,垂直分辨率小于 1 nm,水平分辨率为 0.65 μm,测量范围约为3 μm。

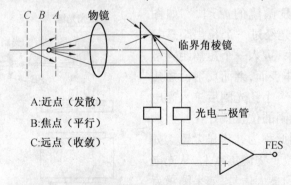

图 10.20　基于临界角法的高精度光学表面传感器

② 动态离焦误差检测法。

为了克服静态离焦误差检测法的不足之处,在传感器中引入了聚焦伺服系统,从而产生了动态离焦误差检测法。1988 年德国 UBM 公司生产的基于光聚焦检测技术的 UB60 型光学轮廓仪[10] 如图 10.21 所示。采用傅科刀口法检测离焦信号,此信号对动铁式的音圈电机进行控制,驱动聚焦透镜上下移动、重新对焦,并用与物镜相连的光平衡装置测量物镜的位移,该位移对应于被测表面高度的变化。该光学轮廓仪的测量光点直径约为 1.5 μm,工作距离约为 2 mm,可到达的最高垂直分辨率为 10 nm,测量范围为 ±50 μm 和 ±500 μm。该仪器能精确测量 0.01 μm ~ 1 mm 的长度,还可用于表面粗糙度、光反射率测量和表面缺陷检测。但是该仪器结构复杂,而且 2 mm 的工作距离对使用条件的要求也相对严格。

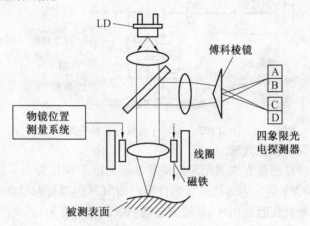

图 10.21 基于光聚焦检测技术的 UB60 型光学轮廓仪

(3)物理光学探针测量方法。

干涉显微测量方法是采用如外差干涉、锁相干涉以及相移干涉这些实时位相自动测量技术来快速精密地测量表面形貌的方法,它一次可以测出一个面上的表面形貌。光学干涉技术可以测量要求纳米级分辨率的表面。这种显微镜工作时,将一单色光分成两束。一束作为内部的参考光,它的光路径长度通过压电驱动精密地监控;另一束作为探测光,其路径长度随表面高度的变化而变动。在两束光之间发生干涉,并产生干涉图案。图 10.22 所示为一种相移干涉仪的测量原理[10],干涉仪中采用了参考表面。测量时,来自被测试件表面的环光与内部参考表面反射的光相干涉,并用 3D 图像探测器阵列自动记录其强度,然后观察干涉图案,以获取粗糙度参数。一般需记录 4 ~ 5 幅干涉图案才能确定一个 3D 表面形貌图。该系统的相移是通过压电驱动器(PZT)驱动参考表面来实现,PZT 由主计算机控制,数据处理由专用软件来完成,测量时间为几十秒。干涉仪器用于测量如金刚石车削的超光滑零件、透明胶片、光学镜模子、光纤光学镜片等。该系统的主要缺点是要求表面具有一定的反射性(比聚焦探测技术要求高);最大测量范围也限制在入射光波长的水平(约为 600 nm);快速的斜率变化有时对于干涉系统的测量是很困难的;操作干涉测量仪器时要求高度隔离环境振动。

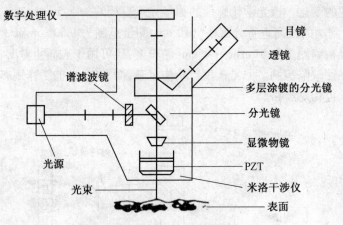

图 10.22　相移干涉仪测量原理图

3. 电子探针测量方法

电子探针式测量方法利用聚焦得非常细的电子束作为电子探针,扫描电子显微镜(SEM)是其中有代表性的仪器。当 SEM 的探针扫描被测表面时,二次电子从被测表面激发出来,其强度与被测表面形貌有关,因此用探测器测出二次电子强度就可处理出被测表面的几何形貌。如图 10.23 所示为扫描电镜

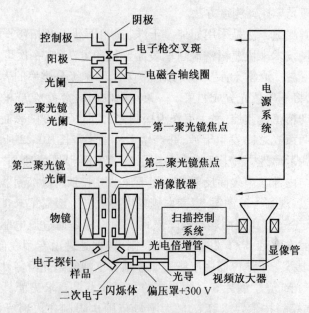

图 10.23　扫描电镜的主机结构

的主机结构[10]，主要由电子光学系统、扫描系统、信号检测系统 3 个主要部分以及显示、样品室和样品台等组成。将电子光学系统产生的微细电子探针进行光栅式扫描，产生的信息经相应的探测器逐点接收，适当地处理和放大后，来调制同步扫描显像管的亮度，在显像管的荧光屏上就会得到此信息的样品图像。SEM 的测量范围从几 nm 到 200 nm，水平分辨率较高为 2 nm，垂直分辨率稍低为 10 nm。目前，SEM 主要用于对表面图形的定性观察；对于膜层台阶，由于边缘斜率和厚度的影响，图像会亮，产生失真而无法实现对于台阶的测量。此外，SEM 要求在真空环境下工作，并且要求被测表面导电、操作复杂、测量费时，进一步限制了其应用范围。

4. 扫描探针显微镜

扫描探针显微镜（SPM）的基本原理都是通过探针对被测表面进行扫描，由探针和被测表面之间的相互作用确定它们之间的位置关系。扫描探针显微镜中，扫描隧道显微镜（STM）和原子力显微镜（AFM）是应用范围最广、最具有代表性的两个重要仪器。

（1）扫描隧道显微镜。

STM 是利用在导电的探针和样品之间发生的隧道效应，所产生的与表面起伏所对应的隧道电流来调制图像显示器的灰度，达到观察表面形貌的目的。如图 10.24 所示，一个非常尖的金属探针（通常由钨或金或铂－铱合金等刻蚀制成）由压电陶瓷驱动系统控制其运动[10]。当针尖与样品表面之间的距离非常小，达到 0.6 ~ 1 nm 时，样品和针尖之间的电子波函数按照指数衰减。此时若在探针与样品之间加一个偏置电压，则在样品与探针之间就形成电子隧道，电子可以通过电子隧道从针尖到样品或者从样品到针尖运动，方向

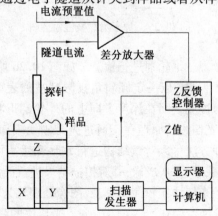

图 10.24　扫描隧道显微镜的原理图

取决于探针和样品之间所加的偏置电压的方向,这样就形成了隧道电流。对于金属样品,偏置电压一般在 0.01 ~ 2 V 之间;对于半导体样品,偏置电压一般在 2 V 左右,此时形成的隧道电流值一般在 0.1 ~ 2 nA 之间。STM 具有纳米级分辨率,其横向分辨率可达 0.1 nm,纵向分辨率可达 0.01 nm,同时可以适应不同的测量环境。

(2) 原子力显微镜。

原子力显微镜与扫描隧道显微镜的区别只在于 AFM 中由安装在非常细的悬臂上的探针代替了 STM 中的简单的金属探针。如图 10.25 所示[10],将一个对微弱力及其敏感的微悬臂的一端与压电陶瓷 1 固定在一起,另一端有一个微小针尖,当针尖与样品轻轻接触(接近原子级间距)时,针尖与样品表面原子存在极其微弱的排斥力,通过扫描时控制这种力的恒定,带有针尖的微悬臂将对应于针尖与样品表面的原子间作用力的等势面,在垂直于样品表面方向起伏运动。在微悬臂针尖的上方有一个 STM 装置,利用隧道电流检测法可测得微悬臂对应于各扫描点的位置变化,从而获得样品表面形貌的信息。由于 AFM 不需要在针尖与样品间形成回路,样品不需要具有导电性,因而有着更加广泛的应用领域。

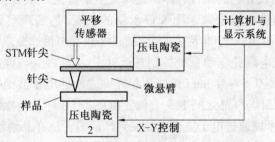

图 10.25　原子力显微镜原理图

5. 光切法

光切法可以对微观三维轮廓进行检测。如图 10.26 所示为光切法测量原理图[10],当一束细窄带光带以一定倾斜角投影到被测表面上时,光带与表面相截的交线便反映出被测表面在深度方向上的外轮廓形状,光带的像可以从显微镜中观察到,即光切法的原理在于通过光带刨切表面获得截面处高度方向的轮廓曲线。这种方法可以对微结构进行水平和垂直两个方向测量,通过对微结构截面扫描,采用 CCD 成像,并对扫描结果进行插值处理,可以获得微结构表面三维形貌。光切法比较简单直观,图像处理较为容易,测量范围一般为 0.8 ~ 8 μm,测量精度为 0.15 ~ 1.3 μm。光切法的测量精度可以满足目前的微细加工要求,有较大的测量范围和视野范围,在完成深度尺寸测量的同时可以兼顾平面尺寸测量,具有集三维尺寸测量为一体的优势。

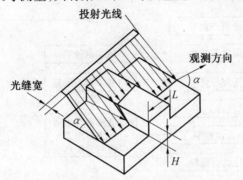

图 10.26   光切法测量原理

6. 基于计算机视觉图像的测量

基于计算机视觉图像的测量是近年来在测量领域中发展起来的新技术,它以光学为基础,融合光电子学、计算机技术、激光技术、图像处理技术等现代科学技术为一体,组成光、机、电、算综合测量系统,是解决 MEMS 测试的一条有效途径。

基于计算机视觉的 MEMS 测试系统功能框图[10] 如图 10.27 所示。图像质量决定了图像测量系统的性能,一个图像测量系统 CCD 传感器的最小像素分辨率应为 $W_1 \times 2/S$,其中 W_1 为被测物体的最大长度,S 为应分辨的最小尺寸。如 MEMS 器件的最大长度为 500 μm,应分辨的最小尺寸为 1 μm,则 CCD 传感器的最小像素分辨率应为 1 000。图像采集系统的焦距 F_L 为 $S \times W_D/F_{OV}$,其中 S 为 CCD 的大小,W_D 为工作距离,F_{OV} 为视场的长轴长度。对于 MEMS 芯片测量来说,其视场范围为毫米量级,根据不同的测量目的,需分辨的最小尺寸各不相同,如几何尺寸测量约为 0.1 μm;表面形貌测量应在几十 nm 范围,微观运动应具有纳米级精度等,因此可通过选用不同放大倍数的显微镜来满足不同的测试需求。控制适配器对测试的环境、激励、被测器件的供电进行控制,通过 GPIB 总线完成相关仪器的控制,实现测控的集成化和自动化;通过信号采集适配器完成对不同 MEMS 器件各种被测信号的调理,使其满足信号采集的要求;信号分析处理模块完成曲线拟合、误差理论分析、性能分析等;图像分析与测量模块完成图像的分析与测量,通过计算机视觉中的亚像元分析技术来提高测量精度,应用实时视频图像分析与测量技术来实现 MEMS 动态特性的测量。

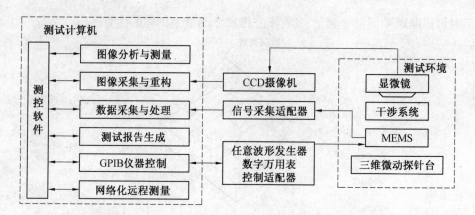

图 10.27　基于计算机视觉的 MEMS 测试系统功能框图

7. 光栅投影法

如图 10.28 所示为光栅投影法的原理图[10]，将光栅条纹投影到被测微结构表面，包含被测件高度信息的反射条纹被 CCD 摄像机接收，采用多幅不同的光栅图案进行投影可对接收到的图像进行解码，可以获得被测结构的三维信息。国外研究的光栅投影测微仪水平测量范围为 $2\ \mathrm{mm} \times 1.5\ \mathrm{mm}$，$z$ 向测量范围为 $0.5\ \mathrm{mm}$，水平分辨率可达 $2\ \mu\mathrm{m}$，垂直分辨率可达 $0.1\ \mu\mathrm{m}$。

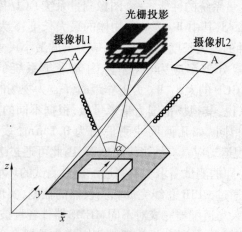

图 10.28　光栅投影法原理图

10.2.4　MEMS 的材料特性检测

MEMS 器件的组成材料特性是影响 MEMS 器件可靠性、稳定性的重要因素，由于加工工艺、结构尺寸不同，即使是同样的材料也会表现出不同的特性，因此对 MEMS 器件组成材料特性进行检测具有重要意义。目前 MEMS 设计、制造中比较常见的材料特性检测包括检测材料的断裂强度、弹性模量、应力应变、微摩擦特性等。

1. 弹性模量检测

微型梁结构是在微系统中普遍采用的典型微型机械构件。弹性模量和内应力与梁结构的使用要求和服役能力密切相关,是设计和制造中需要注意的参量。弹性模量的检测方法按其施加载荷的方式分为静态检测和动态检测。

(1) 弹性模量静态检测。

弹性模量的静态检测方法是在被测构件上施加一定的载荷,使其产生形变,由于构件的弹性模量与其形变和所加载荷之间有确定的关系,通过测量所加载荷和构件的变形,就可以计算得到被测构件的弹性模量。

① 薄膜变形法。

加上负载使薄膜产生变形,利用如图 10.29 所示的数学模型[10] 来计算 σ 和 E。

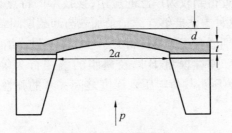

图 10.29   薄膜变形

$$p = \frac{C_1 t\sigma}{a^2}d + \frac{C_2 fvEt}{a^4(1-V)}d^3 \tag{10.1}$$

式中,p 为薄膜所受到的压力;t 为薄膜厚度;d 为加载后薄膜中心的变形量,可采用干涉方法测量;a 为构件悬空长度的一半;v 为泊松比;f 为薄膜固有的谐振频率;C_1,C_2 常数。

上述方法可以求得 σ 和 E,但是常数 C_1 和 C_2 要用复杂的数值计算或有限元方法获得,而且理论值和实验值之间有一定差距。

② 悬臂梁变形。

通过探针加载使悬臂梁弯曲[10],如图 10.30 所示,利用形变 ω 与加载力 p 的关系来确定 E。

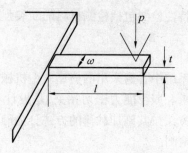

图 10.30　悬臂梁变形

$$\sigma = \frac{4pl^3(1 - v^2)}{\omega t^3 E} \qquad (10.2)$$

载荷与悬臂梁的弯曲位移能直接从加载设备上读出。此种方法很简单，但是要求有复杂的仪器，而且是接触式测量，材料的性能可能会受影响。

③ 压痕法。

纳米压痕法最近得到较为广泛的应用，该技术的特点在于极高的力分辨率和位移分辨率，这种方法能够连续记录加载与卸载期间载荷与位移的变化，从而使得该技术特别适合于薄膜材料力学性能的测量。纳米压痕技术可用来测定薄膜的硬度 H、弹性模量 E 以及薄膜的蠕变行为等。其理论基础是 Sneddon 关于轴对称压头载荷与压入深度之间关系的弹性解析分析，其结果为

$$S = \frac{\mathrm{d}p}{\mathrm{d}h} = \frac{2}{\sqrt{\pi}}E_r\sqrt{A} \qquad (10.3)$$

式中，h 为压头的纵向位移；S 为试验卸载曲线的薄膜材料刚度[28]，$S = \dfrac{\mathrm{d}p}{\mathrm{d}h}$，如图 10.31 所示；$A$ 为压头的接触面积(投影面积[10]，如图 10.32 所示)；E_r 为约化弹性模量。

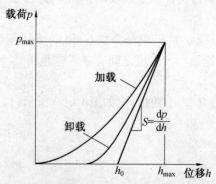

图 10.31　纳米压痕测试中的载荷 – 位移曲线

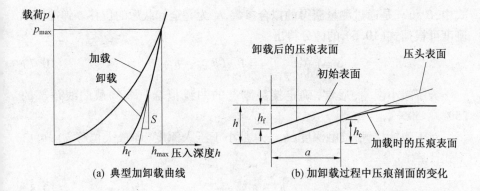

(a) 典型加卸载曲线   (b) 加卸载过程中压痕剖面的变化

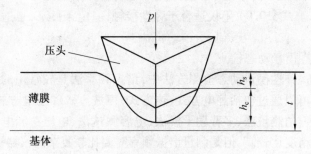

(c) 薄膜变形示意图

图 10.32   压头压入薄膜时薄膜变形示意图

$$\frac{1}{E_r} = \frac{(1 - v_f^2)}{E_f} + \frac{(1 - v_i^2)}{E_i} \tag{10.4}$$

式中，E_f, E_r, v_f, v_i 分别为被测薄膜和压头的弹性模量和泊松比。

被测材料的硬度值定义为

$$H = \frac{p_{max}}{A} \tag{10.5}$$

当 $A, \dfrac{dp}{dh}$ 和 p_{max} 确定后，可利用式(10.3)、式(10.4)和式(10.5)分别求出材料的弹性模量 E 和硬度值 H。

为了从载荷 – 位移数据计算出硬度和弹性模量，必须准确知道弹性接触刚度和接触面积，接触面积可以通过图 10.32(a) 所示的连续载荷 – 位移曲线计算出来。目前最常用的方法是 Oliver – Pharr 法。载荷 – 位移曲线卸载部分的拟合函数为

$$p = B(h - h_f)^m \tag{10.6}$$

式中,B 和 m 是通过测量获得的拟合参数,h_f 为完全卸载后的位移。弹性接触刚度可根据式(10.6)的微分得出

$$S = \left(\frac{\mathrm{d}p}{\mathrm{d}h}\right)_{h=h_{\max}} = Bm(h_{\max} - h_f)^{m-1} \tag{10.7}$$

为了减小误差,通常,确定接触刚度的曲线拟合只取卸载曲线顶部的 25% ~ 50%。

对于弹性接触,接触深度(h_c)总是小于压入深度(即最大位移 h),可由下式计算

$$h_c = h - \varepsilon \frac{p_{\max}}{S} \tag{10.8}$$

式中,ε 是与压头形状有关的常数,对于球形或棱锥形压头,$\varepsilon = 0.75$;锥形压头,$\varepsilon = 0.72$。式(10.8)不仅适合于弹性接触,一定条件下,也适用于塑性变形。

(2)弹性模量动态检测。

在微结构弹性模量动态检测方法中,谐振频率法是较常用的一种方法。谐振的激励可以通过包括静电方式、热方式、声波方式和压电方式等激励,检测方式包括三角测量法、多普勒干涉法、电容测试法、电压法和电阻法等。谐振频率法的精度比较高,但是测量谐振频率需要比较复杂的仪器。

① 基本原理。

如果被测微结构为硅悬臂梁结构,当悬臂梁处于自由振荡时,其自然谐振频率与弹性模量有确定的关系。如果检测出悬臂梁的谐振频率就可计算出材料的弹性模量。根据悬臂梁谐振频率 f_1 的计算公式

$$f_1 = \frac{1.875^2}{2\pi L^2} \sqrt{\frac{EI}{\rho_v S}} \tag{10.9}$$

可以得到,被测材料的弹性模量为

$$E = \frac{(2\pi L^2)^2 f_1^2}{1.875^4 I} \rho_v S \tag{10.10}$$

式中,S 为悬臂梁截面积;L 为悬臂梁的长度;I 为截面绕其对称轴的惯性矩,对于矩形截面,$I = \frac{1}{12}ab^3$,a,b 分别为悬臂梁的宽度和厚度;ρ_v 是硅材料的密度,$\rho_v = 2.33 \text{ g/cm}^3$。

由上述可知,只要通过一定的方式对悬臂梁进行激励,使其处于自由振荡状态,检测出其自然谐振频率,就可以通过式(10.10)算出悬臂梁的弹性模量。

　　动态检测法按照对悬臂梁的激励方式,可以分为瞬态碰击激励法、静电激励法和声激励共振法等。

　　② 瞬态碰击激励法。

　　瞬态碰击激励法是对于被测的悬臂梁,在瞬态碰击下使其产生一个短暂的振荡,记录下振荡的全过程波形,找出处于自由振荡状态下的谐振频率,从而计算出悬臂梁材料的弹性模量。

　　瞬态碰击激励法的检测系统由对悬臂梁进行瞬态碰击激励的机械装置和悬臂梁振荡信号的检测和处理系统两部分组成[10],如图 10.33 所示。悬臂梁固定在一个基座上,基座经由一个二维微调装置固定在防震台上。基座质量相对于悬臂梁来说极大,因而不影响悬臂梁的谐振频率。瞬态碰击的动力部件为一台微型直流调速电动机,在其输出轴的前端,黏结了一个极细的碰针。电动机每旋转一周,碰针就对悬臂梁进行一次瞬态碰击。通过微调装置可以调整碰击强度,从而控制悬臂梁振荡的幅度和振荡衰减的时间。

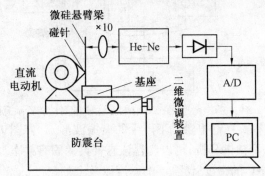

图 10.33　瞬态碰击激励装置试验系统

　　悬臂梁振荡信号的检测是通过一个 He - Ne 激光器来完成的,其原理相当于一个激光干涉仪。激光器发出的光经 10 倍微物镜聚焦于悬臂梁一侧,被反射后馈送到激光器的激光腔中。这样,悬臂梁与激光腔本身又构成了另一只复合腔结构的激光器,其中悬臂梁与激光器前腔镜构成的 F - P 腔,其反射率与悬臂梁表面的反射率、激光器前腔镜反射率和 F - P 腔长引起的光相位差等有关。根据激光反馈干涉仪原理,激光器后向输出光功率正比于前腔的反射率。因而,悬臂梁的振动使激光器后向输出光功率产生变化。将该变化的光功率经光电接收、放大后,再经 A/D 转换,由计算机采样、处理后,就可以在屏幕上显示悬臂梁在瞬态激励下整个振荡过程的波形。

　　瞬态激励法具有结构简单、起振容易、测量精度高等优点,因而可以作为一种常规的 MEMS 材料弹性模量测量方法。

③ 静电激励法。

静电激励法是给被测的构件施加一个正弦交流电压,在构件上产生静电力,在静电力激励下使被测构件产生振荡来进行弹性模量测量。

静电激励 SiO_2 微机械材料弹性模量测量装置[10]如图 10.34 所示。被测构件为悬臂梁结构,其尺寸为:长 2 mm,宽 200 μm,厚 15 μm。在悬臂梁的一侧镀上金作为振荡电极,金层厚 0.1 μm。另一个驱动电机与振荡电极之间的距离为 0.2 mm(可以调整)。保持直流偏压为 10 V,同时在正弦交流电压(幅值为 10 V)的作用下,使悬臂梁产生振荡,通过调整该正弦波的频率,使悬臂梁的振幅达到最大,从而使其在固有频率产生谐振。

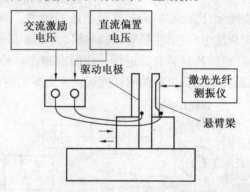

图 10.34　静电激励 MEMS 材料弹性模量测量装置示意图

SiO_2 微型悬臂梁在静电激励下产生的谐振波形[10]如图 10.35 所示。通过振动波形的 FFT 频谱分析,可以测得该悬臂梁的固有频率。在已知悬臂梁的长宽厚尺寸、SiO_2 的密度、镀金层的厚度以及金的密度的条件下,可以计算出微机械材料的弹性模量。

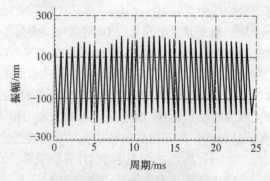

图 10.35　悬臂梁静电激励谐振波形

检测结果表明：该检测方法有较大的误差，这主要是由刻蚀过程和镀金层厚度的不均匀以及镀层的工艺所引起的。

④ 声激励共振法。

被测样品也为悬臂梁结构。确定悬臂梁的尺寸以便使它的弯曲简正振动基频处在声频范围内。声激励共振法用可调频的声波直接靠近悬臂梁使之产生共振，共振时的最低声波频率就是悬臂梁的弯曲简正振动基频。然后通过相关的公式计算出被测悬臂梁材料的弹性模量。

悬臂梁的声激励装置及振动信号检测系统[10] 如图 10.36 所示。悬臂梁的声激励装置部分包括一台标准音频信号发生器(0～20 000 Hz)、功放电路和一个耳机。耳机发出的声波对准悬臂梁的长宽侧。悬臂梁把声能转换成振动的机械能。悬臂梁经由一个基座固定在防震台上。基座的质量相对于悬臂梁来说极大，因而不会影响悬臂梁的简正振动频率。悬臂梁振荡信号的检测可以采用与瞬态激励相同的方法。

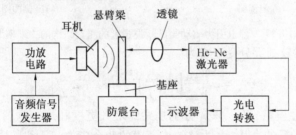

图 10.36　悬臂梁的声激励装置及振动信号检测系统图

激励源信号采用连续正弦波。由低到高逐渐调整音频信号发生器信号频率的同时，注意观察悬臂梁是否振动。一旦悬臂梁发生振动，微调频率使悬臂梁的振幅达到最大。此时的激励信号频率等于悬臂梁的弯曲简正振动频率。

声激励共振法具有测试装置简单、悬臂梁起振容易、测量精度高等优点，因而适用范围广，可以作为一种常规的 MEMS 材料弹性模量的测量方法。

2. 断裂强度检测

断裂强度是 MEMS 器件极限工作的主要参数，而且在机械特性中尤为重要。MEMS 器件的尺寸较小，一般在微米量级，所以材料的缺陷、晶向以及测试构件的尺寸、形状等都会不同程度地影响到测试结果，这与大尺寸下构件的测试不同。

（1）静电引力驱动测试方法。

采用静电引力作为驱动力，克服了直接外加应力引起测量不准的问题，引力可以直接通过计算获得，无需测量。这种测试结构的另一个优点是能与标准MEMS工艺兼容,可以降低测试的费用并提高测试的可信度,但是这种测试方法尚不成熟,有待于进一步研究。

该测试结构模型[10]如图10.37所示。对该结构中两边较宽的极板施加电压,从而使两边较宽的极板受到静电引力作用,而中间较细部分不受电场力作用,这样中间较细部分所受力基本是水平方向(忽略梁自重)。在所受外力相同的情况下单位面积的受力与面积成反比,这样可以通过它们的粗细比例来调节细梁所受应力的大小。

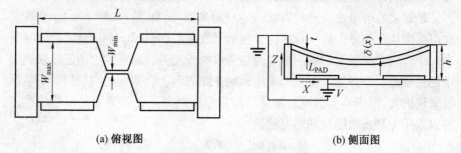

(a) 俯视图　　　　　　　　　　　(b) 侧面图

图10.37　静电引力驱动测试断裂强度的测试结构的二维模型

该结构梁较细部分受应力为

$$\sigma_{\text{lig}} = E \frac{W_{\max}}{W_{\min}} \left[\frac{1}{2} \left(\frac{\Delta}{L} \right)^2 + \varepsilon_{\text{R}} - 2 \frac{\delta}{L} \right] \tag{10.11}$$

式中,E为弹性模量;$W_{\max}$,$W_{\min}$分别是梁的最大宽度和最小宽度;Δ为梁中间点的挠度;L为梁的全长;ε_{R}为该结构薄膜的残余应力;δ为梁的固定端因受压力而导致的形变。式中$W_{\max}$,$W_{\min}$,L是自定参数,不需要在实验中测量;E为已知量;ε_{R},δ为不确定量,根据具体工艺条件而定。需要测定的量只有Δ。

此实验中用干涉仪来测量Δ,测量能准确到10 nm。该方法结构简单、易于加工,而且数学模型较为简单。但是在测量时需要附加工艺:在样品上刻上几条条纹,以便在用光的干涉法测量时有参考点,这在一定程度上会影响测试结果。

(2) 梁式结构方法。

如图10.38所示为测试所用的梁式结构[10],一端固定,一端悬空。测试时在悬臂梁的自由端加上外力,使梁发生弯曲,直至断裂。实验中只需测出悬臂梁自由端的挠度。

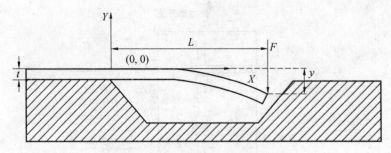

图 10.38　测试断裂强度的梁式结构

由挠度方程得

$$\varepsilon = \frac{FLt}{2EI}　　　　　　　　　(10.12)$$

式中，E 为弹性模量；I 为转动惯量；L, t 分别为梁的长度和厚度。

计算得悬臂梁自由端挠度为

$$\Delta = \frac{FL^3}{3EI}　　　　　　　　　(10.13)$$

将式(10.13)代入式(10.12)得

$$\varepsilon = \frac{3t}{2L^2}\Delta　　　　　　　　　(10.14)$$

式中，Δ 为断裂时梁的最大挠度。

只要知道被测构件的尺寸和在断裂时右端的挠度，就可以算出该材料所能引起的最大应变。用该结构测试简单、易于加工；不足之处在于梁与衬底的间距很大，很难在标准 MEMS 工艺线上制作，因而这种测试方法只能应用于理论研究，不能应用于断裂强度的在线测试。

(3) 拉伸断裂测试方法。

单轴拉伸是测量弹性模量、泊松比、屈服强度和断裂强度等最直接的办法。一般来说，拉伸装置主要包括 4 部分：驱动、力传感器、位移传感器、机械框架和夹具。在微拉伸试验中要保证载荷和位移的测量精度、样品的加工、夹持和对中，即保持样品与拉力之间的同轴性。

驱动方式有多种，电磁驱动是一种较为理想的驱动方式，它具有很好的线性、低滞后性、无摩擦、能直接进行精确控制等特点。

图 10.39 所示为使用载流线圈驱动磁铁运动的动磁驱动方式的工作原理[10]。利用磁力驱动拉杆，对样品施加拉伸载荷。驱动力的大小受磁场梯度的控制，而磁场梯度取决于电流的大小，因此可以实现精确控制，使得磁场梯度和驱动力与线圈激励电流呈线性关系。

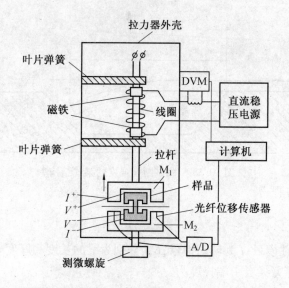

图 10.39　电磁力驱动拉伸断裂测试方法示意图

对线性或步进电机、压电式激励器等驱动方式,载荷大小需由力传感器测量。目前,已有量程为 0 ~ 0.2 N 的商品化传感器,一般用标准砝码标定传感器的精度,分辨率为 1 mN。

图 10.40 所示为用电子分析天平测量载荷大小的装置原理图[10]。拉力是由计算机通过压电控制器去控制压电单元产生的。这种天平可以看成是一种电磁力平衡式称重传感器,它是利用电磁力平衡重力原理制成的。当加上或卸除载荷时,秤盘位置发生变化,从而带动线圈移动,位移传感器将此位置的改变转化为电信号,经 PID 调节器、放大器后,以电流形式反馈到线圈中,使电磁力与被称物体的重力相平衡,秤盘恢复到与原来接近的平衡位置。因此,反馈电流与被称物体的质量成正比关系,只要测出该反馈电流,就可以确定被称物体质量的大小。

位移测量要求采用高分辨率的测试方式,根据位移的大小,通常分辨率要求在 nm 到 μm 之间,一般可以采用高放大倍数光学显微镜、干涉仪等。也可以采用热驱动等测试方式。

3. 应力与应变检测

表面微加工方法是经过先在牺牲层上形成平板或是梁结构,然后再刻蚀掉牺牲层来得到微结构的。这种工艺不可缺少的步骤是在基底上沉积薄膜,由于在淀积和退火过程中的温度变化,薄膜中必然会产生残余应力。这种应力作用有时非常显著,在刻蚀牺牲层,释放结构时会引起结构的失稳、弯曲甚至断裂。残余应力还会影响结构的工作性能。所以,薄膜应力的测量十分重

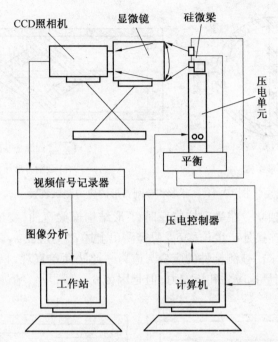

图 10.40 电子分析天平测量断裂强度激励器载荷的装置原理图

要。

（1）临界皱褶法。

处于压应力下的梁的应变如果超过某个临界值,梁就会发生皱褶。这个临界值与边界条件和梁的长度值有关,对于两端简支梁,临界应变为 $\varepsilon = \dfrac{\pi^2 t^2}{12 L^2}$;对于两端固定梁,临界应变为 $\varepsilon = \dfrac{\pi^2 t^2}{3 L^2}$,其中 t 为梁厚,L 为梁长。该方法的问题在于只能测量压应力,而且为了测不同压应力需要一系列不同长度的梁,由首先发生皱褶梁的长度即可推出结构中的残余应力。

如果要测量拉应力,则要将拉应力转换成压应力,然后再用上面的方法进行测量。目前,普遍采用两种结构进行应力转换[10]:一种是环形结构,如图10.41(a)所示,由于拉应力的存在,环中间的梁受到压迫产生压应力,但这种结构只能用于拉应力的测量;另一种改进结构是金刚石形结构,如图10.41(b)所示,这种结构既能测量拉应力,又能测量压应力。

（2）位移法。

微型(长宽约几十 μm)T形结构和H形结构应变测试装置[10] 如图10.42所示。结构的框架固定集成在淀积膜基片上,而框中结构只与框架连接而与

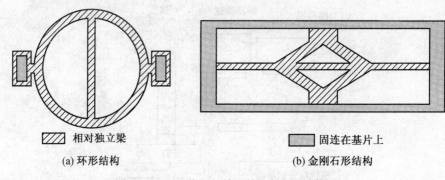

(a) 环形结构　　　　　　　　　　　(b) 金刚石形结构

图 10.41　环形和金刚石形的应力测试装置

被测构件相对独立。在受到拉应变时,T 形结构横梁弯曲,变形为 δ_T,H 形结构宽梁与窄梁连接处产生位移 δ_H,只需测出上述 δ(与应变 ε_T、ε_H 有确定的函数关系),就可求出被测构件的应变与应力。此法简单直观,只需一个样品即可,而且可以测量拉应力和压应力,但是因为 δ 一般很小,精确测量有相当难度。

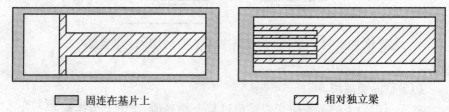

固连在基片上　　　　　　　　　　相对独立梁

图 10.42　测试拉应力的 T 形、H 形结构

(3) 偏转法。

将相对的两个梁的伸长和缩短转换成第三个梁的旋转[10],如图 10.43 所示,其偏转角可容易地用扫描电镜(SEM)测出。偏转脚与构件的应变有确定的对应关系,这样就可以推算出拉应力和压应力。这种方法不需要一系列长度不同的梁,测量精度较高。

(4) 固有频率法。

测试装置中梁的固有频率与梁所承受的应力应变状态有对应关系,例如轴向力对梁横向振动固有频率的影响。激励梁产生振动,检测出其固有频率,可求出相应的应力和应变。计算时需要注意梁的边界条件不同,计算公式不同。这种方法可测量拉应力、压应力,问题是需要激励、测振,对静不定结构还需要用数值方法进行计算。

(5) 阈值电压法。

微型梁在压应力下处于不稳平衡状态,当在梁和与梁有一定间隙的基底

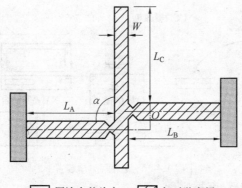

图 10.43　第三根梁旋转测应力测试装置

□ 固连在基片上　▨ 相对独立梁

之间加上电压后,梁与基底间产生静电力,当所加电压增大到一定值时,梁突然失稳,由于屈曲,使输出电压突然下降,此时电压称为阈值电压。通过测量阈值电压,可推导出内应力和弹性模量。这种方法不需要 SEM,设备简单,容易实现"片内"检测,问题是不考虑初始应力时误差较大。

（6）弯曲法。

在整个硅片上淀积待测的薄膜材料,薄膜的应力会造成整个硅片弯曲,计算薄膜中的应力为

$$\sigma = \frac{E_s d_s^2}{6R(1 - v_s) d_f} \qquad (10.15)$$

式中,E_s 为硅片的弹性模量;v_s 为硅片的泊松比;d_s,d_f 分别为硅片和薄膜的厚度;R 为硅片弯曲后的曲率半径,利用干涉法可以获得。

4. 微摩擦检测

在 MEMS 系统中,原有的摩擦理论和研究方向已不适合处理微小构件间超轻载荷的微摩擦问题,微摩擦的研究已成为 MEMS 中引起重视的课题。

（1）微摩擦测定装置。

微摩擦测量装置[10] 如图 10.44 所示。该装置中,通过直径为 15 μm 的陶瓷梁推动用 LIGA 工艺加工成的微小结构,使之在不同材料衬底上运动,得到了不同材料之间的静摩擦及动摩擦系数。类似地,另一种方法是利用置于两电极绝缘体间的微小滑块与底板之间形成摩擦,使滑块在电极驱动下在底板上滑动,定时器控制驱动电源和摄像机完成测量工作,计算机进行监控和数据处理,通过测量滑块的动电平可以得到静摩擦系数,测量滑块通过间隙的瞬态过程,可求得动摩擦系数。

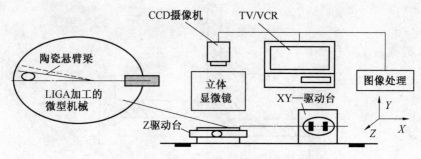

图 10.44　微摩擦测量装置

（2）薄膜微摩擦、磨损测量。

采用如图 10.45 所示的装置[10]，模拟微摩擦形成条件，"磁盘"上和滑块上可镀润滑膜，接触法向力由微压力加载梁提供，切向摩擦力可用应变片测得。滑块设计成圆弧形接触，改变其曲率可改变不同载荷下的接触面积，当盘转动一定周数后，可用光学显微镜直接观察磨损情况。该方法直观简单，可用来研究多种材料摩擦和磨损问题。

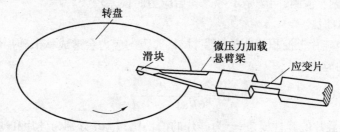

图 10.45　微摩擦磨损测量装置

（3）用隧道效应显微镜研究微摩擦。

隧道显微镜观察表面可以达到纳米量级，因此可以用来研究微摩擦和磨损。在原子力显微镜（AFM）基础上研制出了微摩擦力显微镜（FFM）。微摩擦测量的基本原理是利用 AFM 悬臂梁上针尖在构件表面上移动，移动方向与梁的长度方向垂直，针尖与构件表面的摩擦力使悬臂梁产生微扭转。经梁的上平面发射的激光束照在四象限光电器件上，通过测量光电信号可测量出针尖与构件间的摩擦力，它们之间正压力通过梁上微型传感器测出，从而求出针尖与样品间摩擦系数。这种方法测量精度高，可用于各种材料间微摩擦的测量，但仪器价格较贵。

图 10.46 所示为利用 FFM 进行微摩擦测量[10] 时，施加力和进行力测量的装置的机构原理图。被测样品固定在压电陶瓷驱动伸缩筒上，探针安装在一个微型力传感器上，通过控制压电陶瓷筒的伸缩使探针与被测样品产生正压

力,这个正压力可以通过探针上部的测量纵向载荷的力传感器测出。通过 x 方向工作台的移动控制探针在被测样品表面移动,改变探针在样品表面上的相对位置。由于样品表面与探针有摩擦,横向摩擦力传感器由信号输出,就可以得到样品表面与探针之间的摩擦力。通过计算机软件处理可以获得纵向载荷与横向摩擦力之间的曲线关系。

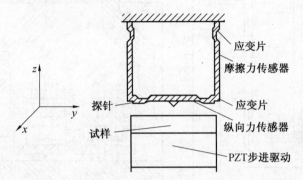

图 10.46　微摩擦测试仪结构简图

该测试仪需要同时测量纵向力(法向力)和横向力(摩擦力),而且它的工作性能主要取决于力传感器的设计及其变形位移的检测。

(4)间接测量法。

微小摩擦测试中摩擦力的测量可以通过微型电动机加载测试样品前后的功率平衡求出。测试装置中被测样品的摩擦力矩等于电动机的输出力矩

$$M_{\text{f}} = M_2 = \frac{P_2}{n} = \frac{P_1 - P_{\text{Cua}} - P_{\text{o}}}{n} = \frac{UI_{\text{a}} - I_{\text{a}}^2 R - P_{\text{o}}}{n} \qquad (10.16)$$

式中,P_1 为输入功率,$P_1 = UI_{\text{a}}$;P_{Cua} 为微电机的铜损,$P_{\text{Cua}} = I_{\text{a}}^2 R$;$P_{\text{o}}$ 为空载损耗,它主要包括微电机轴承的摩擦损耗,铁损等,其大小随 n 而变;n 为微电机的转速;输出的机械功率 $P_2 = M_2 n$。

由式(10.16)可知,在测试中只需得到加载后的电动机的电压、电流和转速,就可求得此时的摩擦力矩 M_{f},被测样品上的摩擦力 $F_{\text{f}} = \dfrac{M_{\text{f}}}{r_{\text{f}}}$,其中,$r_{\text{f}}$ 为被测样品的半径。

目前微摩擦样品间正压力无法直接进行测量,所以采用一种施加力的测量代替正压力测量的测试装置来实现,其结构[10] 如图 10.47 所示。测试装置中采用音圈电机,它是一种把电信号转变成往复直线位移的直流伺服电动机,其基本原理是利用通电线圈与磁场相互作用产生电磁力。为使音圈通电方便,采用线圈固定、磁钢运动的结构。运动磁钢由于音圈中的电流会产生电磁

力,并经传动装置将力传至摩擦测试样品上。

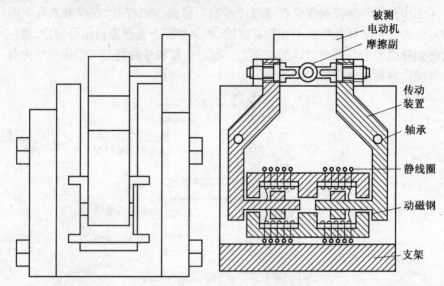

图 10.47　微摩擦测试装置示意图

　　微小摩擦测试中采用离线标定的方法测量其正压力,离线对音圈电机产生的电磁力进行标定,使力的大小与电磁线圈中电流值相对应。采用精密天平对力进行标定,即固定力的产生部件及传动部件,以精密电子天平作为另一个测试样品,力产生后经传动部件作用在天平托盘上,根据杠杆原理,天平上所称得的力即为电磁线圈与磁钢作用产生的力。改变电磁线圈中的电流,即可得到一组电流与力的值,进行多组测量后,再经曲线拟合及求平均即可得到电流与力的变定值。

　　通过对尺寸在厘米级无刷电机的摩擦测试,证明该测试方法为微摩擦的研究提供了一种有效的工具。

　　5. 微小力和微力矩测量

　　微小力的测量多用于微推进器的推力测量。由于微推进器工作时本身产生的推力非常小,在测量时要消除气路、电路的连接对推力的测量产生的影响;另一方面,如果微推进器是用于空间环境的,在重力场中进行测量时必须消除自重对测量的影响。所以这是一项难度很高的工作。

　　目前,微小力和微力矩的测量方法和装置很多,但是都存在测量精度低、价格高等问题。

　　(1) 微小力测量。

　　吊摆法是推力测量常用的一种方法,它又分为直接测量和标靶间接测量两种方法。这两种方法都在真空环境中进行,所以不必考虑空气的影响。

标靶间接测量方法是推进器固定不动,利用推力来推动标靶偏移。根据标靶的偏移量测出标靶受到的冲击力,再根据冲击力计算出推进器产生的推力。这种方法适合于微推进器实验系统的气路和测量器件的体积和质量较大的场合。该方法是根据射流冲击力与推力的关系,利用标靶间接测量微小力的方法,测量原理[10]如图 10.48 所示。将推进器系统固定,将标靶吊起,推进器工作后,用高精度位移传感器测量标靶的位移,根据此位移计算出微推进器的推力。

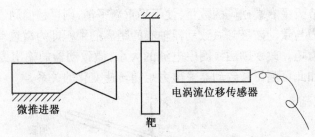

电涡流位移传感器

微推进器

靶

图 10.48　微小推力标靶间接测量法

标靶受到燃气流的冲击作用的模型可以等效为理想的单摆运动,如图 10.49 所示为标靶等效为理想单摆后的受力平衡图[10],其中,质点表示标靶。在该等效的条件下可计算得到微推进器的推力 F 与标靶位移 a 之间的关系为

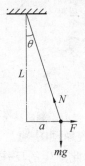

图 10.49　标靶受力平衡图

$$F = \frac{4m\pi^2}{1.022\ 5^2 T} a \qquad (10.17)$$

采用上述方法,实验系统结构简单易行,当标靶的质量很小时,可以获得较大的位移,远大于本体噪声。问题在于由燃气对标靶产生的冲击力来反推推力是一个复杂的射流过程,难以得到很精确的测量结果,实验测量的推力值略低于微推进器的实际推力值。

（2）微力矩测量。

一种非接触直接式微力矩测试系统结构原理[10] 如图 10.50 所示。它由安装在微致动器(如微电机)输出轴上的薄铝盘、非接触致动组件(包括致动磁极和绕于其上的励磁线圈)、等臂天平、用于控制天平平衡的微力自动加载线圈、速度传感器和计算机控制等组成,当电流流过励磁线圈时,两致动磁极的气隙中产生一定强度的磁场。铝盘在被测微致动器的带动下旋转,在磁场中切割磁力线,其内部将产生涡电流。涡电流在磁场的作用下使铝盘受到一个与运动方向相反的力。同时,致动磁极将受到一个大小相等、方向相反的反作用力。调节天平右端砝码的数量,使天平重新平衡,则可精确测出反作用力的大小。此力与致动磁极到微致动器轴心的距离的乘积即为微致动器在此转速下的输出力矩。改变励磁线圈中电流的大小,微致动器的输出力矩与转速随之改变。如此可测得微致动器输出力矩随转速变化的关系。

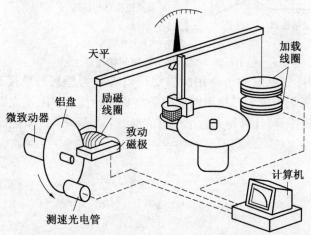

图 10.50　微力矩测试系统结构原理图

如图 10.51 所示为控制系统原理图[10]。该测试系统由计算机主控,微致动器带动铝盘在磁场中旋转,由此产生的反作用力由等臂天平传递到加载线圈,计算机经 D/A 转换器控制恒流源,改变加载线圈中所产生洛伦兹力的大小,使天平保持平衡。由位置传感器经 A/D 转换器,将天平的位置信息传到计算机,由计算机判断天平是否平衡,若不平衡,则改变加载线圈中洛伦兹力的大小,直到天平平衡为止。再将速度传感器检测到的微致动器的转速及铝盘的有效工作半径等信息送到计算机,由计算机做最终的数据处理。

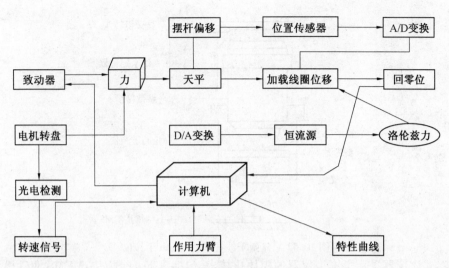

图 10.51　微力矩测试系统控制原理图

6. 微机械运动参数检测

MEMS 的发展迫切要求实现对微机械运动参数如位移、速度、振幅、频率等的精确测量。目前采用的微机械运动参数的测量方法主要有电测法和光测法。MEMS 的特征尺寸一般为毫米至亚微米量级，其动态特性很容易被测量过程干扰，光电测试方法由于是非接触测量，同时具有分辨率好、精度高的特点，目前已成为 MEMS 检测领域的研究热点。

（1）显微干涉动态特性测量技术。

显微干涉技术，利用 Mirau 显微干涉仪配合频闪照明系统，可以实现对 MEMS 器件动态特性的测量。测量过程采用了光学干涉的非接触方法，因此不会对器件造成损坏。测试系统包括：一个频闪成像干涉仪，用来同时记录多点处的运动；一个集成的计算机控制和数据采集单元，实现了测试过程的自动化；一个数据分析软件包，用来将采集的数据生成一系列 MEMS 器件的测试曲线，并给出测试报告。

如图 10.52 所示是利用 Nikon 的 Mirau 干涉仪实现非平面位移测量的测试系统[10]。Mirau 干涉仪由一个分光镜和一个干涉镜组成，均直接安装在一个有较长工作距离的物镜上。投射至物体上的光线被分光镜分成两束，一束透过分光镜射向物体，另一束被反射至干涉平面的镜子上。这两束光线经过干涉，最后得到的干涉图像包含了一系列间距 $\frac{\lambda}{2}$（λ 为测量光源的波长）的干涉条纹，用来表征被测样品表面的相对位置。

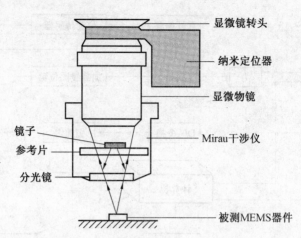

图 10.52　显微干涉技术的 Mirau 干涉仪

该仪器采用了虚拟仪器的模块化技术,包括以下几个模块:MEMS 驱动模块、频闪照明模块、显微干涉模块、图像采集模块、数据采集和驱动控制模块、测量软件模块和瞬态测试模块,系统的各个模块间的关系[10] 如图 10.53 所示。

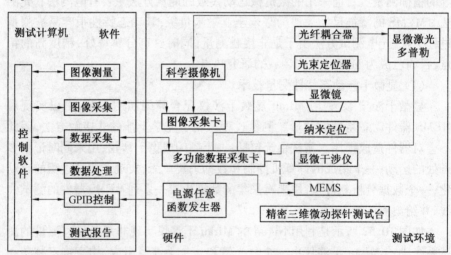

图 10.53　显微干涉技术的 Mirau 干涉仪模块组成

对于高速周期运动 MEMS 器件的动态测试,采用连续照明方法下的 CCD 摄像机进行采样是不能完成的,这是因为 CCD 摄像机有一定的曝光时间,一般为 30 ms,在此期间器件已经进行了多个周期的运动,无法捕捉器件的瞬时状态,所以系统采用了频闪照明的方法[10],如图 10.54 所示。

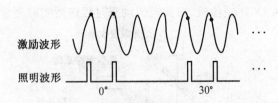

图 10.54　频闪照明示意图

在进行MEMS特性测量时,将器件放置在干涉仪的测量臂上,调整二维工作台,使得反射光与参考光同轴。然后,调整轴向位置使得图像正好聚焦在CCD阵列上,这时器件表面相对于很平的参考镜平面,存在着高度变化,并将产生一系列明暗相间的干涉条纹图像。

对测量结果进行处理,得到 MEMS 器件的动态特性参数。

该仪器能够在频率从几十 Hz 到几十千 Hz 的范围实现 MEMS 器件的运动特性测量,分辨率在纳米量级。

（2）光纤传感器测转速。

利用光纤传感器测转速的原理[10]如图 10.55 所示,在电动机转子轴上加工一个小平面,使它与周围有不同反射率,激光通过光纤照到小平面上,反射光经光纤被光电池吸收,转子每转动一圈,光电池就收到一个较强光脉冲,通过测量光电池输出电脉冲数,可测得转子转数。

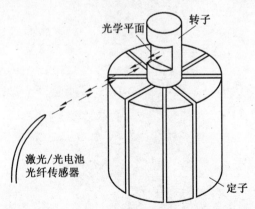

图 10.55　光纤传感器测转速示意图

（3）微电机旋转运动参数测试仪。

该仪器将反射式光电转速测量装置与图像跟踪器件组合,构成微电机动态参量测试仪,其测量原理[10]如图 10.56 所示。光源光线经转向镜 1 至被测电机（目标）,反射光被电机调制成光脉冲信号,经转向镜 2 分为两路光束,一路进入光敏接收器,形成电脉冲信号,由计数系统接收,计数并测量时间,求得转速;另一路进入 CCD 摄像机,对微电机动态过程进行实时测量。

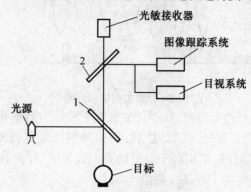

图 10.56 微电机动态参数测量系统光路图
1,2— 转向镜

参考文献

[1] LIU CHANG. 微机电系统基础[M]. 黄庆安,译. 北京:机械工业出版社,
    2013.
[2] 刘晓明,朱钟淦. 微机电系统设计与制造[M]. 北京:国防工业出版社,
    2006.
[3] 刘玉岭,等. 微电子技术工程 —— 材料、工艺与测试[M]. 北京:电子工业
    出版社,2004.
[4] MOHAMED GAD-EL-HAK. 微机电系统设计与加工[M]. 张海霞,等,译.
    北京:机械工业出版社,2010.
[5] ELWENSPOEK M. 硅微机械加工技术[M]. 姜岩峰,译. 北京:化学工业出
    版社,2006.
[6] 王喆垚. 微系统设计与制造[M]. 北京:清华大学出版社,2008.
[7] MENZ W. 微系统技术[M]. 王春海,等,译. 北京:化学工业出版社,2003.
[8] 徐泰然. MEMS 和微系统 — 设计与制造[M]. 王晓浩,等,译. 北京:机械
    工业出版社,2004.
[9] HSU T R M. 微机电系统封装[M]. 姚军,译. 北京:清华大学出版社,
    2006.
[10] 石庚辰,郝一龙. 微机电系统技术基础[M]. 北京:中国电力出版社,
    2006.
[11] 梅涛,伍小平. 微机电系统[M]. 北京:化学工业出版社,2003.
[12] 温殿忠,黄得星,张喜勤,等. 磁敏感元器件与磁传感器[M]. 哈尔滨:黑
    龙江科学技术出版社,2002.
[13] 姜岩峰. 微电子机械系统[M]. 北京:化学工业出版社,2006.
[14] 殷景华,王亚珍,鞠刚. 功能材料概论[M]. 哈尔滨:哈尔滨工业大学出版
    社,2002.
[15] FUNK K. A surface micromachined silicon gyroscope using thick
     polysilicon layer[J]. MEMS,1999,4:57-60.
[16] 王立鼎,罗怡. 中国 MEMS 的研究与开发进程[J]. 仪表技术与传感器,
     2003,1:1-3.
[17] 赵长根. 德国微系统技术的发展[J]. 科技大视野,2004,4:61-63.
[18] AYAZI F. High aspect-ratio combined poly and single-crystal silicon
     (HARPSS) MEMS technology[J]. J MEMS,2000,9:288-294.

[19] AYAZI F,NAJAFI K. High aspect-ratio combined polysilicon micromachining technology[J]. Sens Actuators A,2000,87:46-51.

[20] 黄庆安. 硅微机械加工技术[M]. 北京,科学出版社,1996.

[21] BURG T P. Vacuum-packaged suspended microchannel resonant mass sensor for biomolecular detection[J]. MEMS,2006. 15(6):1466-1476.

[22] PEANO F,TAMBOSSO T. Design and optimization of MEMS electret-based capacitive energy scavenger[J]. J MEMS,2005. 14(3): 429-435.

[23] LEE S. Surface/bulk micromachined single-crystalline silicon microgyroscope[J]. J MEMS,2000,9:557-567.

[24] MAENAKA K,SHIOZAWA T. A study of silicon angular rate sensors using anisotropic etching technology[J]. Sensors and Actuators,1994, 43:72-77.

[25] SONG C,SHINN M. Commercial vision of silicon-based inertial sensors[J]. Sens Actuators A,1998,66:231-236.

[26] ZAFAR R S. Intergrated Microsystems for controlled drug delivery[J]. Adv Drug Delivery Re,2004,56:145-172.

[27] PAPAUTSKY I. Micromachined pipette arrays[J]. IEEE Trans Biomed Eng,2000,47:812-819.

[28] 王阳元,武国英,郝一龙,等. 硅基 MEMS 加工技术及其标准工艺研究 [J]. 电子学报,2002,30(11):1577-1587.

[29] THE W H. Cross-linked PMMA as a low dimensional dielectric sacrificial layer[J]. J MEMS,2003,12:641-648.

[30] GOPINATHAN S. A review and critique of theories for piezoelectric laminates[J]. Smart Mater Struct,2001,9:24-48.

[31] ZGANG X. Rapid thermal annealing of polysilicon thin films[J].J MEMS,1998,7:356-364.

[32] JAYARMAN S. Relating mechanical testing and microstructural features of polysilicon thin films[J]. J Mat Res,1999,14:688-697.

[33] YANG H. A new technique for producing large-area as-deposited aero-stress LPCVD polysilicon films:The Multipoly process[J]. JMEMS, 2000,9:485-494.

[34] STEPHEN D. 微系统设计[M]. 刘泽文,黄庆安,等,译. 北京:电子工业 出版社,2004.

[35] 徐东,蔡炳初. 新型的形状记忆合金／硅薄膜微驱动器[J]. 微细加工技术,1999,4:51-55.

[36] KIM K. A tapered hollow metallic microneedle array using backside exposure of SU-8[J]. JMM,2004,24:597-603.

[38] MARTANTO W. Transdermal delivery of insulin using microneedle in vivo[J]. Pharm Rearch,2004,21:947-952.

[39] 顾利忠,陈华春,邢杰. 基于 MEMS 的微型手术器中的传感器[J]. 传感器技术,2002,21(8):59-61.

[40] 姚燕生,沈健,吕召全. 微机电系统在当代医学上的应用[J]. 医疗设备信息,2002(2):28-30.

[41] 吴雄. 汽车 MEMS 传感器的应用及发展[J]. 传感器世界,2002,3:8-11.

[42] 梁经才. MEMS 技术在微飞行器及微动力装置上的应用探讨[J]. 飞航导弹,2005,3:50-57.

[43] 刘晓明. 引信中应用的加速度传感器的研制[J]. 电子科技大学学报,2003,32(2):207-211.

[44] 张卫平,陈文元,陈迪,等. 基于 LIGA 技术的 3K-2 型微行星齿轮减速器的设计与制造[J]. 中国工程机械,2003,14(5):374-376.

[45] 赵平,杨勇,胡小唐. 几何量纳米计量方法及仪器[J]. 航空精密制造技术,2001,37(6):28-32.